Hans-Jürgen Möller,
Norbert Müller (Hrsg.)

Schizophrenie

Langzeitverlauf und Langzeittherapie

SpringerWienNewYork

Prof. Dr. med. Hans-Jürgen Möller

Direktor der Psychiatrischen Universitätsklinik der LMU München
Klinik und Poliklinik für Psychiatrie und Psychotherapie, München, Deutschland

Prof. Dipl.-Psych. Dr. med. Norbert Müller

Klinik und Poliklinik für Psychiatrie und Psychotherapie, München, Deutschland

© 2004 Springer-Verlag/Wien

Printed in Austria

Springer-Verlag Wien New York ist ein Unternehmen von
Springer Science + Business Media
springer.at

Umschlagbild: Willi Eggers, Menschenblumen (1987)
Datenkonvertierung und Umbruch: Grafik Rödl, A-2486 Pottendorf
Druck und Bindearbeiten: G. Grasl Ges.m.b.H., A-2540 Bad Vöslau

Gedruckt auf säurefreiem, chlorfrei gebleichtem Papier – TCF
SPIN: 10910757

Mit 75 Abbildungen

Bibliografische Information Der Deutschen Bibliothek
Die Deutsche Bibliothek verzeichnet diese Publikation in der Deutschen Nationalbibliografie; detaillierte bibliografische Daten sind im Internet über <http://dnb.ddb.de> abrufbar.

ISBN 3-211-40482-1 Springer-Verlag Wien New York

Vorwort

Mit dem „2. Münchener Kraepelin-Symposium" wurde die inzwischen langjährige Tradition der in Bonn begonnenen und in München weitergeführten Kraepelin-Symposien fortgesetzt. In diesem Band sind die Beiträge zum „2. Münchener Kraepelin-Symposium", das sich insbesondere mit Aspekten des Langzeitverlaufs und der Langzeittherapie der Schizophrenie beschäftigte, zusammengefasst.

Emil Kraepelin, der von 1904 bis zu seiner Emeritierung im Jahre 1922 Direktor der Psychiatrischen Universitätsklinik in München war, beschäftige sich bereits intensiv mit Verlaufsaspekten der Schizophrenie, ein wesentlicher Gesichtspunkt von Kraepelins Konzept der „Dementia praecox" ist vor allem der Langzeitverlauf, der bei dieser Patientengruppe ungünstig ist.

Eine wichtige Fragestellung heutiger Verlaufsforschung ist, inwieweit der Therapieerfolg und damit wohl auch der Langzeitverlauf durch den Zeitpunkt der Diagnosestellung und des Therapiebeginns determiniert werden. Deshalb wurde ein Schwerpunkt des „2. Münchener Kraepelin-Symposiums" auf die Früherkennung und den Einfluss der Nicht-Behandlung der Psychose auf den weiteren Verlauf gelegt.

In der Tradition der Kraepelin'schen Forschung stehen biologisch-psychiatrische Themen, vor allem Genetik, hirnstrukturelle Untersuchungen, Neurophysiologie sowie der Zusammenhang der schizophrenen Erkrankung mit der Kognition und der therapeutischen Beeinflussbarkeit kognitiver Störungen. Diese Themen wurden von führenden deutschsprachigen Forschern auf dem Symposium vertreten und finden sich in diesem Band wieder.

In Hinblick auf die Langzeittherapie der Schizophrenie und die Rezidivprophylaxe wurden Wege der Einbeziehung der Angehörigen und die Rolle nicht-pharmakologischer Therapieansätze wie Verhaltenstherapie, Psychoedukation und Rehabilitationsverfahren diskutiert, einen weiteren Schwerpunkt bildeten ein neuer antientzündlicher Therapieansatz, sowie die Rolle der atypischen Antipsychotika. Eine neue Bewertung der Depot-Applikation stand deshalb an, da die erste Depot-Formulierung eines Atypikums auf den Markt gebracht wurde, wodurch sich neue pharmakologische Möglichkeiten für Langzeittherapie und -prophylaxe der Schizophrenie eröffnen.

Der vorliegende Band gibt einen breit gefächerten Überblick über aktuelle Fragestellungen zur Schizophrenie von Grundlagenforschung bis zu praktisch-thera-
peutischen Gesichtspunkten. Die Herausgeber hoffen, dass der Band auf ebenso
reges Interesse stößt, wie das „2. Münchener Kraepelin Symposium" selbst, das mit
großem Erfolg durchgeführt wurde.

Wir danken der Firma Janssen Cilag für die großzügige Unterstützung, die das
Erscheinen des Buches erst ermöglichte, und Frau Karin Koelbert, die die Herausgeber sowohl bei der Organisation des Symposiums als auch bei der Vorbereitung
des vorliegenden Bandes tatkräftig unterstützte.

München, im Herbst 2003   *Hans-Jürgen Möller*
                                                          Norbert Müller

Inhaltsverzeichnis

Diagnostik und Verlauf

„Dementia praecox" und „Schizophrenie". Diagnosewandel am Beispiel
Emil Kraepelins Königlich Psychiatrischer Klinik in München 1
G. Neundörfer, M. Bindig, N. Müller, H. Hippius und H.-J. Möller

Welchen Einfluss hat die Dauer der unbehandelten Psychose (DUP) auf den
Langzeit-Outcome der Schizophrenie? 9
R. Bottlender, M. Jäger, U. Wegner, J. Wittmann, A. Strauss und H.-J. Möller

15-Jahres-Katamnese schizophrener Psychosen im Vergleich zu affektiven und
schizoaffektiven Psychosen 23
M. Jäger, R. Bottlender, U. Wegner, J. Wittmann, A. Strauß und H.-J. Möller

Frühdiagnose der Schizophrenie: Abgrenzung von Risikofaktoren, Prodromi und
Frühsymptomen 31
J. Klosterkötter

Akute Vorübergehende Psychotische Störungen 49
A. Marneros und F. Pillmann

Biologische Aspekte des Langzeitverlaufs der Schizophrenie

Neuentwicklungen in der Erforschung der Genetik der Schizophrenie 63
W. Maier und B. Hawellek

Microarray- und immungenetische Untersuchungen bei Schizophrenie 73
*M. J. Schwarz, M. Riedel, S. Dehning, S. de Jonge, H. Krönig, A. Müller-Ahrends,
K. Neumeier, C. Sikorski, I. Spellmann, P. Zill, M. Ackenheil und N. Müller*

Hirnstrukturelle Veränderungen im Rahmen des Langzeitverlaufes schizophrener
Störungen 97
E. M. Meisenzahl und H.-J. Möller

Neurobiologie des Langzeitverlaufs schizophrener Psychosen 105
P. Falkai und T. Wobrock

Neue Verfahren zur Analyse von Hirnstruktur mittels Deformationsbasierter
Morphometrie 117
C. Gaser

Neurophysiologische Verfahren zu Verlauf und Therapieprädiktion bei Schizophrenie . 127
U. Hegerl und C. Mulert

Verlauf kognitiver Störungen bei schizophrenen Patienten 139
M. Albus, W. Hubmann, P. Hinterberger-Weber und S. Hecht

Langzeittherapie der Schizophrenie

Bewältigungsorientierte Therapie im stationären Bereich:
Implikationen für die Langzeitbehandlung der Schizophrenie 149
A. Schaub, P. Kümmler, L. Gauck und S. Amann

Stationäre Krisenintervention bei Schizophrenie im Atriumhaus:
Ergebnisse der Begleitforschung 167
G. Schleuning

Belastungen und Bewältigungstile von Angehörigen schizophrener und depressiver
Patienten. Vorläufige Ergebnisse der Münchener Angehörigenverlaufsstudie 181
A. M. Möller-Leimkühler und E. Buchner

Der Beitrag der Pharmakogenetik/Pharmakogenomics zur Therapie Response –
Non-Response in der Schizophrenie 197
M. Ackenheil und K. Weber

Ist eine antientzündliche Behandlung eine neue Therapieoption bei Schizophrenie? 203
N. Müller, M. Riedel, C. Scheppach, M. Ulmschneider, M. Ackenheil, H.-J. Möller
und M. J. Schwarz

Die Stellung der Depot-Neuroleptika aus heutiger Sicht 215
M. Riedel, M. Strassnig, H.-J. Möller und N. Müller

Differentielle Ansätze zur pharmakologischen Rezidivprophylaxe schizophrener
Störungen 233
W. Gaebel und M. Riesbeck

Der Einsatz neuer Antipsychotika in der Langzeittherapie der Schizophrenie 247
H.-J. Möller

Stichwortverzeichnis 267
Korrespondenzautoren 271

„Dementia praecox" und „Schizophrenie"

Diagnosewandel am Beispiel Emil Kraepelins Königlich Psychiatrischer Klinik in München

G. Neundörfer, M. Bindig, N. Müller, H. Hippius und H.-J. Möller

Einleitung

Im Rahmen der Psychiatriehistorischen Arbeitsgruppe unserer Klinik haben wir uns mit der „Dementia praecox" und „Schizophrenie" sowie deren Diagnosewandel am Beispiel Emil Kraepelins Königlich Psychiatrischer Klinik in München befasst.

Emil Kraepelin (Abb. 1) war nach seiner Zeit in Heidelberg von November 1903 bis Juli 1922 Direktor an unserer Klinik. Im Rahmen seiner klinischen Forschung beschäftigte er sich schon früh mit dem Versuch einer Systematisierung psychiatrischer Erkrankungen. Dabei führte er erstmalig 1899 in der 6. Auflage seines Lehrbuches „Psychiatrie" eine „nosologische Dichotomie" ein, in dem er die Diagnose „Dementia praecox" von der des „Manisch depressiven Irreseins" trennte.

Fast zeitgleich dazu, von 1898 bis 1927, war Eugen Bleuler (Abb. 2) als Direktor der Psychiatrischen Universitätsklinik (Burghölzli) in Zürich tätig. Auf der Jahresversammlung des Deutschen Vereins für Psychiatrie führte er 1908 erstmalig den Begriff bzw. die Diagnose „Schizophrenie" ein.

Möchte man nun die Symptomatik, die jeweils von E. Kraepelin bzw. E. Bleuler im Zusammenhang mit ihrer Diagnose „Dementia praecox" bzw. „Schizophrenie" erwähnt wurde, gegenüberstellen, so finden sich folgende Unterschiede, die in Tab. 1 aufgezeigt werden.

In der 6. Auflage von Emil Kraepelins Lehrbuch, die als konzeptuell wichtigste seiner Lehrbuchauflagen bezeichnet wird (insgesamt sind zu seiner Lebzeit acht erschienen), zählt Emil Kraepelin verschiedene Symptome auf (siehe Tab. 1, links), wobei er keine wesentliche Gewichtung auf das eine oder andere Symptom legte.

Abb. 1. Emil Kraepelin

Abb. 2. Eugen Bleuler

Eugen Bleuler hingegen teilte die Symptomatik (siehe Tab. 1, rechts) nach Grundsymptomen und akzessorischen Symptomen ein, wobei für ihn die Grundsymptome die charakteristischen Symptome der Schizophrenie darstellten.

Durch die zunehmende klinische Erfahrung und einen ausgeprägten Forschergeist veränderten sich im weiteren Verlauf jedoch die Sichtweisen über die Diagnose „Dementia praecox" bzw. „Schizophrenie", so dass sich auch die dahinter liegenden Konzepte änderten bzw. weiterentwickelten:

(a) Die Diagnose „Dementia praecox", die Emil Kraepelin erstmals 1893 in der 4. Auflage seines Lehrbuches erwähnte, beinhaltete die Vorstellung des ungünstigen Verlaufs und einer schlechten Prognose. So glaubte er an einen eher frühen Beginn der Erkrankung und eine affektive bzw. „ gemüthliche Verblödung" als Endzustand. Nach weiteren klinischen Erfahrungen überdachte er seine Vorstellung und kam zu dem Schluss, dass diese nicht mehr zu halten sei.

So ist im Jahresbericht der Klinik von 1906/1907 zu lesen:

„… Wenn wir also auch alle die Fälle, die bisher nur als gebessert mit zu denen rechnen, die uns als völlig ungeheilt bezeichnet wurden, so bleibt immerhin eine erhebliche Anzahl von Kranken bestehen, bei denen wir vor 2 Jahren die Diagnose

Tabelle 1

Dementia praecox (6. Auflage)	Schizophrenie (Kurzfassung)
Trugwahrnehmungen (Halluzinationen)	Grundsymptome:
Aufmerksamkeitsstörungen	Störungen des Denkens, der Affektivität,
Interesseverlust	des Antriebs
Gedankengang: Zerfahrenheit,	
Sprachverwirrtheit	Akzessorische Symptome:
Gestörte Urteilsfähigkeit	Wahn, Halluzinationen,
Häufige Wahnvorstellungen	katatone Erscheinungen
„gemüthliche Verblödung"	
Störung in Handeln und Benehmen	
Stereotypien, Automatismen	
Deutlich reduzierte Arbeitsfähigkeit	
Willenssperrung, Negativismus	
Gestörter Schlaf und körperliche Symptome	

„Dementia praecox" stellten und die Angehörigen auf die Gefahr einer Verblödung aufmerksam machen mussten, die jetzt aber wieder ihrer Arbeit nachgehen und für ihre Umgebung nichts auffälliges bieten. Handelt es sich bei dieser Erscheinung nur um Fehldiagnosen oder haben wir es vielleicht mit Remissionen im Krankheitsverlauf zu tun und können erwarten, den Krankheitsprozess über kurz oder lang wieder aufflackern zu sehen, oder endlich ist die Dementia praecox überhaupt und wenn in diesem Umfang heilbar? …"

(b) Des weiteren erweiterte Emil Kraepelin die Diagnose „Dementia praecox" syndromal: d.h. unter dieser Diagnose verbarg sich 1896 nach heutigen Kriterien am ehesten eine Hebephrenie. 1899 fasste er unter der Diagnose hebephrene, katatone und paranoide Formen zusammen und 1909 zusätzlich noch die Dementia-simplex-Form.

Eugen Bleuler hingegen hatte schon 1902 Kollegen gegenüber erwähnt, dass er die Vorstellung einer möglichen Remission und unterschiedlicher Verläufe in Erwägung ziehe. Auch erklärte er relativ früh, dass er von der Möglichkeit ausginge, dass manisch-depressive Symptome sich mit schizophrenen Symptomen mischen könnten.

Ziel unserer Arbeit war es nun, zu untersuchen, wann die Diagnose „Dementia praecox" von der „Schizophrenie" an der Psychiatrischen Klinik in München abgelöst wurde und ob die Ablösung der „Dementia praecox" durch die „Schizophrenie" aus den archivierten Krankenunterlagen retrospektiv nachvollzogen werden kann.

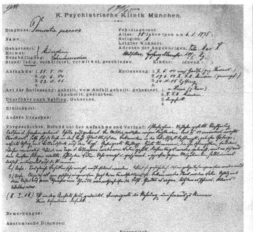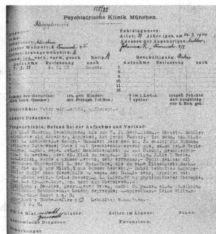

Abb. 3. Zwei Beispiele von Epikrisen, wobei die eine mit der Diagnose „Dementia praecox" (links) und die andere mit der Diagnose „Schizophrenie" (rechts) versehen ist

Männer

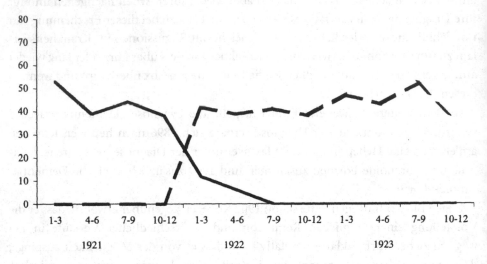

Frauen

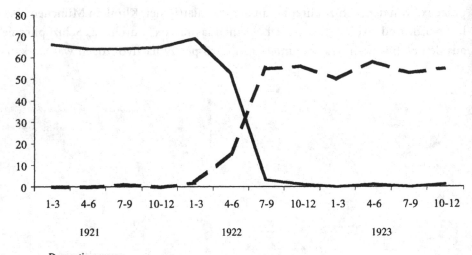

- - - - - Dementia praecox
———— Schizophrenie

Abbildung 4

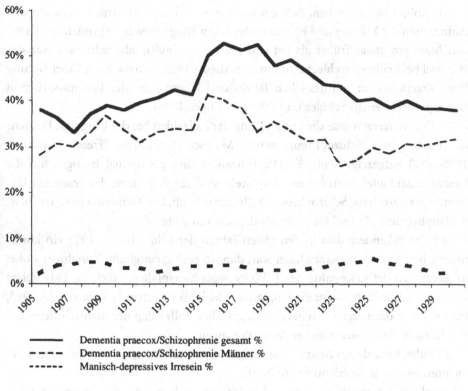

Abbildung 5

Dementia praecox/Schizophrenie gesamt %
Dementia praecox/Schizophrenie Männer %
Manisch-depressives Irresein %

Außerdem suchten wir nach äußeren Faktoren, die die Häufigkeit des Auftretens der Erkrankungen beeinflussen würden oder könnten.

Material und Methode

Als Material standen uns zum einen die Diagnosebücher der Psychiatrischen Klinik in München, zum anderen die Krankenblätter bzw. Epikrisen (Abb. 3) von 1905, 1921 und 1928 zur Verfügung, wobei wir nur die Patienten und Patientinnen mit der Diagnose einer „Dementia praecox" bzw. „Schizophrenie" ausgesucht haben. Wir haben daraufhin die Diagnosehäufigkeiten und ausgewählten Symptome erfasst.

Ergebnisse

(1) Zuerst wurde der zeitliche Wechsel von der Diagnose „Dementia praecox" zur Schizophrenie festgehalten:

Aus Abb. 4 ist zu ersehen, dass ein leichter zeitlicher Unterschied zwischen den Aufnahmen der Männer und Frauen besteht: Der Diagnosewechsel vollzieht sich bei den Männern etwas früher als bei den Frauen. Endgültig abgeschlossen war der Wechsel bei beiden Geschlechtern um den August 1922, also nach der Emeritierung Emil Kraepelins im Juli desselben Jahres und Übernahme der kommissarischen Leitung durch seinen Schüler und Oberarzt Eugen Kahn.

(2) Des weiteren wurde die Entwicklung der Fallzahlen bei der Diagnose Dementia praecox bzw. Schizophrenie versus Manisch-Depressives Irresein zwischen 1905–1930 aufgezeigt (Abb. 5). Die Fallzahlen sind prozentual bezogen auf die Gesamtanzahl aller Aufnahmen. Dargestellt sind die Fallzahlen der gesamten Dementia praecox- bzw. Schizophrenie-Fälle, die männlichen Dementia praecox- bzw. Schizophrenie-Fälle und die manisch-depressiven Fälle.

Es ist zu erkennen, dass in den ersten Jahren der Klinik bis ca. 1913 ein kontinuierlicher Anstieg zu verzeichnen war, danach eine sprunghafte Zunahme, wobei in dieser Zeit die Kriegsjahre des 1. Weltkrieges hineinfallen. Nach ca. 1918 zeigte sich dann schließlich wieder ein langsamer Abfall bis zu einem Niveau von ca. 1913. Im Vergleich dazu ergab sich bei den männlichen Fallzahlen des manisch-depressiven Irreseins keine wesentlichen Veränderungen.

(3) Zuletzt wurde am Beispiel zweier Symptome versucht, die Auswirkungen des Diagnosewechsels zu erläutern (Abb. 6).

Sowohl E. Kraepelin als auch E. Bleuler verwandten, wie oben schon erwähnt (Tab. 1), bestimmte und für ihre Diagnose charakteristische Symptombezeichnungen, so z.B. E.Kraepelin die „gemüthliche Verblödung", E. Bleuler die Denk-

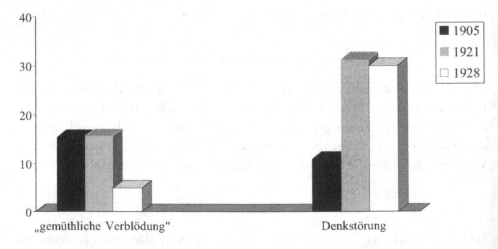

Abbildung 6

störungen. In diesem Zusammenhang wurden die Häufigkeit des Auftretens bzw. der Erwähnung bestimmter Symptome von 1905, 1921 und 1928 erfasst.

Zu erkennen ist anhand dieser beiden Symptome, dass die Häufigkeit des Auftretens „gemütliche Verblödung" abnimmt, wohingegen die „Denkstörung" zunimmt.

Zusammenfassung

Zusammengefasst fand der Wechsel von der „Dementia praecox" zur „Schizophrenie" also 1921/22 statt, wobei die Emeritierung Emil Kraepelins und die kommissarische Übernahme durch Eugen Kahn zeitlich damit zusammenfällt. Insgesamt war ein kontinuierlicher Anstieg der „Dementia preaecox"-Fälle bis 1913 zu verzeichnen, danach eine sprunghafte Zunahme, was in kausalem Zusammenhang mit dem 1. Weltkrieg stehen könnte. Nach ca. 1918 zeigte sich wieder ein kontinuierlicher Abfall bis zum Niveau von ca. 1913.

Im Vergleich dazu waren die Fallzahlen des „Manisch-depressiven Irreseins" über die Jahre 1905–1930 hinweg sehr gleichbleibend.

Literatur

Bark NM (1988) On the history of schizophrenia. New York State J Med 88: 374–383

Bindig M (in Vorbereitung) Dementia praecox und Schizophrenie – Diagnosewandel am Beispiel E. Kraepelins Königlich Psychiatrischer Klinik in München (Teile der hier vorliegenden Arbeit entstanden im Rahmen der Dissertation an der Medizinischen Fakultät der LMU München)

Bleuler M (1979) On schizophrenic psychoses. Am J Psychiatry 11: 1403–1409

Bleuler M, Bleuler R (1986) Dementia praecox oder die Gruppe der Schizophrenien: Eugen Bleuler. Br J Psychiatry 149: 661–664

Boyle M (1990) Is schizophrenia what it was? A re-analysis of Kraepelins and Bleulers population. J Hist Behav Sci 26: 323–333

Hegarty JD, Baldessarini RJ, Tohen M et al (1994) One hundred years of schizophrenie: a meta-analysis of the outcome literature. Am J Psychiatry 151: 1409–1416

Hell D (1995) 100 Jahre Ringen um die Schizophrenien. Schweiz Arch Neurol Psychiatr 146: 189–194

Hoenig J (1983) The concept of schizophrenia: Kraepelin-Bleuler-Schneider. Br J Psychiatry 142: 547–556

Hoff P (1985) Zum Krankheitsbegriff bei Emil Kraepelin. Nervenarzt 56: 510–513

Hoff P (1994) Psychiatrische Diagnostik: Emil Kraepelin und die ICD-10. Psychiatr Prax 21: 190–195

Jahresbericht über die Königliche Psychiatrische Klinik in München für 1906 und 1907. Lehmanns Verlag, München 1909, S 64–73

Johnstone EC, Crow TJ, Frith CD et al (1978) The dementia of dementia praecox. Acta Psychiatr Scand 57: 305–324

Welchen Einfluss hat die Dauer der unbehandelten Psychose (DUP) auf den Langzeit-Outcome der Schizophrenie?

R. Bottlender, M. Jäger, U. Wegner, J. Wittmann, A. Strauss und H.-J. Möller

Einleitung

Wie zahlreiche Studien der letzten Dekade berichteten, vergehen vom Beginn der psychotischen Symptomatik bis zur Einleitung einer effektiven Behandlung (DUP = Dauer der unbehandelten Psychose) bei ersterkrankten schizophrenen Patienten Monate bis Jahre. Im Durchschnitt beläuft sich die Dauer der unbehandelten Psychose (DUP) auf ein bis zwei Jahre. Darüber hinaus mehrten sich in den vergangenen Jahren zudem die Evidenzen dafür, dass eine längere Dauer der unbehandelten Psychose nicht nur soziale Folgeschäden nach sich zieht, sondern auch das Ansprechen auf die neuroleptische Therapie ungünstig beeinflusst (z.B. Bottlender et al, 2000a, 2002b; Carbone et al, 1999; Drake et al, 2000; Larsen et al, 2000; Loebel et al, 1992; McEvoy et al, 1991). Obgleich der ungünstige Einfluss der DUP auf das Ansprechen der Therapie und den Kurzzeitausgang mittlerweile als relativ robustes Ergebnis angesehen werden kann, ist nach wie vor nicht zweifelsfrei geklärt, ob ein ähnlicher Einfluss der DUP auch auf den Langzeitausgang der Schizophrenie (>10 Jahre) besteht. Indirekte und direkte Evidenzen dafür, dass ein solcher Zusammenhang auch für den Langzeitausgang der Schizophrenie existiert, ergeben sich aus epidemiologischen Studien, sogenannten Mirror-Image Studien (siehe hierzu Wyatt, 1991; Wyatt et al, 2001) und auch einigen Verlaufsstudien, die diese Fragenstellung direkt untersuchten konnten (z.B. Helgason, 1990; Inoue et al, 1986; Lo et al, 1977). Die meisten der zuletzt erwähnten Verlaufsstudien folgten jedoch einem retrospektiven Untersuchungsdesign und setzten weniger strikte Kriterien für die Diagnose einer Schizophrenie ein als dies heute der Fall ist, was die Aussagekraft und Verallgemeinerbarkeit der Ergebnisse dieser Studien erheblich einschränkt. Vor diesem Hintergrund soll in der im Folgenden dargestellten Analyse der Daten aus der Münchner Katamnesestudie dem Einfluss der DUP auf den Langzeitausgang der DSM-III-R Schizophrenie nachgegangen werden. Neben dem Einfluss der DUP wird hierbei auch der Einfluss anderer prognostisch bedeutsamer Faktoren auf den Langzeitausgang berücksichtigt werden.

Methodik

Im Rahmen der Münchner Studie zum 15-Jahres-Verlauf funktioneller Psychosen sollten alle Patienten der Psychiatrischen Klinik der Ludwig-Maximilians-Universität, München, die in den Jahren 1980 bis 1982 erstmals stationär psychiatrisch wegen einer funktionellen Psychose (ICD-9 Diagnose einer schizophrenen, schizoaffektiven oder affektiven Psychose) behandelt wurden und zum Zeitpunkt der Erstaufnahme im S-Bahnbereich München wohnten, 15 Jahre später nachuntersucht werden. Die Untersuchung der Patienten erfolgte zu allen Zeitpunkten (Aufnahme und Entlassung i.R. der Indexhospitalisierung, 15-Jahres-Untersuchung) mit standardisierten Erhebungsinstrumenten. Die Diagnosestellung zum Zeitpunkt der Indexhospitalisierung wurde mittels der ICD-9 durchgeführt. Anhand der Krankenblattunterlagen und der vorliegenden standardisierten Untersuchungsbefunde wurde eine Rediagnostik der Patienten von zwei erfahrenen, Outcome-blinden Psychiatern nach ICD-10 und auch DSM-III-R/IV durchgeführt (Jäger et al, 2002).

Die in dieser Arbeit vorgestellten Ergebnisse der Münchner 15-Jahres-Katamnesestudie beziehen sich auf die Daten von 70 Patienten mit einer DSM-III-R-Schizophrenie (295.0–295.x, ohne 295.7; schizoaffektive Störung). Von diesen 70 Patienten konnten 15 Jahre nach Ersthospitalisierung 58 Patienten vollständig nachuntersucht werden. Die verbleibenden 12 Patienten verweigerten ihre Teilnahme an der Nachuntersuchung oder konnten aus anderen Gründen nicht erreicht werden. Teilweise liegen von diesen Patienten Arztbriefe oder andere Informationen zum Krankheitsverlauf nach der Ersthospitalisierung vor. Diese Informationen blieben in dieser Arbeit jedoch unberücksichtigt. Signifikante Unterschiede in den relevanten Baselineparametern zwischen den zum 15-Jahres-Zeitpunkt erreichten Patienten und denen, die nicht erreicht werden konnten, fanden sich nicht (Bottlender et al, 2002c). Die Erfassung der psychopathologischen, soziodemographischen und krankheitsbezogenen Daten der Patienten erfolgte zum Indexzeitpunkt und auch zum 15-Jahres-Zeitpunkt mit dem AMDP System (Angst et al, 1989; Bobon et al, 1986; Arbeitsgemeinschaft für Methodik und Diagnostik in der Psychiatrie [AMDP], Fähndrich et al, 1983; Pietzcker et al, 1983). Das globale Funktionsniveau der Patienten wurde zu allen Untersuchungszeitpunkten mit der „Global Assessment of Functioning Scale" erfasst (GAS; Spitzer et al, 1976). Zusätzlich hierzu wurde zum Zeitpunkt der 15-Jahres-Untersuchung eine Reihe weiterer standardisierter Untersuchungsinstrumente eingesetzt. Diesbezüglich werden in dieser Arbeit neben den AMDP-Befunden Ergebnisse zur Untersuchung der Patienten mit der „Positive and Negative Syndrome Scale" (PANSS; Kay et al, 1987) und der „Scale for the Assessment of Negative Symptoms" (SANS; Andreasen et al, 1983) dargestellt. Defizit-Syndrome zum Zeitpunkt der 15-Jahres-Untersuchung wurden in Anlehnung an Kirkpatrick et al (1989) definiert. Um die Kriterien eines Defizit-Syndroms zu erfüllen, mussten bei einem Patienten von den Symptomen „flacher Affekt", „verarmter Affekt", „Alogie", „Antriebsverarmung" und „sozialer Rückzug bzw. Interessenverlust" zum Zeitpunkt der 15-Jahres-Untersuchung mindestens zwei in mittelschwerer Ausprägung und ohne wahrscheinliche sekundäre Auslöser der Symptomatik über einen Zeitraum von mindestens 12 Monaten vorhanden sein. Die Dauer der unbehandelten Psychose (DUP), definiert als Zeitraum zwischen dem Einsetzen psychotischer Symptome und Erstbehandlung, wurde zum Zeitpunkt der Indexhospitalisierung in einem klinischen Interview mit den Patienten und deren Angehörigen ermittelt. Hierbei wurden die Fragen nach der psychotischen Symptomatik in einer allgemeinverständlichen Sprache formuliert. Eine vergleichbare Methodik für die Erfassung der DUP wurde bereits in verschiedenen anderen Studien eingesetzt und als ausreichend reliabel angesehen (Craig et al, 2000; Loebel et al, 1992). Zusätzlich wurden alle weiteren verfügbaren Informationen (Einweisungsbriefe, Informationen von Freunden, Lehrern der Patienten etc.) bei der Beurteilung der DUP berücksichtigt. Entsprechend der Vorgehensweise im Rahmen anderer Studien (Carbone et al, 1999; Craig et al, 2000) wurde die Dauer der unbehandelten Psychose (DUP) in der hier dargestellten Analyse wie folgt kategorisiert: 1 = DUP < 6 Monate; 2 = DUP ≥ 6 Monate. Die Einteilung der DUP in kürzere Zeitintervalle erscheint nicht sinnvoll, da es keine Evidenzen dafür gibt, dass sehr kurze Zeiträume (Tage oder Wochen) der DUP einen Einfluss auf den Outcome besitzen (Johnstone et al, 1999). Darüber hinaus ist die Verwendung einheitlicher Kategorien für die DUP über verschiedene Studien hinweg hilfreich, da dadurch die Vergleichbarkeit der Ergebnisse verschiedener Studien gegeben ist. Informationen über die Art des Krankheitsbeginns wurden ebenfalls während der Indexhospitalisierung erhoben. Ein akuter Krankheitsbeginn wurde wie folgt definiert: Rasches Auftreten psychotischer Symptome (< 1 Monat) bei gleichzeitig erhaltenem Funktionsniveau des Patienten bis zum Auftreten der psychotischen Symptomatik. Bei einem schleichenden Krankheitsbeginn musste ein langsameres, graduelleres Auftreten (> 6 Monate) der psychotischen Symptomatik vorliegen. Alle Nachuntersuchungen eines speziellen Patienten wurden durch einen von drei Projektmitarbeitern durchgeführt (RB, UW, JW). Alle Untersucher wurden für die entsprechenden Untersuchungsinstrumente trainiert, erreichten eine gute Interraterreliabilität (ANOVA-ICC > 0,8) und waren blind für die klinischen Variablen der Patienten zum Zeitpunkt der Indexhospitalisierung. Die statistischen Auswertungen wurden mit der SPSS-10-Software durchgeführt. Es wurde univariate und mutlivariate Verfahren eingesetzt. Bei den statistischen Auswertungen und Gruppenvergleichen wurden nur die Daten der Patienten berücksichtigt, die komplett nachuntersucht werden konnten. Direkte Gruppenvergleiche bezüglich soziodemographischer und klinischer Variablen wurden mit dem Chi-Quadrat-Test oder dem T-Test für unabhängige bzw. verbundene Stichproben durchgeführt. Für die Analyse des Einflusses unabhängiger Variablen auf die betrachteten abhängigen Outcome-Dimensionen wurden regressionsanalytische Verfahren eingesetzt (Bemerkung: Lineare Regression für kontinuierliche Outcome-Dimensionen; Logistische Regression für dichotome Outcome-Dimensionen). Das statistische Signifikanzniveau wurde bei allen Analysen auf einen p-Wert von $< 0,05$ festgesetzt.

Ergebnisse

Zum Zeitpunkt der stationär psychiatrischen Erstaufnahme hatten die im Langzeitverlauf untersuchten Patienten ein durchschnittliches Alter von 31,7 ($\pm$ 11,7) Jahren und waren zu 43 Prozent männlichen Geschlechts. Elf Prozent der Patienten lebten in fester Partnerschaft und 79 Prozent befanden sich in kontinuierlicher beruflicher Beschäftigung. Der Krankheitsbeginn war bei 54 Prozent der Patienten akut. Die Dauer der unbehandelten Psychose (DUP) lag bei 67 Prozent der Patienten unter 6 Monaten und bei 33 Prozent bei 6 Monaten oder darüber (siehe Abb. 1).

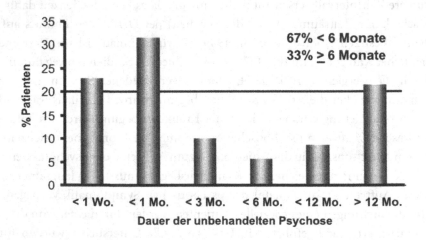

Abb. 1. Häufigkeiten von Patienten mit unterschiedlich langer Dauer der unbehandelten Psychose (DUP)

Einfluss der DUP auf verschiedene Parameter des 15-Jahres-Outcomes

Im Fokus dieser Arbeit steht der Einfluss der DUP auf verschiedene Outcomeparameter des Langzeitverlaufs der Schizophrenie. Diesbezüglich sind in der Abb. 2a und b Unterschiede hinsichtlich verschiedener Outcomeparameter zwischen Patienten mit langer (≥ 6 Monate) und kurzer (< 6 Monate) DUP dargestellt. Patienten mit langer DUP wiesen im Vergleich zu denen mit kurzer DUP zum 15-Jahres-Follow-Up-Zeitpunkt signifikant mehr positive und negative Symptome auf, befanden sich seltener in einer festen Partnerschaft und einer beruflichen Anstellung und besaßen ein signifikant niedrigeres globales Funktionsniveau. Die in der Abbildung dargestellten Unterschiede in der Rehospitalisierungsquote erreichten im Unterschied zu den zuvor genannten Ergebnissen keine statistische Signifikanz.

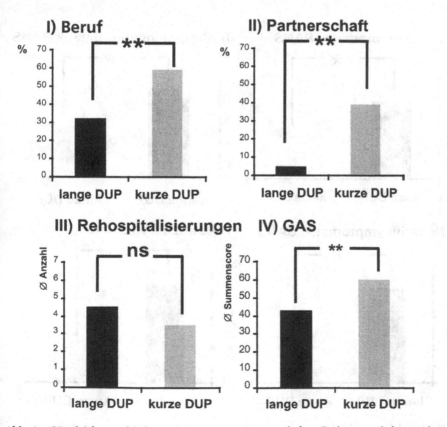

Abb. 2a. Vergleich verschiedener Outcomeparameter zwischen Patienten mit langer (≥ 6 Monate) und kurzer (< 6 Monate) Dauer der unbehandelten Psychose. *ns* nicht signifikant; ** hoch signifikanter Unterschied zwischen den Gruppen

Da in den zuvor dargestellten univariaten Analysen nicht ausgeschlossen werden konnte, dass die gefundenen Unterschiede zwischen den Patienten mit langer und kurzer DUP durch andere Faktoren konfundiert sind, wurde in weiteren, multi-variaten Analysen der Einfluss der DUP auf die zuvor genannten Outcomepara-meter für den Einfluss anderer prognostisch bedeutsamer Faktoren (Geschlecht, Ersterkrankungsalter, Art des Krankheitsbeginns [akut vs. schleichend]) kontrol-liert. Auch in diesen Analysen war der Einfluss der DUP auf die psychopatholo-gische Symptomatik zum 15-Jahres-Follow-Up-Zeitpunkt (PANSS [Positiv und Allgemeinsymptomatik], SANS [Negativsymptomatik], Defizitsyndrome, Globales Funktionsniveau) in der zuvor gefundenen Art und Weise signifikant nachweisbar. Nicht mehr signifikant wurde jedoch der Einfluss der DUP auf die partnerschaft-liche und berufliche Situation der Patienten zum 15-Jahres-Zeitpunkt. Das Ge-

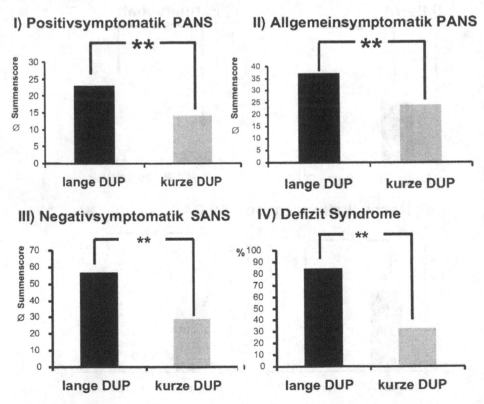

Abb. 2b. Vergleich verschiedener psychopathologischer Outcomeparameter zwischen Patienten mit langer (≥ 6 Monate) und kurzer (< 6 Monate) Dauer der unbehandelten Psychose. ** hoch signifikanter Unterschied zwischen den Gruppen

schlecht zeigte einen signifikanten Einfluss auf die Outcome-Dimensionen „Positiv-symptomatik", „Defizit-Syndrom" und „Globales Funktionsniveau", wobei ein männliches Geschlecht mit einem jeweils ungünstigeren Outcome in den erwähnten Dimensionen assoziiert war. Für die Faktoren „Art des Krankheitsbeginns" sowie „Ersterkrankungsalter" konnte in Anwesenheit der anderen zuvor genannten Faktoren kein signifikanter Einfluss auf die untersuchten Outcome-Dimensionen nachgewiesen werden.

Verlaufsunterschiede zwischen Patienten mit und ohne lange DUP

In Ergänzung zu den zuvor aufgeführten Ergebnissen sind in Abb. 3. Unterschiede zwischen Patienten mit langer und kurzer DUP nicht nur zum 15-Jahres-Follow-Up-Zeitpunkt sondern auch für den Zeitpunkt der ersten stationär psychiatrischen Aufnahme und Entlassung dargestellt. Auf deskriptiver Ebene lässt sich aus dieser Abbildung ableiten, dass Patienten mit langer DUP im Vergleich zu denen mit kurzer DUP bereits zum Zeitpunkt der Erstaufnahme wie auch zum Zeitpunkt der Entlassung eine stärker ausgeprägte psychopathologische Symptomatik aufwie sen. Weiter lässt der Vergleich des Zustandsbildes der Patienten zum 15-Jahres-Follow-Up-Zeitpunkt mit dem zum Zeitpunkt der Entlassung aus der ersten stationär psychiatrischen Aufnahme erkennen, dass sich das Zustandsbild beider Patientengruppen in alle dargestellten Dimensionen verschlechtert hat. Das Ausmaß der Verschlechterung ist in der Gruppe der Patienten mit langer DUP jedoch deutlich stärker ausgeprägt (Anmerkungen: Dargestellte Dimensionen: Positiv-symptomatik [PARHAL Syndrom des AMDP], Negativsymptomatik [NAMDP Syndrom des AMDP] und Globales Funktionsniveau [GAS]. Da die psychopathologische Symptomatik während der stationären Erstbehandlung mit dem AMDP System erhoben wurde, wurden in der Abbildung für alle Messzeitpunkte, also auch für den 15-Jahres-Follow-Up-Zeitpunkt die entsprechenden AMDP Syndrome dargestellt).

Einfluss der Anzahl der Rehospitalisierungen auf verschiedene Parameter des 15-Jahres-Outcomes

Wenn – wie zuvor gezeigt – die DUP vor Erstbehandlung einen Einfluss auf den Verlauf und Ausgang schizophrener Störungen besitzt, so kann plausibel angenommen werden, dass auch jede weitere psychotische Exazerbation der Patienten sich ungünstig auf deren Verlaufs- und Ausgangsentwicklung auswirkt. Um dieser Frage an dem hier untersuchten Patientenkollektiv nachzugehen, wurde die Anzahl der

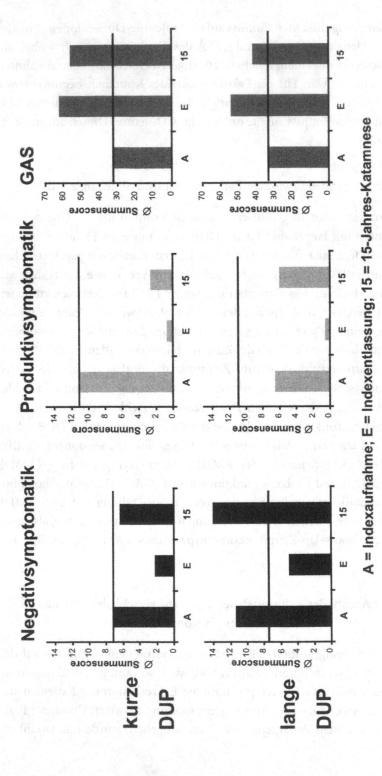

A = Indexaufnahme; E = Indexentlassung; 15 = 15-Jahres-Katamnese

Abb. 3. Vergleich des Verlaufs in verschiedenen Outcomedimensionen zwischen Patienten mit langer (≥6 Monate) und kurzer (<6 Monate) Dauer der unbehandelten Psychose (Hinweis: Die Querbalken in den Abbildungen sollen zum besseren Vergleich der Daten dienen und zeigen jeweils das Niveau der Ausprägung der Symptomatik zum Aufnahmezeitpunkt in der Gruppe mit kurzer DUP an)

Rehospitalisierungen der Patienten als grobes Maß für die Anzahl der psychotischen Exazerbationen angesehen und als Einflussgröße auf den 15-Jahres-Outcome analysiert. In Abb. 4 ist der Zusammenhang zwischen Anzahl der Rehospitalisierungen und verschiedenen Outcomeparametern zum 15-Jahres-Follow-Up-Zeitpunkt dargestellt. Der zuvor gefundene Zusammenhang lässt sich auf deskriptiver Ebene auch in dieser Analyse tendenziell finden: Je mehr Rehospitalisierungen (= häufigere psychotische Exazerbationen und damit längere Dauer der Psychose insgesamt) Patienten aufwiesen, desto ungünstiger war der Ausgang zum 15-Jahres-Follow-Up-Zeitpunkt.

Diskussion

Ein wesentlicher Befund der hier vorgestellten Untersuchung ist, dass der Dauer der unbehandelten Psychose (DUP) eine prognostische Bedeutung für den Langzeit-Outcome der Schizophrenie zukommt. Der Zusammenhang zwischen der DUP und dem Kurzzeitverlauf der Schizophrenie konnte in den vergangenen Jahren – von wenigen Negativbefunden abgesehen (z.B. Craig et al, 2000) – in zahlreichen anderen Studien gezeigt werden (Review in Bottlender et al, 2002a). Direkte Evidenzen für einen Zusammenhang zwischen der DUP und dem Langzeitverlauf der Schizophrenie basierten bislang im wesentlichen auf retrospektiven Studien und nur wenigen prospektiven Studien. Waddington et al (1995) berichten beispielsweise, dass in ihrer 10-Jahres-Verlaufsstudie die Patienten mit einer initial längeren DUP zum 10-Jahres-Untersuchungszeitpunkt eine signifikant stärker ausgeprägte Negativsymptomatik aufwiesen. In einer Fortführung dieser Studie fanden Scully et al (1997) den Zusammenhang der DUP mit der Negativsymptomatik für den 12-Jahres-Verlauf erneut bestätigt und berichteten überdies einen Zusammenhang zwischen der DUP und dem Ausmaß an kognitiven Störungen. Indirekte Evidenzen für den Einfluss der DUP auf den Langzeitverlauf der Schizophrenie ergeben sich aus der Studie von Wyatt et al (1997). In dieser Studie reanalysierten Wyatt et al die Daten der Verlaufsstudie von May et al (1981), in welcher der Verlauf von 228 ersterkrankten schizophrenen Patienten untersucht wurde, die initial entweder in einen Therapiearm mit neuroleptischer Behandlung oder einen Therapiearm ohne neuroleptische Behandlung behandelt wurden. Im Vergleich zu den Patienten, die initial ohne Neuroleptika (= längere DUP) behandelt wurden, mussten die Patienten, die neuroleptisch behandelt wurden (= kürzere DUP), zwei Jahre nach Entlassung aus der ersten stationären Behandlung signifikant seltener rehospitalisiert werden. Weitere 6 bis 7 Jahre später wies die neuroleptisch behandelte Gruppe ein signifikant höheres Funktionsniveau auf als die Gruppe von

Patienten, die nicht neuroleptisch behandelt wurden. Zusammen mit den Ergebnissen unserer Studie legen die zuvor genannten Befunde anderer Studien nahe, dass der ungünstige Einfluss einer längeren DUP sich nicht nur auf den Kurzzeitverlauf der Schizophrenie beschränkt, sondern ebenso für den Langzeitverlauf der Schizophrenie bedeutsam ist. Weitestgehend ungeklärt ist bislang über welchen Wirkmechanismus der ungünstige Einfluss der DUP auf den Krankheitsausgang vermittelt wird. Eine mögliche Erklärung hierfür bietet die sogenannte Neurotoxizitätshypothese (siehe Abb. 5). Bei dieser Hypothese wird davon ausgegangnen, dass im Gehirn schizophrener Patienten während der akuten Psychose neurotoxi-

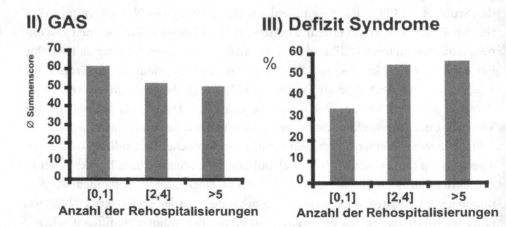

Abb. 4. Vergleich verschiedener psychopathologischer Outcomedimensionen zwischen Patienten mit langer (≥ 6 Monate) und kurzer (< 6 Monate) Dauer der unbehandelten Psychose

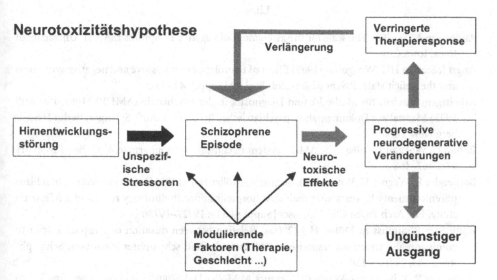

Abb. 5. Modell zur Neurotoxizitäthypothese, die den Zusammenhang zwischen DUP, progressiven hirnmorphologischen Veränderungen im Verlauf der Schizophrenie, einer reduzierten Therapieresponse und einem ungünstigen klinischen Krankheitsausgang erklärt

sche Prozesse auftreten, die ihrerseits mit den bei schizophrenen Patienten vielfach beschriebenen hirnmorphologischen Veränderung aber auch mit einem verminderten Ansprechen auf die Therapie und dauerhaften klinischen Folgeschäden assoziiert sein sollen (Bottlender et al, 1999; Keshavan, 1999; Lieberman, 1999). Unterstützung findet diese Hypothese durch Ergebnisse verschiedener Longitudinalstudien, in denen – zumindest bei einer Subgruppe schizophrener Patienten – progressive hirnmorphologische Veränderungen im Krankheitsverlauf nachgewiesen werden konnten (Davis et al, 1998; DeLisi et al, 1997; Lieberman et al, 2001; Rapoport et al, 1999).

Die aktuell existierenden Evidenzen für das Bestehen eines Zusammenhanges zwischen der Länge der DUP und dem Ansprechen auf die Therapie sowie dem weiterem Krankheitsverlauf und Ausgang weisen zusammengenommen auf die besondere Bedeutung der aktuell weltweit im Gange befindlichen Früherkennungs- und Frühinterventionsstudien hin. Die Hoffnung, die diese Studien in Aussicht stellen, ist, dass durch ein frühzeitigeres Erkennen und Therapieren der an Schizophrenie erkrankten Personen, die Dauer der Psychose verkürzt und damit der Kurz- und Langzeitausgang der Schizophrenie günstig beeinflusst werden kann.

Literatur

Andreasen NC (1983) The scale for the assessment of negative symptoms (SANS). University of Iowa, Iowa City

Angst J, Stassen HH, Woggon B (1989) Effect of neuroleptics on positive and negative symptoms and the deficit state. Psychopharmacol, Berl 99 [Suppl]: 41–46

Arbeitsgemeinschaft für Methodik und Diagnostik in der Psychiatrie (AMDP) (1981, Rev Aufl 1995) Manual zur Dokumentation psychiatrischer Befunde, 5. Aufl. Springer, Berlin Heidelberg New York

Bobon D, Woggon B (1986) The AMDP system in clinical psychopharmacology. Br J Psychiatry 148: 467–468

Bottlender R, Wegner U, Wittmann J, Strauss A, Möller H-J (1999) Deficit syndromes in schizophrenic patients 15 years after their first hospitalization: Preliminary results of a follow-up study. Eur Arch Psych Clin Neurosci [Suppl 4] 249: IV/27–IV/36

Bottlender R, Strauss A, Möller H-J (2000a) Relation between duration of symptoms prior to admission and treatment response in 998 first admitted schizophrenic patients. Schizophr Res 3 (44, 2): 145–150

Bottlender R, Wittmann J, Wegner U, Strauss A, Möller H-J (2000b) Welche Bedeutung haben Negativsymptome für den 15-jährigen Krankheitsverlauf und das psychosoziale Funktionsniveau endogener Psychosen? In: Engel R, Maier W, Möller H-J (Hrsg) Methodik von Verlaufs- und Therapiestudien in Psychiatrie und Psychotherapie. Hogrefe, S 175–178

Bottlender R, Jäger M, Strauss A, Möller H-J (2001) Deficit states in schizophrenia and its association to the length of illness and gender. Eur Arch Psych Clin Neurosci 251: 272–278

Bottlender R, Möller H-J (2002a) Short- and longterm outcome in first episode schizophrenic patients. Current opinion in psychiatry. Curr Opin Psychiatry 16 [Suppl 2]: 39–43

Bottlender R, Sato T, Jäger M, Groll C, Strauss A, Möller H-J (2002b) The impact of duration of untreated psychosis and premorbid functioning on outcome of first inpatient treatment in schizophrenic and schizoaffective patients. Eur Arch Psych Clin Neurosci 252 (5): 226–231

Bottlender R, Sato T, Jäger M, Strauss A, Möller H-J (2003) The impact of the duration of psychosis prior to first psychiatric admission on the 15-years outcome in schizophrenia. Schizophr Res 62 (1–2): 37–44

Carbone S, Harrigan S, McGorry PD, Curry C, Elkins K (1999) Duration of untreated psychosis and 12-month outcome in first-episode psychosis: the impact of treatment approach. Acta Psychiatr Scand 100 (2): 96–104

Craig TJ, Bromet EJ, Fennig S, Tanenberg-Karant M, Lavelle J, Galambos N (2000) Is there an association between duration of untreated psychosis and 24-month clinical outcome in a first-admission series? Am J Psychiatry 157 (1): 60–66

Crow TJ, MacMillan JF, Johnson AL, Johnstone EC (1986) A randomised controlled trial of prophylactic neuroleptic treatment. Br J Psychiatry 148: 120–127

Davis KL, Buchsbaum MS, Shihabuddin L, Spiegel-Cohen J, Metzger M, Frecska E, Keefe RS, Powchik P (1998) Ventricular enlargement in poor-outcome schizophrenia. Biol Psychiatry 43 (11): 783–793

DeLisi LE, Sakuma M, Tew W, Kushner M, Hoff AL, Grimson R (1997) Schizophrenia as a chronic active brain process: a study of progressive brain structural change subsequent to the onset of schizophrenia. Psychiatry Res 74 (3): 129–140

Drake RJ, Haley CJ, Akhtar S, Lewis SW (2000) Causes and consequences of duration of untreated psychosis in schizophrenia. Br J Psychiatry 177: 511–515

Edwards J, Maude D, McGorry PD, Harrigan SM, Coks JT (1998) Prolonged recovery in first-episode psychosis. Br J Psychiatry 172 [Suppl 33]: 107–116

Fähndrich E, Helmchen H, Hippius H (1983) The history of the AMDP-system. Mod Probl Pharmacopsychiatry 20: 1–9

Fenton WS, McGlashan TH (1987) Sustained remission in drug-free schizophrenic patients. Am J Psychiatry 144 (10): 1306–1309

Haas GL, Garratt LS, Sweeney JA (1998) Delay to first antipsychotic medication in schizophrenia: impact on symptomatology andclinical course of illness. J Psychiatr Res 32 (3–4): 151–159

Helgason L (1990) Twenty years' follow-up of first psychiatric presentation for schizophrenia: what could have been prevented? Acta Psychiatr Scand 81 (3): 231–235

Inoue K, Nakajima T, Kato N (1986) A longitudinal study of schizophrenia in adolescence. I. The one- to three-year outcome. Japan J Psychiatry Neurol 40 (2): 143–151

Jäger M, Bottlender R, Wegner U, Strauss A, Möller HJ (2003) Diagnoseverschiebungen der funktionellen Psychosen beim Übergang von der ICD-9 zur ICD-10. Nervenarzt 74 (5): 420–427

Johnstone EC, Owens DG, Crow TJ, Davis JM (1999) Does a four-week delay in the introduction of medication alter the course of functional psychosis? J Psychopharmacol 13 (3): 238–244

Kay SR, Opler LA, Fiszbein A (1987) Positive and negative syndrome scale (PANSS). Rating manual, social and behavioral documents. San Rafael

Keshavan MS (1999) Development, disease and degeneration in schizophrenia: a unitary pathophysiological model. J Psychiatry Res 33 (6): 513–521

Kirkpatrick B, Buchanan RW, Mckenney PD, Alphs LD, Carpenter WT Jr (1989) The schedule for the deficit syndrome: An instrument for research in schizophrenia. Psychiatry Res 30 (2): 119–123

Larsen TK, Moe LC, Vibe-Hansen L, Johannessen JO (2000) Premorbid functioning versus duration of untreated psychosis in 1 year outcome in first-episode psychosis. Schizophr Res 29 (45, 1–2): 1–9

Lieberman J, Chakos M, Wu H, Alvir J, Hoffman E, Robinson D, Bilder R (2001) Longitudinal study of brain morphology in first episode schizophrenia. Biol Psychiatry 49 (6): 487–499

Lieberman J (1999) Is schizophrenia a neurodegenerative disorder? A clinical and neurobiological perspective. Biol Psychiatry 46 (6): 729–739

Lo WH, Lo T (1977) A ten-year follow-up study of Chinese schizophrenics in Hong Kong. Br J Psychiatry 131: 63–66

Loebel AD, Lieberman JA, Alvir JM, Mayerhoff DI, Geisler SH, Szymanski SR (1992) Duration of psychosis and outcome in first-episode schizophrenia. Am J Psychiatry 149 (9): 1183–1188

May PR, Tuma AH, Dixon WJ, Yale C, Thiele DA, Kraude WH (1981) Schizophrenia. A follow-up study of the results of five forms of treatment. Arch Gen Psychiatry 38 (7): 776–784

McEvoy JP, Schooler NR, Wilson WH (1991) Predictors of therapeutic response to haloperidol in acute schizophrenia. Psychopharmacol Bull 27 (2): 97–101

Pietzcker A, Gebhardt R, Strauss A, Stockel M, Langer C, Freudenthal K (1983) The syndrome scales in the AMDP-system. Mod Probl Pharmacopsychiatry 20: 88–99

Rapoport JL, Giedd JN, Blumenthal J, Hamburger S, Jeffries N, Fernandez T, Nicolson R, Bedwell J, Lenane M, Zijdenbos A, Paus T, Evans A (1999) Progressive cortical change during adolescence in childhood-onset schizophrenia. A longitudinal magnetic resonance imaging study. Arch Gen Psychiatry 56 (7): 649–654

Scully PJ, Coakley G, Kinsella A, Waddington JL (1997) Psychopathology executive (frontal) and general cognitive impairment in relation to duration of initially untreated versus subsequently treated psychosis in chronic schizophrenia. Psychol Med 27: 1303–1310

Spitzer J, Endicott Rl, Fleiss L (1976) The Global Assessment Scale. A procedure for measuring overall severity of psychiatric disturbances. Arch Gen Psychiatry 33: 766–771

Waddington JL, Youssef HA, Kinsella A (1995) Sequential cross-sectional and 10-year prospective study of severe negative symptoms in relation to duration of initially untreated psychosis in chronic schizophrenia. Psychol Med 25 (4): 849–857

Wyatt RJ, Green MF, Tuma AH (1997) Long-term morbidity associated with delayed treatment of first admission schizophrenic patients: a re-analysis of the Camarillo State Hospital data. Psychol Med 27: 261–268

Wyatt RJ (1991) Neuroleptics and the natural course of schizophrenia. Schizophr Bull 17 (2): 325–351

Wyatt RJ, Henter I (2001) Rationale for the study of early intervention. Schizophr Res 1 (51/1): 69–76

15-Jahres-Katamnese schizophrener Psychosen im Vergleich zu affektiven und schizoaffektiven Psychosen

M. Jäger, R. Bottlender, U. Wegner, J. Wittmann, A. Strauß und H.-J. Möller

Einleitung

Die auch heute noch in wesentlichen Teilen gültige dichotome Einteilung der funktionellen Psychosen mit der Schizophrenie („Dementia praecox") auf der einen und den affektiven Erkrankungen („manisch-depressives Irresein") auf der anderen Seite geht auf Emil Kraepelin (1899) zurück. Dieser charakterisierte diejenigen Fälle, welche er unter der Bezeichnung „Dementia praecox" zusammenfasste, mit folgenden Worten:

> *„Eine grosse Anzahl von Krankheitsfällen führt zu einem eigenartigen geistigen Schwächezustand [...] Es kommt darauf an, diesen gleichmäßigen Ausgang in den verschiedenen Bildern frischer Fälle vorauszusehen"* (Kraepelin, 1897, S. 15)

Dieses Zitat ist so zu verstehen, dass es Kraepelin mit seiner Einteilung der funktionellen Psychosen vor allem auch darum ging, mit der diagnostischen Einordnung eines Falles zu Krankheitsbeginn, also bei „frischen Fällen", eine prognostische Aussage zu treffen.

Diesen Gedanken aufgreifend wird im vorliegenden Beitrag anhand des Patientenkollektives der Münchener-Katamnese-Studie der Frage nachgegangen, welche prognostische Bedeutung die ICD-10-Diagnosen zum Zeitpunkt der Ersthospitalisation für den weiteren Verlauf haben (Dilling, 1998). Darüber hinaus soll untersucht werden, welchen Beitrag die psychopathologischen und demographischen Variablen unabhängig von der Diagnose zur Vorhersage des Langzeitverlaufes liefern.

Patientenkollektiv und Methodik

Im Rahmen der Münchener-Katamnese-Studie (Möller et al, 2002) wurden ersthospitalisierte Patienten der Psychiatrischen Klinik der Ludwig-Maximilians-Universität München, die in den Jahren 1980 bis 82 erstmals wegen einer funktionellen Psychose (ICD-9-Diagnosen: 295.x, 296.x, 297.x, 298.x) stationär behandelt wurden und im Großraum München wohnten, 15 Jahre später nachuntersucht. Die Erfassung der psychopathologischen Daten erfolgte sowohl zum Indexzeitpunkt (1980–1982) als auch zum Zeitpunkt der 15-Jahres-Katamnese (1995–1997) mit Hilfe des AMDP-Systems (1997). Das globale Funktionsniveau wurde zu allen Untersuchungszeitpunkten mit der GAS erfasst (Global Assessment of Functioning Scale; GAS) (Endicott et al, 1972). Aus den AMDP-Daten wurde das paranoid-halluzinatorische, manische und depressive Syndrom (Pietzker et al, 1983) sowie das Negativsyndrom (Angst et al, 1989) berechnet.

Auf der Grundlage von ausführlichen Krankengeschichten wurden nachträglich von Outcome-blinden Untersuchern Diagnosen nach den Forschungskriterien der ICD-10 hergeleitet (WHO, 1994). Es handelt sich hierbei um Konsensus-Diagnosen von mindestens zwei erfahrenen Psychiatern. Die diagnostische Einordnung basierte lediglich auf denjenigen Informationen, welche zum Zeitpunkt der Ersthospitalisation zur Verfügung standen. Die ICD-10-Diagnosen wurden in drei Gruppen zusammengefasst:

(1) die schizophrenen einschließlich wahnhafter Psychosen (F20, F22);
(2) die schizoaffektiven einschließlich akuter Psychosen (F23, F25) im Sinne eines weit gefassten „schizoaffektiven Zwischenbereiches" (Janzarik, 1980; Sauer, 1990);
(3) die affektiven Psychosen (F30, F31, F32, F33).

Die folgenden Ergebnisse basieren auf den 70% der ursprünglich eingeschlossenen Fälle, die komplett, d.h. mit standardisierten Messinstrumenten, nachuntersucht wurden. Es handelt sich um 76 Patienten mit einer schizophrenen, 60 Patienten mit einer schizoaffektiven sowie 61 Patienten mit einer affektiven Psychose. Die komplett nachuntersuchten Fälle unterscheiden sich hinsichtlich der Alters-, Geschlechts- und Diagnoseverteilung nicht von der Ausgangsstichprobe.

Auf das Patientenkollektiv der Münchener-Katamnese-Studie wurde die von Watt et al (1983) vorgeschlagene Verlaufstypologie angewandt. Der chronischstabile und der chronisch-progrediente Verlaufstyp im Sinne von Watt et al wurden zusammengefasst, so dass sich folgende Einteilung ergab:

(1) Einzelepisode;
(2) rezidivierend-vollremittierender Verlauf;
(3) chronischer Verlauf.

In Anlehnung an Harrison et al (2001) wurde für den chronischen Verlaufstyp gefordert, dass der GAS-Wert in den letzten zwei Jahren vor der Katamneseuntersuchung

durchgehend unter 61 lag. Bei der hier vorgestellten Verlaufseinteilung handelt es
sich zwar um eine eher grobe, jedoch unter klinisch-pragmatischen Gesichtspunkten
recht nachvollziehbare Typologie. Ein Vergleich der drei Verlaufstypen hinsichtlich
psychopathologischer (AMDP-Syndrome zum Katamnesezeitpunkt) sowie sozialer
Outcomedimensionen (stabile Partnerschaft, regelmäßige Beschäftigung) zeigte,
dass sich die Verlaufstypen in all den genannten Variablen signifikant voneinander
unterscheiden, was für die Validität der vorgenommenen Einteilung spricht.

Diagnosegruppen und Verlaufstypen

Es stellt sich zunächst die Frage, wie sich die drei diagnostischen Gruppen schizophrene, schizoaffektive und affektive Psychosen auf die drei Verlaufstypen verteilen
(Abb. 1). Hierbei ist noch einmal zu betonen, dass es sich um Diagnosen handelt, die
lediglich auf den Informationen zum Zeitpunkt der Ersthospitalisation beruhen.

   Die Ergebnisse zeigen, dass sich der Langzeitverlauf bei den affektiven Psychosen
sehr gut voraussagen lässt: In 93% der Fälle handelt es sich einen episodisch-
vollremittierenden Verlauf, in 5% um eine Einzelepisode und nur in 3% um einen
chronischen Verlauf. Die schizophrenen Psychosen zeigen demgegenüber in 57%
der Fälle einen chronischen Verlauf, in 40% einen rezidivierend-vollremittierenden
Verlauf und nur in 3% eine Einzelepisode. Bei den schizoaffektiven Psychosen
finden sich schließlich nur 15% an chronischen Fällen. Neben einen 68%-Anteil an
rezidivierend-vollremittierenden Verläufen fällt hier mit 17% ein relativ hoher Anteil an Einzelepisoden auf. Somit ist auch durch die Einteilung der nicht-affektiven
Psychosen in schizophrene Psychosen auf der einen und schizoaffektiven Psychosen
auf der anderen Seite eine Vorhersage des Langzeitverlaufes gut möglich, da sich

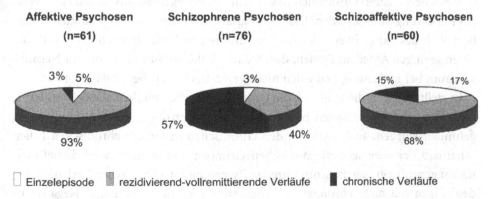

Abb. 1. Assoziation der diagnostischen Gruppen mit den Verlaufstypen

beide Gruppen voneinander unterscheiden. Die Verlaufsaussage ist allerdings nicht so eindeutig wie bei den affektiven Psychosen, da immerhin 43% der schizophrenen Psychosen einen nicht-chronischen und 15% der schizoaffektiven Psychosen einen chronischen Langzeitverlauf aufweisen.

Verlaufsprädiktion durch psychopathologische und demographische Variablen

Im weiteren wird der Frage nachgegangen, welchen Beitrag die psychopathologischen und demographischen Variablen unabhängig von der Diagnose zur Vorhersage des Langzeitverlaufes liefern. Hierzu wird in Anlehnung an Watt et al (1983) mit der Zusammenfassung von Einzelepisoden und rezidivierend-vollremittierenden Verlaufstypen zu den nicht-chronischen Verläufen eine dichotome Verlaufseinteilung gebildet und untersucht, durch welche Variablen sich ein chronischer bzw. nicht-chronischer Verlauf vorhersagen lässt. Da die affektiven Störungen lediglich in 3% der Fälle einen chronischen Langzeitverlauf zeigen, ist die mit der diagnostischen Einordnung verbundene Verlaufsprädiktion kaum mehr zu übertreffen. Im folgenden soll deshalb der Fokus auf die nicht-affektiven, d.h. die schizophrenen und schizoaffektiven Psychosen gelegt werden.

Zunächst wird die diagnostische Einordnung außer Acht gelassen und der Frage nachgegangen, wie sich die chronischen von den nicht-chronischen Fällen, ungeachtet von der Diagnose, unterscheiden. Die beiden Verlaufsgruppen werden miteinander hinsichtlich des Alters bei Ersthospitalisation, des Geschlechtes, der Summenscores der AMDP-Syndrome (paranoid-halluzinatorisches, depressives, manisches und Negativsyndrom) sowie der GAS-Werte zum Zeitpunkt der Aufnahme und der Entlassung aus der ersten stationären Aufnahme verglichen.

Es zeigt sich (Tab. 1), dass sich die beiden Gruppen (chronische und nicht-chronische Verläufe) hinsichtlich Geschlecht sowie Negativsyndrom und GAS-Wert bei Entlassung unterscheiden. Den drei Variablen kommt also ein prädiktiver Wert bezüglich des Langzeitverlaufes zu. Die chronischen Verläufe zeichnen sich durch einen geringen Anteil an Frauen, durch einen höheren Summenscore im Negativsyndrom bei Entlassung und einen niedrigeren GAS-Wert bei Entlassung aus.

Es stellt sich nun die Frage, ob die Unterschiede, die zwischen allen chronischen und allen nicht-chronischen Fällen ungeachtet ihrer diagnostischen Einordnung gefunden wurden, auch zwischen den chronischen und nicht-chronischen Fällen innerhalb der jeweiligen diagnostischen Gruppen auftreten. Es wird deshalb zunächst geprüft, ob sich die schizophrenen Psychosen mit chronischen Verläufen von denjenigen mit nicht-chronischen Verläufen hinsichtlich Geschlecht, Negativsyndrom bei Entlassung sowie GAS-Wert bei Entlassung unterscheiden (Tab. 2).

Tab. 1. Unterschiede zwischen chronischen und nicht-chronischen Verläufen (schizophrene und schizoaffektive Psychosen)

	Chronischer Verlauf (n = 52)	Nicht-chronische Verläufe (n = 84)	Signifikanz
Geschlecht (% weiblich)	57%	80%	p = 0,004[1]
Negativsyndrom bei Entlassung	3,1 (± 3,5)	2,1 (± 3,1)	p = 0,015[2]
GAS-Wert bei Entlassung	57,7 (± 12,6)	64,7 (± 13,1)	p = 0,002[2]

[1] Exakter Test nach Fisher; [2] Mann-Withney-U-Test

Hierbei wird deutlich, dass sich weder hinsichtlich des depressiven Syndroms bei Aufnahme noch hinsichtlich des Negativsyndroms bzw. des GAS-Wertes bei Entlassung signifikante Unterschiede finden. Auch die Unterschiede in der Geschlechtsverteilung verfehlen knapp statistisches Signifikanzniveau. Gleiches gilt auch für die schizoaffektiven Psychosen (Tab. 3). Auch hier gelingt es nicht, innerhalb der diagnostischen Gruppe die chronischen von den nicht-chronischen Verläufen mit Hilfe der eben genannten Variablen zu trennen.

Die Unterschiede zwischen den beiden Verlaufstypen setzen sich also nicht bis hin zu den Diagnosen fort, d.h. innerhalb der beiden diagnostischen Gruppen finden sich keine signifikanten Unterschiede zwischen chronischen und nicht-chronischen Verläufen.

Tab. 2. Unterschiede zwischen chronischen und nicht-chronischen Verläufen innerhalb der schizophrenen Psychosen

	Schizophrene Psychosen chronischer Verlauf (n = 43)	Schizophrene Psychosen nicht-chronische Verläufe (n = 33)	Signifikanz
Geschlecht (% weiblich)	52%	73%	p = 0,069[1] n.s.
Negativsyndrom bei Entlassung	3,6 (± 3,6)	3,8 (± 3,8)	p = 0,823[2] n.s.
GAS-Wert bei Entlassung	56,1 (± 12,6)	58,3 (± 13,6)	p = 0,408[2] n.s.

[1] Exakter Test nach Fisher; [2] Mann-Withney-U-Test

Tab. 3. Unterschiede zwischen chronischen und nicht-chronischen Verläufen innerhalb der schizoaffektiven Psychosen

	Schizoaffektive Psychosen chronischer Verlauf (n = 9)	Schizoaffektive Psychosen nicht-chronische Verläufe (n = 51)	Signifikanz
Geschlecht (%weiblich)	78%	84%	p = 0,628[1] n.s.
Negativsyndrom bei Entlassung	1,1 (±1,3)	1,0 (±1,7)	p = 0,435[2] n.s.
GAS-Wert bei Entlassung	65,7 (±10,3)	68,9 (±11,0)	p = 0,355[2] n.s.

[1] Exakter Test nach Fisher; [2] Mann-Withney-U-Test

Schlussfolgerungen

Die drei diagnostischen Gruppen sind jeweils mit einem Verlaufstyp stark assoziiert. Bei den affektiven Psychosen finden sich 3% an chronischen Verläufen, bei den schizoaffektiven Psychosen hingegen 15% und bei den schizophrenen Psychosen 57% an chronischen Verläufen. Diese Befunde stehen im Einklang mit früheren Katamnesestudien: So konnten beispielsweise Möller et al (1989) zeigen, dass die schizophrenen Psychosen im Sinne der ICD-8, des DSM-III sowie der RDC im Vergleich zu den schizoaffektiven und affektiven Psychosen mit einer erheblich ungünstigeren Prognose verbunden sind. Die hier vorgestellten Ergebnisse verdeutlichen jedoch auch, dass sich bei den schizophrenen Psychosen der Langzeitverlauf im Vergleich zu den affektiven und schizoaffektiven Psychosen am wenigsten zuverlässig vorhersagen lässt. Neben den 57% der Fälle mit chronischem Verlauf finden sich immerhin 43% mit rezidivierend-vollremittierendem Verlaufstyp bzw. Einzelepisoden. Hieran anknüpfend stellt sich die Frage, ob das Schizophreniekonzept der ICD-10 nicht zu weit gefasst ist und, wie von einigen Autoren (Susser et al, 1998; Mojtabai et al, 2000) gefordert, weiter auf ungünstig verlaufende Formen eingeengt werden sollte.

Zum zweiten deuten die Ergebnisse der vorliegenden Untersuchung darauf hin, dass den psychopathologischen und demographischen Variablen zur Vorhersage des Langzeitverlaufes kein Beitrag zukommt, der über denjenigen der diagnostischen Einordnung hinausgeht. Die Diagnose kann somit, ganz im Kraepelinschen Sinne, als ein wesentlicher Prädiktor für den Langzeitverlauf angesehen werden.

Damit ist aber nicht gesagt, dass die Kombination der Diagnosen mit demographischen, psychopathologischen oder auch biologischen Variablen keinen zusätzlichen prädiktiven Wert hat. An dieser Stelle sind sicherlich noch weiterführende Untersuchungen nötig. Einschränkend ist anzumerken, dass die gruppenstatistischen Vergleiche des vorliegenden Beitrages sicherlich noch durch eine genauere Analyse unter Einbeziehung multivariater statistischer Verfahren ergänzt werden müssen, um sie mit widersprüchlichen Befunden, wie etwa denen von van Os et al (1996), vergleichen zu können.

Literatur

Angst J, Stassen HH, Woggon B (1989) Effect of neuroleptics on positive and negative symptoms and the deficit state. Psychopharmacol [Suppl] 99: 41–46

Arbeitsgemeinschaft für Methodik und Dokumentation in der Psychiatrie (1997) Manual zur Dokumentation psychiatrischer Befunde, 6. Aufl. Hofgrefe, Göttingen Bern Toronto Seattle

Dilling H (1998) Die Zukunft der Diagnostik in der Psychiatrie. Fortschr Neurol Psychiat 66: 36–42

Endicott J, Spitzer RL, Fleiss JL, Cohen J (1976) The global assessment scale. A procedure for measuring overall severity of psychiatric disturbance. Arch Gen Psychiat 33: 766–771

Harrison G, Hopper K, Craig T, Laska E, Siegel C, Wanderling J, Dube KC, Ganev K, Giel R, an der Heiden W, Holmberg SK, Janca A, Lee PWH, León CA, Malhotra S, Marsella AJ, Nakane Y, Sartorius N, Shen Y, Skoda C, Thara R, Tsirkin SJ, Varma VK, Walsch D, Wiersma D (2001) Recovery from psychotic illness: a 15- and 25-year international follow-up study. Brit J Psychiat 178: 506–517

Janzarik W (1980) Der schizoaffektive Zwischenbereich und die Lehre von den primären und sekundären Seelenstörungen. Nervenarzt 51: 272–279

Kraepelin E (1897) Zur Diagnose und Prognose der Dementia praecox. Centralblatt für Nervenheilkunde und Psychiatrie VIII: 15–17

Kraepelin E (1899) Psychiatrie. Ein Lehrbuch für Studirende und Aerzte, 6. Aufl. Barth, Leipzig

Möller HJ, Hohe-Schramm M, Cording-Tömmel C, Schmid-Bode W, Wittchen HU, Zaudig M, v Zerssen D (1989) The classification of functional psychoses and its implications for prognosis. Br J Psychiatry 154: 467–472

Möller HJ, Bottlender R, Groß A, Hoff P, Wittmann J, Wegner U, Strauß A (2002) The Kraepelinian dichotomy: preliminary results of a 15-year follow-up study on functional psychoses: focus on negative symptoms. Schizophr Res 56: 87–94

Mojtabai R, Varma VK and Susser E (2000) Duration of remitting psychosis with acute onset. Implications for ICD-10. Br J Psychiatry 176: 576–580

van Os J, Fahy TA, Jones P, Harvey I, Sham P, Lewis S, Bebbington P, Toone B, Williams M, Murray R (1996) Psychopathological syndromes in the functional psychoses: association with course and outcome. Psychol Med 26: 161–176

Pietzcker A, Gebhart R, Strauss A, Stockel M, Langer C, Freudenthal K (1983) The syndrome scales in the AMDP-system. Mod Probl Pharmacopsychiatry 20: 88–99

Sauer H (1990) Die nosologische Stellung schizoaffektiver Psychosen. Nervenarzt 61: 3–15

Susser E, Varma VK, Matoo SK, Finnerty M, Mojtabai R, Tripathi BM, Misra AK, Wig NN (1998) Long-term course of acute brief psychosis in a developing country setting. Br J Psychiatry 173: 226–230

Watt DC, Katz K, Sheperd M (1983) The natural history of schizophrenia. A 5-year prospective follow-up of a representative sample of schizophrenics by means of a standardized clinical and social assessment. Psychol Med 13: 663–670

WHO (1994) Internationale Klassifikation psychischer Störungen: ICD-10, Kap. V (F). In: Dilling H, Mombour W, Schmidt MH, Schulte-Markwort E (Hrsg) Forschungskriterien/ Weltgesundheitsorganisation. Hans Huber, Bern

Frühdiagnose der Schizophrenie: Abgrenzung von Risikofaktoren, Prodromi und Frühsymptomen

J. Klosterkötter

Einleitung

Wenn Frühbehandlung den Verlauf durchgreifend verbessern kann und die Behandlung heute in der Regel erst jahrelang nach dem Erkrankungsbeginn einsetzt, kommt es ganz entscheidend auf die Entwicklung und Überprüfung von Früherkennungs- und Frühbehandlungsmöglichkeiten an. Diese Programmatik wurde lange Zeit nur von zwei deutschen Arbeitsgruppen, der von Gerd Huber und Heinz Häfner, verfolgt. Inzwischen findet sie aber weltweit ein immer stärkeres Interesse, das schon 1996 einen vorläufigen Höhepunkt erreichte, als erstmals ein ganzer Band der wichtigsten Fachzeitschrift, des „Schizophrenia Bulletins" (Vol. 22), dem Thema „Early Detection and Intervention in Schizophrenia" gewidmet war. Darin wurde das Rationale für diese Programmatik von McGlashan und Johannessen (1996) entwickelt und durch die in Abb. 1 wiedergegebene Skizze zu den Phasen schizophrener Störungen verdeutlicht.

Frühsymptome, Prodromalsymptome und Risikofaktoren

Die Dauer der unbehandelten Erkrankung („Duration of Untreated Illness – DUI") umfasst den gesamten Verlaufszeitraum von den ersten uncharakteristischen Erkrankungszeichen bis hin zur ersten Behandlung, während sich die Dauer der unbehandelten Psychose („Duration of Untreated Psychosis – DUP") nur auf den Zeitraum vom Beginn der Psychose bis zur ersten Behandlung bezieht. Das erste und naheliegendste therapeutische Ziel, das sich aus dieser Phasendifferenzierung ergibt, besteht in einer Vorverlagerung des Behandlungseinsatzes zum Beginn der Psychose hin. Eine solche „DUP"-Verkürzung stellt noch keine so große Anforderungen an die Früherkennung, die der Frühbehandlung ja vorausgehen muss, weil es dabei nur

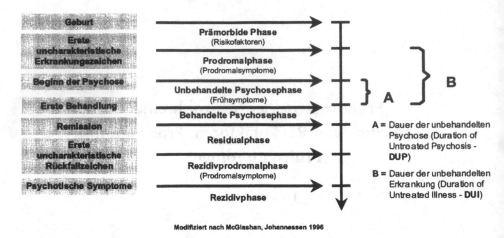

Modifiziert nach McGlashan, Johannessen 1996

Abb. 1. Frühverlauf der Schizophrenie – Phasen und Definitionen

den Beginn der Psychose anhand von schizophrenietypischen Positiv- und Negativ-
symptomen rechtzeitig zu erfassen gilt. Nur auf diese Veränderungen des Erlebens
und Verhaltens, die initial oder auch bei Rezidiven den Beginn der jeweiligen
psychotischen Episode anzeigen, sollte man beim heutigen Diskussionstand noch
den Begriff der *Frühsymptome* beziehen. Die „First-episode"-Forschung (Larsen et
al, 1996) und in Deutschland insbesondere die Mannheimer A (= Age) B (= Begin-
ning) C (= Course)-Schizophrenie-Studie mit einer epidemiologischen Vollerfas-
sung aller Neuerkrankungen in diesem Versorgungsgebiet (Häfner et al, 1993)
haben gezeigt, dass es von dieser Frühsymptomatik an gerechnet im Vorfeld der
ersten psychotischen Episode immerhin noch durchschnittlich mehr als ein Jahr
dauert, bis unter den heutigen Behandlungsgegebenheiten erst eine adäquate Therapie eingeleitet wird.

Demgegenüber ist das zweite und weitreichendere therapeutische Ziel in der
Vorverlagerung des Behandlungseinsatzes noch über den Anfang der ersten psychotischen Episode hinaus bis hin zum wahren Erkrankungsbeginn zu sehen. Eine
solche „DUI-Verkürzung" stellt ungleich höhere Anforderungen an die Früherkennung, weil dazu die Erkrankung bereits anhand ihrer ersten, sehr viel feineren, oft
auch subklinischen und nach den heutigen Diagnosekriterien als Schizophrenie-
uncharakteristisch einzustufenden Zeichen identifiziert werden müsste. Für diese
Anzeichen nicht des Psychose-, sondern des Erkrankungsbeginns, die auch vor
Rezidiven wieder auftreten können, verwendet man heute noch nach wie vor den
aus der Körpermedizin entlehnten Begriff der *Prodromalsymptome*. Da sie keines-
wegs immer kontinuierlich in eine nachfolgende psychotische Episode übergehen,

wäre es eigentlich angemessener, statt von Prodromen von symptomatologisch definierbaren Risikozuständen („At risk mental states") zu sprechen (McGorry et al, 2000). Die initialen Prodromalsymptome gehen nach der ABC-Schizophrenie-Studie (Häfner et al, 1993) den psychotischen Frühsymptomen ihrerseits noch einmal über einen Zeitraum von durchschnittlich 5 Jahren voraus, so dass die „DUI" insgesamt mehr als 6 Jahre beträgt. Wenn es gelänge, die Therapie schon auf die Prodromalsymptomatik zu stützen, könnte man dadurch sicher noch einen sehr viel bedeutsameren Fortschritt erzielen, als er mit der Behandlung der Frühsymptomatik erreichbar wäre. Denn ein Behandlungseinsatz schon im initialen Prodrom verdiente es nach den heutigen Diagnosekriterien durchaus, als eine *indizierte Prävention* betrachtet zu werden, weil sich dadurch im Erfolgsfall eben die erste psychotische Episode, also diejenige Symptomatik, durch die man gemäß ICD-10 und DSM-IV vorrangig schizophrene Störungen definiert, von vornherein verhüten ließe.

Als Vorbeugungsmaßnahme in dem strengen Sinne einer *Primärprävention* wäre allerdings erst eine Behandlung anzusprechen, die noch früher einsetzt und nicht nur den Beginn der Psychose, sondern auch die vorauslaufende Prodromalphase verhindern könnte. Die in Abb. 1 vorgenommene Kennzeichnung des Zeitraums von der Geburt bis zu den ersten uncharakteristischen Erkrankungszeichen als *prämorbide* Phase deutet schon darauf hin, dass auch eine solche volle Krankheitsverhütung heute keine ganz unrealistische Programmatik mehr ist. In den letzten 10–20 Jahren umfassender empirischer Forschung hat sich nämlich eine neue Sicht der schizophrenen Störungen herausgebildet, die nicht mehr der einfachen Vorstellung von einem voraussetzunglos in die Biographie hereinbrechenden Krankheitsprozess entspricht. Sie firmiert in der internationalen Schizophrenieforschung unter dem Begriff der sogenannten Vulnerabilitäts-Stress-Bewältigungs-Hypothese (Nuechterlein, 1987; Gottesmann, 1993), die in Abb. 2 grob schematisch dargestellt wird. Danach ist auch schon in der prämorbiden Phase mit einer vorbestehenden Störanfälligkeit zu rechnen, für die man auf verschiedenen Ebenen nach Indikatoren oder Markern sucht. Auf diese Merkmale, die bei bisher noch nicht erkrankten Personen ein erhöhtes Manifestationsrisiko anzeigen, ist der Begriff der *Risikofaktoren* zu beziehen.

Prämorbide Phase

Für komplexe Erkrankungen wie die schizophrenen Störungen ist zunächst einmal auf der genetischen Untersuchungsebene mit einer größeren Zahl von sogenannten Risiko- oder Suszeptibilitätsgenen zu rechnen, die jeweils nur einen kleinen Beitrag

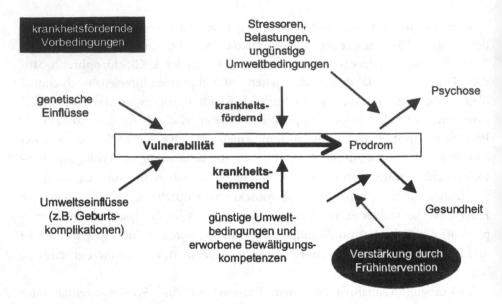

Abb. 2. Entstehungsmodell der Psychose und Ansatzpunkt der Frühintervention

zum Erkrankungsrisiko leisten (Maier et al, 1998). Ob es der weltweit hoch intensiv betriebenen molekulargenetischen Forschung in absehbarer Zeit gelingen wird, diese Gene zu identifizieren und für Risikovorhersagen nutzbar zu machen, bleibt abzuwarten. Auf jeden Fall stellt aber auch schon nach den traditionellen Familien- und Zwillingsstudien das Vorkommen einer schizophrenen Erkrankung oder einer Schizophrenie-Spektrum-Störung in der Familie einen klaren Risikofaktor dar, der sich je nach Verwandtschaftsgrad abschätzen lässt. Des Weiteren hat man in der prämorbiden Phase später schizophren Erkrankter Schwangerschafts- und Geburtskomplikationen wie etwa Virusinfektionen oder Blutungen bei der Mutter, niedriges Geburtsgewicht oder vorzeitige Geburt eines unreifen Kindes, verlängerte Entbindung, Hypoxie oder Asphyxie des Kindes etwa doppelt so häufig wie in der Gesamtbevölkerung gefunden (McNeil, 1995). Zusammen mit der genetischen Belastung dürften diese umweltbedingten Schädigungen für neuromotorische Störungen, neuromotorische, kognitive, emotionale und soziale Entwicklungsdefizite während der Kindheit, hirnfunktionelle und/oder strukturelle Anomalien in der Bildgebung sowie neuropsychologische, psycho- und neurophysiologische Defizite ätiologisch verantwortlich zu machen sein, die nach einer Vielzahl von einschlägigen Studienergebnissen ebenfalls schon in der prämorbiden Phase nachweisbar sind (Vogeley und Falkai, 1999). Allerdings finden sich solche Hirnanomalien oder Hirnentwicklungsstörungen, die bei später schizophren Erkrankenden möglicherweise bevorzugt limbische Regionen betreffen, auch bei psychisch Gesunden oder bei Kindern, die ein Hyperaktivitätssyndrom mit Aufmerksamkeitsstörung, eine Lernbehinderung oder eine Epilepsie entwickeln. Außerdem muss man sowohl hinsichtlich der genetischen als auch der hirnbiologischen Risikofaktoren mit späteren Ausgleichsmöglichkeiten durch protektive Kapazitäten rechnen, so dass sich die Vorhersage späterer schizophrener Erkrankungen in der prämorbiden Phase noch schwieriger gestaltet. Nur selten ist ja einmal ein so klar definiertes und hohes Risiko wie das eines monzygoten Zwillings eines bereits schizophren erkrankten Familienmitglieds gegeben. Immerhin sollten unspezifische Maßnahmen wie Schwangerenvorsorge besonders bei schizophreniekranken Müttern, Frühdiagnostik nach Risikogeburten, Lernhilfen für Kinder mit Entwicklungsverzögerungen und Trainings für deren Eltern stärker genutzt werden als bisher. Die Risikoabschätzung für interessierte Familien mit Betroffenen muss bis auf weiteres nach den üblichen Gesichtspunkten der humangenetischen Beratung erfolgen. Screening-Untersuchungen in der Allgemeinbevölkerung mit dem Ziel der Aufdeckung von Risikofaktoren zur Einleitung einer gezielten primären Prävention sind derzeit weder als sinnvoll noch als möglich zu erachten. Nach dem Vulnerabilitäts-Stress-Bewältigungs-Modell wäre schließlich auch noch mit dem Risiko zu rechnen, das sich aus belastenden Lebensereignissen und ungünstiger Familienatmosphäre ergibt (Stirling et al, 1991). Denn solche Außeneinflüsse werden neben internen Stressoren, wie etwa der endokrinen Umstellung in der Pubertät, dann in Abhängigkeit von der vorbestehenden Störanfälligkeit und dem vorgegebenen Bewältigungspotential für die Auslösung erster psychotischer Episoden verantwortlich gemacht. Ihr Beitrag zur Entstehung von Psychosen ist aber bisher für die Rückfälle deutlich besser gesichert als für die Erstmanifestationen, so dass hinsichtlich der Stressoren und im übrigen auch bezüglich der Bewältigungsfaktoren erst der weitere Gang der Forschung abgewartet werden muss, bevor man diese beiden Komponenten für Präventionsprogramme nutzbar machen kann. Erwähnung sollten in diesem Zusammenhang schließlich noch zwei Ergebnisse finden, die beide die neuropsychologische Untersuchungsebene betreffen und hinsichtlich der Kombinationsmöglichkeit von Risikofaktoren mit Prodromalsymptomen zur Früherkennung optimistisch stimmen. Aufmerksamkeits-, Verbalgedächtnis und motorische Defizite sagten in der New Yorker „High risk"-Studie bei Kindern schizophrener Eltern (9,5 Jahre) schizophrene und schizoaffektive Störungen im Erwachsenenalter (19–32 Jahre) mit guter Sensitivität und Spezifität sowie relativ niedrigen Raten an falsch-positiven Prädiktionen (18–28%) voraus (Erlenmeyer-Kimling et al, 2000). Desgleichen wiesen intellektuelle, organisatorische und soziale Funktionsdefizite, die mit einem vergleichsweise einfachen Intelligenztest erfasst wurden, in einer israelischen Rekrutenstudie bei männlichen

Jugendlichen (16/17 Jahre) gute Vorhersageleistungen bezüglich späterer Hospitalisierungen wegen Schizophrenie mit einer Sensitivität von 75%, einer Spezifität von 100% und einer positiven prädiktiven Stärke von 72% auf (Davidson et al, 1999).

Initiale präpsychotische Phase

Da zumindest in der israelischen Studie unklar bleibt, ob die später schizophren Erkrankten nicht zum Zeitpunkt der Testung auch auf symptomatischer Ebene schon Auffälligkeiten boten, leiten die beiden zuletzt genannten Ergebnisse bereits zur *initialen präpsychotischen Phase* über, in der sich die Früherkennung vorrangig auf Prodromalsymptome stützt. Die auf diesem Gebiet tätigen, inzwischen in einer „International Early Psychosis Association" zusammengeschlossenen Arbeitsgruppen gingen noch bis vor kurzem nahezu ausschließlich von den Prodromalsymptomdefinitionen im DSM-System aus. In der dritten revidierten Fassung wurden die in Tab. 1 aufgelisteten insgesamt 9 Merkmale als Prodromalsymptome aufgeführt. Über diese Symptome gibt es bis heute keine publizierten Daten zur psychoseprädiktiven Aussagekraft aus prospektiven Studien. Deshalb lässt sich auch nicht beurteilen, ob die in Tab. 1 aufgeführten Prädiktionskennwerte, die in der bisher gründlichsten retrospektiven Untersuchung zu dieser Fragestellung ermittelt wurden (Jackson et al, 1995), den Wert dieser Merkmale für die Früherkennung angemessen wiedergeben. Danach lägen die Wahrscheinlichkeiten, dass keine schizophrene Psychose entsteht, wenn solche Merkmale nicht vorliegen, immerhin zwischen minimal 72 und maximal 85%. Die aus Tab. 1 zu ersehenden positiven prädiktiven Stärken der DSM-Prodromalsymptome sind demgegenüber aber unbefriedigend und gehen nicht über maximal 48% für ausgeprägt absonderliches Verhalten hinaus. Kombinationen mit Zusatzkriterien wie etwa einer Prodromdauer > 6 Monate und einer schlechten prämorbiden Anpassung (PAS-Score > 51.6) können zwar die Vorhersagekraft auf 74% und auch die Spezifität auf 90% erhöhen (McGorry et al, 2000). Dessen ungeachtet haben aber die vergleichsweise schlechten einzelnen Prädiktionskennwerte dazu geführt, dass im DSM-IV keine detaillierten Prodromalsymptomdefinitionen mehr angegeben werden und die 9 entsprechenden Merkmale aus DSM-III-R nur noch teilweise mit unter den Definitionen für die schizotype Persönlichkeitsstörung erscheinen. Maßgebliche Autoren wie McGorry (1995) plädieren dafür, statt dessen andere Prodromalsymptomkonzeptionen im Hinblick auf möglicherweise bessere Vorhersageleistungen zu überprüfen und dies ist inzwischen für die „Basissymptome", also die wichtigste aus der deutschen Psychopathologie stammende Prodromkonzeption in der „Cologne Early Recognition" (CER)-Schizophrenie-Studie (Klosterkötter et al, 2001) auch geschehen.

Tab. 1. Prädiktionskennwerte für die DSM-III-R-Prodromalsymptome (nach Jackson et al, 1995; McGorry et al, 2000)

Prodromalsymptom	Sensitivität	Spezifität	Positive prädiktive Stärke	Negative prädiktive Stärke	% falsch positive Vorhersage	% falsch negative Vorhersage
Soziale Isolierung oder Zurückgezogenheit	.76	.58	.44	.85	29,07%	7,35%
Ausgeprägte Beeinträchtigung der Rollenerfüllung	.63	.64	.43	.80	24,92%	11,18%
Ausgeprägt absonderliches Verhalten	.26	.88	.48	.73	8,31%	22,36%
Ausgeprägte Beeinträchtigung der persönlichen Hygiene	.22	.89	.47	.73	7,67%	23,32%
Abgestumpfter, verflachter oder inadäquater Affekt	.33	.78	.40	.74	14,70%	20,13%
Abschweifende, vage oder umständliche Sprache	.29	.78	.36	.72	15,66%	21,41%
Eigentümliche Vorstellungen oder magisches Denken	.53	.70	.43	.78	21,09%	14,38%
Ungewöhnliche Wahrnehmungserlebnisse	.24	.86	.42	.73	9,59%	23,00%
Erheblicher Mangel an Initiative, Interesse oder Energie	.53	.68	.41	.76	15,02%	19,81%
In Kombination mit Prodromdauer > 6 Monate und schlechter prämorbider Anpassung (PAS-Score > 51.6)	.64	.90	.74	.85		

Die 66 in dieser erstmaligen prospektiven Untersuchung über 9,6 Jahre in ihrer Entwicklung verfolgten Prodromalsymptome wurden mit „Bonn Scale for the Assessment of Basic Symptoms – BSABS" (Gross et al, 1987) erfasst und in 5 trennscharfe Subsyndrome (Klosterkötter et al, 1996) unterteilt. Das Subsyndrom „Informationsverarbeitungsstörungen – BIV") umfasst 35 einzelne kognitive Denk-, Wahrnehmungs- und Handlungsstörungen. Das Subsyndrom „Coenästhesien – BC" schließt 13 unterschiedliche Störungen der Propriozeption ein. Das Subsyndrom „Adynamie – BA" setzt sich aus 7 einzelnen Affekt-, Kontakt- und uncharakteristischen Konzentrations-, Denk- und Gedächtnisstörungen zusammen. Das Subsyndrom „Vulnerabilität – BV" wird aus 5 Merkmalen der verminderten Belastungsfähigkeit gegenüber bestimmten Stressoren sowie der erhöhten Beeindruckbarkeit gebildet. Das Subsyndrom „Interpersonelle Verunsicherung – BIP" schließt 6 Prodromalsymptome ein, die wie Eigenbeziehungstendenz, Störungen des In-Erscheinung-Tretens oder erhöhte Beeindruckbarkeit durch die eigene Person betreffende Verhaltensweisen anderer, alle einen Verlust an natürlicher Selbstverständlichkeit in interpersonellen Situationen zum Ausdruck bringen. Wie Tab. 2 zeigt, sagten die bei der Indexuntersuchung am häufigsten gefundenen BA-Merkmale, also Veränderungen der emotionalen Reagibilität einschließlich Depressivität und Anedonie sowie Verminderung des Kontaktbedürfnisses und uncharakteristische Konzentrations-, Denk- und Gedächtnisstörungen, zwar spätere Schizophrenieentwicklungen mit einer hohen Sensitivität von 92% voraus und wiesen auch eine niedrige Rate von falsch-negativen Vorhersagen von 3,8% auf, aber die Spezifität dieser Vorhersage war mit 16% sehr schwach, die positive prädiktive Stärke mit 52% allenfalls mäßig und die Rate an falsch-positiven Vorhersagen unter allen Subsyndromen mit 42,5% am höchsten. Die Merkmale des BC, des BV und BIP nahmen mit ihren Prädiktionskennwerten eine Mittelstellung zwischen den BA-Merkmalen auf der einen und den Informationsverarbeitungsstörungen auf der anderen Seite ein. Die Merkmale des BIV waren den Patienten mit späterer Schizophrenieentwicklung zum Zeitpunkt der Indexuntersuchungen noch häufig genug gefunden worden, um eine Sensitivität von 56% zu erreichen und damit als ideal für Diagnosekriterien gelten zu können (Andreasen und Flaum, 1991). Für sie errechneten sich aber auch hohe Werte für die Spezifität der Schizophrenieprädiktion von 84% und die positive prädiktive Stärke von 77%. Zugleich lag die Rate an falsch-positiven Vorhersagen für diese selbst erlebten Informationsverarbeitungsstörungen deutlich niedriger als bei allen anderen Subsyndromen, nämlich nur noch bei 8,1%.

Um die diagnostische Effizienz für jeden möglichen Schwellenwert und unabhängig von der Prävalenz der Schizophrenieentwicklung der Stichprobe zu ermitteln,

Tab. 2. Diagnostische Effizienzindizes der Prodromalsymptome, die bei zumindest einem Viertel der übergegangenen Patienten auftraten und eine gute prädiktive Stärke (PPP > .70) aufweisen

BSABS-Subsyndrom	Sensitivität	Spezifität	Likelihood Ratio	Positive prädiktive Stärke	Negative prädiktive Stärke	% falsch positive Vorhersage	% falsch negative Vorhersage
Gedankeninterferenz	.42	.91	4.66	.83	.62	4,4%	28,8%
Zwanghähnliches Perseverieren zurückliegender Vorgänge	.32	.88	2.66	.71	.57	6,3%	33,8%
Gedankendrängen, Gedankenjagen	.38	.96	9.50	.91	.62	1,9%	30,6%
Blockierung des jeweiligen Gedankenganges	.34	.86	2.42	.71	.57	6,9%	32,5%
Störung der rezeptiven Sprache	.39	.91	4.33	.82	.61	4,4%	30,0%
Störung der Diskriminierung von Vorstellungen und Wahrnehmungen/von Phantasie- und Erinnerungsvorstellungen	.27	.95	5.40	.84	.57	2,5%	36,3%
„Subjekt-Zentrismus" – Eigenbeziehungstendenz	.39	.89	3.45	.78	.60	5,6%	30,0%
Derealisation	.28	.90	2.80	.73	.56	5,0%	35,6%
Optische Wahrnehmungsstörungen	.46	.85	3.06	.75	.62	7,5%	26,9%
Akustische Wahrnehmungsstörungen	.29	.89	2.63	.72	.53	5,6%	35,0%

wurden ergänzend ROC-Analysen durchgeführt (DeLong et al, 1988). Wie aus
Abb. 3 hervorgeht, unterschied sich der Subscore BIV höchst signifikant von den
anderen 4 Subskalen hinsichtlich seiner diagnostischen Güte für die Untersuchungen in Bezug auf das Zielkriterium „übergegangen in Schizophrenie" versus „nicht
übergegangen in Schizophrenie". Mit einer errechneten Fläche von 0.8065 unter der
ROC-Kurve und einer erreichten Sensitivität von 80% bei einer Spezifität von
ca. 72% ergaben sich für das BIV sehr befriedigende Güteparameter für die diagnostische Valenz, während die Gütekriterien der anderen 4 Subskalen alle im Zufalls-
bereich gelegen waren.

An Prodromalsymptome, die man für die Früherkennung nutzen und die man
dementsprechend auch zur Grundlage einer präventiven Behandlung machen will,
müssen natürlich sehr strenge Maßstäbe angelegt werden. Sie sollten einerseits
häufig genug bei Patienten mit späterer Schizophrenieentwicklung vorkommen und
andererseits eine hohe Vorhersagekraft besitzen. Deshalb wurden in der CER-Studie
für programmatisch nutzbare Prodromalsymptome eine Sensitivität von über 25%
und eine positive prädiktive Stärke von über 70% verlangt. Tabelle 2 zeigt, dass
10 der erfassten Prodromalsymptome diese beiden Kriterien erfüllten. Alle anderen
56 Symptome lagen bei den Fällen mit späterer Schizophrenieentwicklung entweder
nicht mit einer ausreichenden Häufigkeit vor oder waren so häufig auch unter den
nicht schizophren Erkrankten verbreitet, dass ihre positive prädiktive Stärke weni-

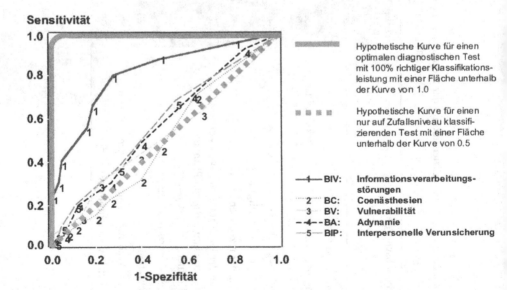

Abb. 3. ROC-Kurven der BSABS-Subsyndrome (N = 160)

Tab. 3. Diagnostische Effizienzindizes der BSABS-Subsyndrome bei einem gewählten Cut-off von 15% der jeweils eingeschlossenen Symptome

Abk.	BSABS-Subsyndrom	Sensitivität	Spezifität	Positive prädiktive Stärke	Negative prädiktive Stärke	% falsch positive Vorhersage	% falsch negative Vorhersage
BIV	Informationsverarbeitungsstörungen (5 von 35)	.56	.84	.77	.66	8,1%	21,9%
BC	Coenästhesien (2 von 13)	.47	.52	.49	.50	24,4%	26,3%
BV	Vulnerabilität (1 von 5)	.63	.35	.49	.49	33,1%	18,1%
BA	Adynamie (1 von 7)	.92	.16	.52	.68	42,5%	3,8%
BIP	Interpersonelle Verunsicherung (1 von 6)	.68	.46	.55	.60	27,5%	15,6%

Der Cut-off und die Anzahl der in das Subsyndrom eingeschlossenen Symptome sind in Klammern angefügt.

ger als 70% betrug. Für die 10 Symptome waren die Sensitivität, die negative Vorhersageleistung und die Rate an falsch-negativen Vorhersagen akzeptabel, die Spezifität und die positive Vorhersageleistung hoch sowie die Rate an falsch-positiven Vorhersagen sehr niedrig. Der letztgenannte, für Früherkennung und Frühintervention besonders wichtige Indikator lag für jedes der 10 Symptome mit seinen Werten deutlich unter 10%. Mit Ausnahme nur eines Symptoms (Eigenbeziehungstendenz) gehörten allen diese Prodromalsymptome mit ausreichender Sensitivität und guter Vorhersagekraft zu den selbst erlebten Informationsverarbeitungsstörungen, so dass die für das BIV ermittelte beste Prädiktionsleistung auch auf der Ebene der Einzelsymptome ihre Bestätigung fand.

In der „Early Psychosis Association" hatte man bisher aus den schlechten Vorhersageleistungen der DSM-Prodromalsymptome die Konsequenz gezogen, dass sich eine tragfähige Konsensus-Definition des initialen Prodroms nur auf schon sehr psychosenahe Hochrisikostadien beziehen könnte (Yung et al, 1996). Dementsprechend wurde in einer Symptome, psychischen Funktionsverlust und Risikofaktoren umfassenden Mischdefinition mindestens einer der 3 folgenden Merkmalskomplexe für die Annahme eines solchen Prodroms verlangt:

(1) transiente psychotische Symptome über weniger als 7 Tage mit spontaner Remission;

(2) mindestens ein attenuiertes psychotisches Symptom nach den Kriterien der DSM-IV-Schizotypie-Kategorie;

(3) unspezifische Symptome (Angst, Depressivität) bei Reduktion des „Global Assessment of Functioning Scores" um mindestens 30 Punkte und einem erstgradigen Angehörigen mit einer DSM-IV-Schizophrenie-Spektrumstörung (Yung et al, 1998).

Wie Abb. 4 skizzenhaft verdeutlicht, sind die „Brief Limited Intermittend Psychotic Symptoms – BLIPS" eigentlich schon der ersten psychotischen Episode zuzurechnen. Hierauf die Definition des initialen Prodroms stützen zu wollen, kann nur dadurch gerechtfertigt werden, dass sie sich eben nach kurzer früh beginnender Manifestation spontan wieder zurückbilden sollen. Genau genommen müsste man diese Merkmale von ihrer Qualität her nach der anfangs vorgenommenen Definitorik bereits als Frühsymptome ansprechen. Auch beim Vorliegen der abgeschwächten psychotischen Symptome, die in Tab. 4 noch einzeln aufgeführt werden, dürften sich die Betroffenen schon ganz am Ende der initialen Prodromalphase befinden. Nur der dritte Merkmalskomplex enthält auch eigentliche Prodromalsymptome im traditionellen europäischen Verständnis, wie sie bereits ganz am Anfang des initialen Prodroms vorkommen können. Diese unspezifischen Symptome sollen aber

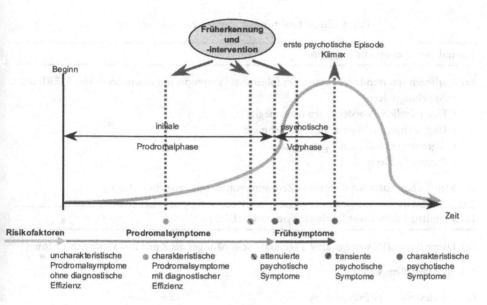

Abb. 4. Psychoseentwicklung

eben nur dann Berücksichtigung finden, wenn die Betroffenen schon unter einem sehr deutlichen psychischen Funktionsverlust leiden und überdies noch eine klar definierbare genetische Risikoerhöhung aufweisen. Daher wundert es auch nicht, dass Betroffene mit mindestens einem dieser drei Merkmalskomplexe in den ersten prospektiven Untersuchungen, die zur tatsächlichen Vorhersagekraft durchgeführt wurden, teilweise bereits innerhalb eines halben Jahres in mehr als 40% der Fälle in die psychotische Erstmanifestation übergegangen waren (Yung et al, 1995; McGorry et al, 2000). In solchen Ergebnissen ist sicherlich eine Bestätigung für die Brauchbarkeit dieser Konsensus-Definition zu sehen. Es fragt sich aber auch, ob man mit einer Intervention in so definierten Prodromen nicht noch eher eine „DUP"– als eine „DUI"-Verkürzung betreiben würde. Wünschenswert wäre es jedenfalls, die drohende Psychose auch schon früher in der initialen Prodromalphase erkennen und diesbezüglich geeignete Behandlungsmaßnahmen ergreifen zu können. Insbesondere im Hinblick auf das eigentliche Präventionsziel, nämlich die Verhinderung oder zumindest Verzögerung des Psychoseausbruchs, verspräche ein früherer Einsatz mehr Erfolg als der Behandlungsbeginn erst zu einem Zeitpunkt, zu dem die Erstmanifestation möglicherweise bereits angelaufen ist.

Deshalb hat unsere Arbeitsgruppe gestützt auf die Ergebnisse des CER-Projekts eine Modifikation der Definition des initialen Prodroms vorgeschlagen und diesen Vorschlag auch inzwischen in den Studien zur Früherkennung und Frühbehand-

Tab. 4. Einschlusskriterien: psychose*nahe* Prodrome

Attenuierte psychotische Symptome

(a) Vorliegen von mindestens einem der folgenden Symptome mit einem Score von 2 (ERIraos):
  • Beziehungsideen
  • Eigentümliche Vorstellungen oder magisches Denken
  • Ungewöhnliche Wahrnehmungserlebnisse
  • Eigenartige Denk- und Sprechweise
  • Paranoide Ideen

(b) Mehrfaches Auftreten über einen Zeitraum von mindestens einer Woche

---

Brief Limited Intermittent Psychotic Symptoms (BLIPS)

(a) Dauer der BLIPS weniger als 7 Tage und nicht häufiger als 2 mal pro Woche in 1 Monat

(b) Spontane Remission

(c) Mindestens 1 der folgenden Symptome:
  • Halluzinationen (PANSS P3 $> = 4$)
  • Wahn (PANSS P1, P5 oder P6 $> = 4$)
  • Formale Denkstörungen (PANSS P2 $> = 4$)

---

lung innerhalb des deutschen Kompetenznetzes „Schizophrenie" (Maurer et al, 2002) sowie in einem deutsch-israelischen Kollaborationsprojekt zu ähnlichen Fragestellungen und in der internationalen „European Prediction of Psychosis – EPOS"-Studie (Birchwood et al, 2002) zur Anwendung gebracht. Danach sollten die beiden erst genannten Merkmalskomplexe der Konsensus-Definition nur noch als Kriterien für das späte Stadium des Frühverlaufs benutzt werden, dass sie in der Tat ja auch gut definieren, nämlich *den psychosenahen Abschnitt* des initialen Prodroms. Tabelle 4 zeigt im Einzelnen die hierfür geeigneten attenuierten und transienten psychotischen Symptome gemäß der in den deutschen Früherkennungszentren sowie in den kooperierenden Zentren in den Niederlanden, in England, in Spanien und in Finnland benutzten und darüber hinaus auch in amerikanischen, australischen und kanadischen Zentren inzwischen mit berücksichtigten Definition. Die Rechtfertigung für die Bezeichnung als *psychosenahes Prodrom* ergibt sich aus dem schon erwähnten Umstand, dass beim Vorliegen solcher Merkmale der Übergang in die psychotische Erstmanifestation für einen Großteil der Fälle schon innerhalb des Folgejahres zu erwarten ist. Ob auch der dritte oben genannte Merkmalskomplex der Konsensus-Definition für sich allein genommen ähnlich zeitnahe Psychoseübergänge prädiziert, kann aus den diesbezüglichen prospektiven Untersuchungen bisher nicht entnommen werden. Zu erwarten wäre eher, dass solche Patienten sich doch noch in einem deutlich psychoseferneren Abschnitt des initialen Prodromal-stadiums befinden. Auch die psychotische gewordenen Patienten des CER-Projekts hatten die Erstmanifestation erst nach 3–4 Jahren entwickelt, so dass es sich anbot, die Prodromalsymptome mit den besten Prädiktionsleistungen aus dieser Studie und den Merkmalskomplex aus psychischem Funktionsverlust und Risikofaktoren zusammen für die Definition *psychoseferner Prodrome* zu verwenden (Klosterkötter et al, 2001). Tabelle 5 zeigt die so entstandenen Kriterien im Einzelnen und lässt auch erkennen, dass die verlangten Risikofaktoren mit der Lebenszeitdiagnose einer Schizophrenie bei einem erstgradigen Angehörigen oder prä- und perinatalen Komplikationen etwas anders gefasst wurden als in der bisherigen Konsensus-Definition. Die unter die Einschlusskriterien mit eingebrachten Prodromalsymptome entsprechen ersichtlich den Merkmalen, die in Tab. 3 mit ihren Prädiktionskennwerten aufgeführt wurden. Wenn es wirklich zuträfe, dass bei solchen Prodromalsympto-men in mehr als 70% der Fälle innerhalb der nächsten 3–4 Jahre eine Psychose entsteht und es nur bei weniger als 10% der Fälle nicht zu einer solchen Entwicklung

Tab. 5. Einschlusskriterien: psychose*ferne* Prodrome

Prodromalsymptome:

(a) Mindestens eines der folgenden 10 Symptome (ERIraos):
  • Gedankeninterferenz
  • Zwangähnliches Perseverieren bestimmter Bewusstseinsinhalte
  • Gedankendrängen, Gedankenjagen
  • Gedankenblockierung
  • Störung der rezeptiven Sprache
  • Störung der Diskriminierung von Vorstellungen und Wahrnehmungen
  • Eigenbeziehungstendenz („Subjektzentrismus")
  • Derealisation
  • Optische Wahrnehmungsstörungen
  • Akustische Wahrnehmungsstörungen

(b) Mehrfaches Auftreten über einen Zeitraum von mindestens einer Woche

---

Psychischer Funktionsverlust und Risikofaktoren

Reduktion des GAF-M-Scores (Global Assessment of Functioning gemäß DSM-IV)
um mindestens 30 Punkte über mindestens einen Monat
plus
mindestens ein erstgradiger Angehöriger mit Lebenszeitdiagnose einer Schizophrenie (ERIraos)
oder prä- und perinatale Komplikationen (ERIraos)

---

kommt, müssten sich diese Ergebnisse auch in Früherkennungs- und Präventionsprogramme umsetzen lassen. Damit hätte die CER-Studie erstmals die Möglichkeit geschaffen, tatsächlich schon früh und klar innerhalb des initialen Prodroms zu intervenieren und so das angestrebte Ziel der „DUI"-Verkürzung zu erreichen. Für die „indizierte Prävention" wurden nach forschungsstrategischen und ethischen Gesichtspunkten strenge Regeln aufgestellt. Danach darf in psychosefernen Prodromen vorerst nur ein eigens hierfür neu entwickeltes multimodales manualisiertes psychologisches Interventionsprogramm (Bechdolf et al, 2003) zur Anwendung kommen, während in psychosenahen Prodromen der Einsatz von nebenwirkungsarmen atypischen Antipsychotika in niedriger Dosierung gerechtfertigt sein kann. Die bisherigen Ergebnisse der seit gut 2 Jahren im Gang befindlichen Interventionsstudien innerhalb des Kompetenznetzes Schizophrenie sind erfolgversprechend (Ruhrmann et al, 2002) (Bechdolf et al, 2002). Aber erst in weiteren 2 Jahren werden wir wissen, ob mit der Neufassung der Prodromdefinition tatsächlich der Durchbruch zu einer Schizophrenieprävention gelingt.

Literatur

Andreasen NC, Flaum M (1991) Schizophrenia: the characteristic symptoms. Schizophr Bull 17: 27–49

Bechdolf A, Streit M, Schröter A, Wagner M, Maier W, Klosterkötter J (2002) Psychologische Frühintervention bei Risikopersonen mit psychosefernen Prodromen: erste Ergebnisse einer randomisierten Studie. Nervenarzt [Suppl 1]: 9

Bechdolf A, Maier S, Knost B, Wagner M, Hambrecht M (2003) Psychologisches Frühinterventionsprogramm bei psychosefernen Prodromen. Ein Fallbericht. Nervenarzt 74: 436–439

Birchwood M, Linszen DH, Ruhrmann S, Salokangas RKR, Vàsquez-Barquero JL, von Reventlow H, Hambrecht M, Klosterkötter J and the EPOS Group (2002) EPOS – general outlines of the European Prediction of Psychosis Study. Acta Psychiatr Scand 106 [Suppl 413]: 12

Davidson M, Reichenberg A, Rabinowitz J, Weiser M, Kaplan Z, Mark M (1999) Behavioral and intellectual markers for schizophrenia in apparently healthy male adolescents. Am J Psychiatry 156: 1328–1335

DeLong ER, DeLong DM, Clarke-Pearson DL (1988) Comparing the areas under two or more correlated receiver operating characteristic curves: a nonparametric approach. Biometrics 44: 837–845

Erlenmeyer-Kimling L, Rock D, Roberts SA, Janal M, Kestenbaum C, Cornblatt B, Adamo UH, Gottesman II (2000) Attention, memory, and motor skills as childhood predictors of schizophrenia-related psychoses: the New York High-Risk Project. Am J Psychiatry 157 (9): 1416–1422

Gottesman II (1993) Schizophrenie. Spectrum, Heidelberg Berlin Oxford

Gross G, Huber G, Klosterkötter J, Linz M (1987) Bonner Skala für die Beurteilung von Basissymptomen (BSABS; Bonn Scale for the Assessment of Basic Symptoms). Springer, Berlin Heidelberg New York

Jackson HJ, McGorry PD, Dudgeon P (1995) Prodromal symptoms of schizophrenia in first-episode psychosis. Prevalence and specificity. Compr Psychiatry 36: 241–250

Klosterkötter J, Ebel H, Schultze-Lutter F, Steinmeyer EM (1996) Diagnostic validity of basic symptoms. Eur Arch Psychiatry Clin Neurosci 246: 147–154

Klosterkötter J, Hellmich M, Steinmeyer EM, Schultze-Lutter F (2001) Diagnosing schizophrenia in the initial prodromal phase. Arch Gen Psychiatry 58: 158–164

Larsen TK, McGlashan TH, Moe LC (1996) First-episode schizophrenia: I. Early course parameters. Schizophr Bull 22: 241–256

Maier W, Rietschel M, Lichtermann D, Linz M (1998) Familienangehörige Schizophrener als Risikopersonen: Familiengenetik und neuere molekular-genetische Ansätze. In: Klosterkötter J (Hrsg) Frühdiagnostik und Frühbehandlung psychischer Störungen. Springer, Berlin Heidelberg New York, S 59–82

Maurer K, Hörrmann F, Trendler G, Schmidt M, Häfner H (2002) Screening und Frühdiagnostik mit dem Early Recognition Inventory (ERIraos): erste Ergebnisse zur prodromalen Symptomatik und zu Risikofaktoren einer Schizophrenie. Nervenarzt [Suppl 1]: 8

McGlashan TH, Johannessen JO (1996) Early detection and intervention with schizophrenia: rationale. Schizophr Bull 22: 201–222

McGorry PD, McFarlane C, Patton GC, Bell R, Hibbert ME, Jackson HJ, Bowes G (1995) The prevalence of prodromal features of schizophrenia in adolescence: a preliminary survey. Acta Psychiatr Scand 92: 241–249

McGorry PD, McKenzie D, Jackson HJ, Waddell F, Curry C (2000) Can we improve the diagnostic efficiency and predictive power of prodromal symptoms for schizophrenia? Schizophr Res 42 (2): 91–100

McNeil TF (1995) Perinatal risk factors and schizophrenia: selective review and methodological concerns. Epidemiol Rev 17: 107–112

Nuechterlein KH (1987) Vulnerability models for schizophrenia: state of the art. In: Häfner H, Gattaz WF, Janzarik W (eds) Search for the causes of schizophrenia. Springer, Berlin Heidelberg New York Tokyo, pp 297–316

Ruhrmann S, Kühn KU, Streit M, Bottlender R, Maier W, Klosterkötter J (2002) Pharmakologische und psychologische Frühintervention bei Risikopersonen mit psychosenahen Prodromen: erste Ergebnisse einer kontrollierten Studie. Nervenarzt [Suppl 1]: 9

Stirling J, Tantam D, Thomas P, Newby D, Montague L, Ring N, Rowe S (1991) Expressed emotion and early onset schizophrenia: a one year follow-up. Psychol Med 21: 675–685

Vogeley K, Falkai P (1999) Brain imaging in schizophrenia. Curr Opin Psychiatry 12: 41–46

Yung AR, McGorry PD (1996) The prodromal phase of first-episode psychosis: past and current conceptualizations. Schizophr Bull 22: 353–370

Yung AR, Phillips LJ, McGorry PD, McFarlane CA, Francey S, Harrigan S, Patton GC, Jackson HJ (1998) Prediction of psychosis. Br J Psychiatry 172 [Suppl 33]: 14–20

Akute Vorübergehende Psychotische Störungen

A. Marneros und F. Pillmann

Einleitung

In die letzte Revision der ICD-10 (WHO 1992) wurde erstmals die Kategorie „Akute Vorübergehende Psychotische Störungen" (AVP) (F23) aufgenommen. In dieser Kategorie wurden akute, in der Regel dramatische psychotische Zustände von kurzer Dauer und in der Regel guter Prognose untergebracht (siehe Tab. 1). Die Weltgesundheitsorganisation betont, dass trotz Kreierung dieser Kategorie unser Wissen darüber mager ist, und dass man noch sehr viel Forschung auf diesem Gebiet benötigt (WHO, 1992).

Das DSM-IV hingegen enthält mit der Kategorie „Brief Psychotic Disorders" (BP) (298.8) eine deutlich enger definierte Begriffsbestimmung als die ICD-10. Dies bedeutet also, dass alle Patienten, die laut DSM-IV als „Brief Psychosis" diagnostiziert werden, auch nach ICD-10 als AVP diagnostiziert werden können – umgekehrt ist dies jedoch nicht der Fall (Pillmann et al, 2002b).

Die ICD-10 unterscheidet fünf Kategorien, dies sind:

(a) Akute Polymorphe Psychotische Störungen (dies wiederum mit und ohne Symptome der Schizophrenie),
(b) Akute Schizophreniforme Psychosen,
(c) Andere Akute Vorwiegend Wahnhafte Psychotische Störungen,
(d) Andere Akute Vorübergehende Psychotische Störungen,
(e) Nicht näher bezeichnete Akute Vorübergehende Psychotische Störungen.

Allerdings stellt hierbei die größte und wichtigste Gruppe die der Akuten Polymorphen Psychotischen Störungen dar (Marneros und Pillmann, 2004).

Die Intention der WHO bei der Schaffung der diagnostischen Kategorie „Akute Vorübergehende Psychotische Störung" (F23) war einmal, die verschiedenen mehr oder weniger nationalen Konzepte (Tab. 2) unter einen Hut zu bringen, und zweitens, die Ergebnisse von internationalen Studien, die eine Gruppe von kurzandauernden Psychosen mit guter Prognose identifizieren, zu berücksichtigen (Perris,

Tab. 1. Die Definition der Akuten Vorübergehenden Psychosen (F23) in den
ICD-10-Forschungskriterien

G1.	Akuter Beginn von Wahngedanken, Halluzinationen und unverständlicher oder zerfahrener Sprache oder jegliche Kombination von diesen Symptomen. Das Zeitintervall zwischen dem ersten Auftreten der psychotischen Symptome und der Ausbildung des voll entwickelten Störungsbildes sollte nicht länger als zwei Wochen betragen.
G2.	Wenn vorübergehende Zustandsbilder mit Ratlosigkeit, illusionärer Verkennung der Aufmerksamkeits- und Konzentrationsstörungen vorkommen, erfüllen sie nicht die Kriterien für eine organisch bedingte Bewusstseinsstörung wie sie unter F05 A beschrieben wird.
G3.	Die Störung erfüllt nicht die Kriterien für eine manische (F30), eine depressive (F32) oder eine rezidivierende depressive Episode (F33).
G4.	Kein Nachweis eines vorangegangenen Konsums psychotroper Substanzen, die gravierend genug wäre, die Kriterien für eine Intoxikation (F1x.0), einen schädlichen Gebrauch (F1x.1), ein Abhängigkeitssyndrom (F1x.2) oder ein Entzugssyndrom (F1x.3 und F1x.4) zu erfüllen. Ein kontinuierlicher und im wesentlichen unveränderter Alkoholkonsum oder Substanzgebrauch in einer Menge oder Häufigkeit, die die Betroffenen gewohnt sind, schließt die Diagnose F23 nicht aus. Das klinische Urteil und die Erfordernisse des in Frage kommenden Forschungsprojektes sind hier ausschlaggebend.
G5.	Häufigstes Ausschlusskriterium: Kein Nachweis einer organischen Gehirnerkrankung (F0) oder schweren metabolischen Störung, die das zentrale Nervensystem betreffen (Geburt und Wochenbett sind hier nicht gemeint). (Die Dauer überschreitet nicht 3 Monate, bei schizophrener Sympotmatik nicht einen Monat)

1986; Pichot, 1986; Susser et al, 1996; Pillmann und Marneros, 2003; Marneros und Pillmann, 2004). Eine gute Konkordanz der AVP, insbesondere ihrer Untergruppe „Akute Polymorphe Psychotische Störungen" gibt es mit zykloiden Psychosen und mit dem Bouffée délirante" (Marneros und Pillmann, 2004; Marneros et al, 2000; Pillmann et al, 2001; Pillmann und Marneros, 2003).

Systematische epidemiologische Studien zu den AVP sind bisher sehr selten, manchmal fanden entsprechende Untersuchungen im Rahmen von großen epidemiologischen Studien statt (Marneros und Pillmann, 2004). Dies veranlasste uns, eine longitudinale Studie über Akute Vorübergehende Psychotische Störungen und Kurzandauernde Psychosen durchzuführen, im folgenden HASBAP („Halle Study on Brief and Acute Psychoses") genannt.

Tab. 2. Synonyma Akuter Vorübergehender Psychosen

Nonaffective Acute Remitting Psychosis (NARP)

Atypische Psychose

Oneiroide Emotionspsychose

Oneirophrenie

Schizophrene Reaktion

Psychogene (reaktive) Psychose

Kurze schizophreniforme Psychose

schizophrenieähnliche Emotionspsychose

Unsystematische Schizophrenie

„Good prognosis schizophrenia"

„Remitting schizophrenia"

Akute Schizophrenie

Bouffée délirante

Zykloide Psychose

Die „Halle Study of Brief and Acute Psychoses" (HASBAP)

Die Methodik der HASBAP („Halle Study of Brief and Acute Psychoses") wurde bisher ausführlich in einer Monographie (Marneros und Pillmann, 2004) sowie mehren Einzelpublikationen (Marneros et al, 2003; Pillmann et al, 2001, 2002a, b; Marneros et al, 2000, 2002) beschrieben.

Hier eine kurze Zusammenfassung:

Es wurden alle Patienten die zwischen dem 1. 1. 1993 und dem 31. 12. 1997 in der Universitätsklinik Halle mit der Diagnose einer „Akuten Vorübergehenden Psychotischen Störung" (ICD-10 F23) stationär behandelt wurden, in die Studie aufgenommen. Es wurden drei Kontrollgruppen gebildet:

(a) Patienten mit der Diagnose „Positive Schizophrenie" (PS),
(b) Patienten mit Bipolar Schizoaffektiven Psychosen (BSAP),
(c) Psychisch gesunde, akut chirurgische Patienten.

Alle Kontrollen waren mit den Patienten der Indexgruppe nach Alter und Geschlecht parallelisiert. In die schizophrene Kontrollgruppe wurden, um eine bessere Vergleichbarkeit zu gewährleisten, nur Patienten mit „Positiver Schizophrenie" aufgenommen, d.h. mit einer akuten schizophrenen Episode mit produktiver Symptomatik (Wahn oder Halluzinationen). Patienten mit chronisch-produktivem Verlauf oder mit einem schizophrenen Residuum (ICD-10 F20.5) waren ausgeschlossen. Wir schlossen nur bipolare schizoaffektive Patienten ein, da eine bipolare Symptomatik von einigen Autoren als typisch für Akuten Vorübergehende Psychosen angesehen wird; das betrifft insbesondere das Konzept der zykloiden Psychosen (Pillmann et al, 2001; Pillmann und Marneros, 2003).

AVP-Patienten und Kontrollen wurden etwa 2¹/₂ Jahre nach der Indexepisode ein erstes Mal nachuntersucht. Zu diesem Zeitpunkt wurde auch die Vergleichsgruppe der psychisch gesunden Kontrollen untersucht. Eine weitere Nachuntersuchung der klinischen Gruppen fand etwa 5 Jahre nach der Indexepisode statt. An der ersten Nachuntersuchung nahmen 89,7% der ursprünglichen Stichprobe bzw. 93,4% der noch lebenden Patienten teil. An der zweiten Nachuntersuchung nahmen 84,1% bzw. 91,4% der noch lebenden Patienten teil. Bei der zweiten Nachuntersuchung waren zwei Patienten der AVP-Gruppe verstorben (natürlicher Tod) und zwei lehnten die Untersuchung ab. Von den Patienten mit Positiver Schizophrenie waren zwei durch natürlichen Tod und zwei durch Suizid verstorben, vier Patienten lehnten die Nachuntersuchung ab. Von den Patienten mit Bipolar schizoaffektiver Störung waren drei durch Suizid verstorben, einer durch einen natürlichen Tod, zwei Patienten waren wegen schwerer körperlicher Erkrankung nicht untersuchbar. Die angewandten Methoden umfassten sowohl eine freie Exploration wie auch standardisierte Instrumente (Endicott et al, 1976; siehe Tab. 3; Kay et al, 1989; Jung et al; 1989; van Gülick-Bailer et al, 1995).

Demographische Daten und Angaben zu Ersterkrankungsalter und zum Alter bei der Indexepisode sind in Tab. 4 dargestellt. 19 (45,2%) der AVP-Patienten, 26 (61,9%) der PS-Patienten und 40 (95,2%) der BSAP-Patienten hatten frühere Episoden (Signifikanz des Unterschieds: $\chi^2 = 24,8$, d.f. = 2, p < 0,001).

Tab. 3. Instrumente der HASBAP

Soziobiographisches Interview (SBI)

ICD-10- und DSM-IV-Checklisten

Schedules for Clinical Assessment in Neuropsychiatry (SCAN)

WHO Psychological Impairments Rating Schedule (WHO/PIRS)

WHO Disability Assessment Schedule (WHO/DAS) (Mannheimer Skala zur Einschätzung sozialer Behinderung)

Global Assessment Scale (GAS)

Positive and Negative Syndrome Scale (PANSS)

NEO Five-Factor Inventory (NEO-FFI)

Tab. 4. Beschreibung der Stichproben: Soziodemographische Daten und Parameter der Indexepisode

	Akute Vorübergehende Psychose (AVP) n = 42	Positive Schizophrenie (PS) n = 42	Bipolar Schizoaffektive Psychose (BSAP) n = 42	Statistische Analyse
	n (%)	n (%)	n (%)	
Geschlecht				
weiblich	33 (78,6)	33 (78,6)	33 (78,6)	n.s.
männlich	9 (21,4)	9 (21,4)	9 (21,4)	n.s.
Akuität der Indexepisode				
abrupt (innerhalb 48 Stunden)	18 (42,9)	5 (11,9)	4 (9,5)	AVP > PS, BSAP**[1]
akut (innerhalb 14 Tagen)	24 (57,1)	15 (35,7)	19 (45,2)	AVP > PS*[1]
subakut (mehr als 14 Tage)	0	22 (52,4)	19 (45,2)	AVP < PS, BSAP**[1]
Akute Belastung innerhalb 14 Tagen vor Beginn	4 (9,5)	0	0	n.s.
	Mittel ± S.D.	Mittel ± S.D.	Mittel ± S.D.	
Alter bei Erstmanifestation in Jahren	35,8 ± 11,1	35,3 ± 13,9	28,6 ± 10,8	p = 0,011[2] ATPD > BSAD* PS > BSAD*
Dauer der psychotischen Symptomatik in der Indexepisode	17,5 (13,3)	103,0 (71,7)	73,4 (60,1)	p < 0,001[2] AVP < PS*** AVP < BSAP*** BSAP < PS*

[1] Nur paarweise Vergleiche mit signifikanter Differenz (χ^2-Test oder Fisher's exakter Test, zweiseitig) angegeben. *p < 0,05, **p < 0,01, ***p < 0,001; n.s. nicht signifikant. [2] ANOVA, signifikante Unterschiede in post-hoc-Analysen mit dem Scheffé-Test angezeigt.

Wichtige Ergebnisse der HASBAP

Häufigkeit

Der Anteil von Akuten Vorübergehenden Psychotischen Störungen an der Gesamt-
gruppe der nicht-organischen psychotischen Störungen und der nicht-organischen
affektiven Störungen beträgt ca. 4% (Abb. 1). Überträgt man diesen Befund nur auf
die den nicht-organischen psychotischen Störungen (ICD-10, F2), dann steigt der
Anteil auf 8,5%. Akute Polymorphe Psychotische Störungen sind in den Industrie-
ländern relativ selten, kommen hingegen jedoch viel häufiger in den sogenannten
„Entwicklungsländern" vor (Marneros und Pillmann, 2004).

Soziobiographische Daten

Wie Tab. 4 veranschaulicht sind die überwiegende Mehrzahl der Patienten mit
Akuten Vorübergehenden Psychotischen Störungen Frauen. Damit ist die Gruppe
der AVP diejenige Gruppe mit dem größten Anteil von Frauen. Sie differiert darin
signifikant von der Schizophrenie. Dagegen zeigen sie eine Ähnlichkeit zu unipola-
ren affektiven und schizoaffektiven Erkrankungen.

AVP können in jedem Alter ausbrechen, am häufigsten jedoch zwischen dem 30.
und 45. Lebensjahr (Tab. 4).

Art des Beginns der Erkrankung

Die Annahme der WHO, dass akute Belastungssituationen eine wesentliche Rolle
hinsichtlich des Ausbruchs einer Episode bei den AVP spielen könnte, konnte von

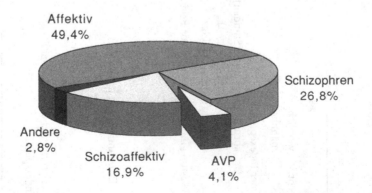

Abb. 1. Anteil von Akuten vorübergehenden Psychosen (AVP) an allen nicht-organischen psychotischen und affektiven Störungen (ICD-10 F2, F3) in der Martin Luther Universität 1993–97

uns nicht bestätigt werden, wie auch Tab. 4 veranschaulicht. In diesem Zusammenhang scheint die ICD-Unterscheidung in eine Gruppe „mit" und eine Gruppe „ohne akute Belastung" wenig sinnvoll. Alle Episoden hatten einen akuten Beginn – also weniger als 14 Tage. Bei einer großen Anzahl davon jedoch trat der Beginn abrupt ein, das heißt binnen weniger als 48 Stunden (Tab. 4).

Die Dauer der psychotischen Episode ist kurz, was auch kompatibel mit dem Konzept der WHO ist. Die Hälfte der Patienten wiesen eine psychotische Periode von weniger als 13 Tagen auf. Des weiteren wurden auch Episoden, die nur einen einzigen Tag gedauert haben, beobachtet.

Psychopathologisches Bild

Per definitionem haben alle Patienten produktiv-psychotische Symptome, das heißt Wahn und/oder Halluzinationen treten auf (Tab. 5).

Interessanterweise zeigen über 70% der Patienten schizophrene Symptome ersten Ranges, dies bedeutet also Gedankenausbreitung, Gedankeneingebung, Gedankenlautwerden, Beeinflussungserlebnisse mit dem Charakter des Gemachten, etc. Zu den wesentlichsten Charakteristika der psychotischen Symptomatik der AVP gehört – neben der häufigen Dramatik der Störung – auch der schnelle Wechsel der Wahnthemen. Ein weiteres Charakteristikum dieser Gruppe von Psychosen ist, dass sich bei allen Betroffenen Störungen der Affektivität finden, und dass bei fast drei Viertel der

Tab. 5. Symptomatik der Akuten Vorübergehenden Psychosen in der Episode

	n (%)
Produktive psychotische Symptome (Halluzinationen und/oder Wahn)	42 (100)
Halluzinationen	32 (76,2)
Wahn	41 (97,6)
Ich-Störungen	21 (50,0)
Symptome ersten Ranges	30 (71,4)
Rasch wechselnde Wahninhalte	20 (47,6)
Affektive Störungen	42 (100)
Antriebs- und psychomotorische Störungen	36 (85,7)
Depressive Stimmung	31 (73,8)
Maniforme Symptomatik	32 (76,2)
Angst	32 (76,2)
Rasch wechselnde Stimmung	29 (69,0)
Formale Denkstörungen	36 (85,7)
Bipolarer Charakter der Symptome	12 (28,6)

Patienten eine depressive Verstimmung auftritt, die jedoch nicht die Kriterien einer depressiven Episode (Major Depression) erreicht. Ebenfalls viele Patienten zeigen maniforme Symptome, welche jedoch nicht die psychopathologische Konstellation einer Manie erlangen. Gleichermaßen charakteristisch für die AVP ist der schnelle Wechsel der Stimmungslage (nach unseren Untersuchungen bei 69% der Patienten), wobei wir bei 29% der Patienten während ein und derselben Episode – häufig am selben Tag – einen bipolaren Wechsel der Affekte (also zwischen Exaltation und Depression) ermittelten. Dieser schnelle Wechsel der Affektive – vor allem in der polymorphen Gruppe – zeigt auch die Ähnlichkeit mancher solcher Zustände mit den zykloiden Psychosen oder dem Bouffée délirante (Marneros und Pillmann, 2004).

Therapie in der Episode

Fast alle Patienten (mit Ausnahme von zwei) wurden mit Neuroleptika – sowohl Typika als auch Atypika – erfolgreich behandelt (Tab. 6). Bei zwei Drittel der Patienten wurde eine reine neuroleptische Monotherapie durchgeführt, bei dem anderen Drittel fand eine Kombination entweder mit Antidepressiva oder Stimmungsstabilisatoren statt. In zwei Fällen klang die akute psychotische Episode ohne jegliche Medikation ab.

Wegen der kurzen Dauer der Episode wird immer wieder die Wirkung von medikamentösen Therapien in Frage gestellt und Vermutungen dahingehend geäußert, ob die psychotische Episode auch ohne Pharmakotherapie abklingen könnte. Davor kann man nur warnen, vor allem deswegen, weil das psychopathologische Bild – in der Regel dramatisch akut – nicht selten von Selbstgefährdung begleitet wird (Marneros und Pillmann, 2004). Es erscheint somit als Verpflichtung, dass

Tab. 6. Therapie der Akuten Vorübergehenden Psychosen in der Episode (n = 42)

	n (%)
Antipsychotika	40 (95,2)
Antidepressiva	9 (21,4)
Lithium	3 (7,1)
Carbamazepin	2 (4,8)
Valproat	0
Benzodiazepine	29 (69,0)
Monotherapie (mit Antipsychotika)	27 (64,3)
Keine spezifische Medikation[1]	2 (4,8)

[1] d.h. nur Tranquilizer

man in diesen Fällen medikamentös intervenieren muss. In diesem Sinne ist emp-
fehlenswert, dass alle Vorübergehenden Psychotischen Störungen pharmakologisch
und vor allem antipsychotisch behandelt werden.

Ausgang

Die Ergebnisse der HASBAP zeigten, dass AVP im longitudinalen Verlauf einen
besseren Ausgang aufweisen als schizophrene Psychosen. Teilweise ist der Ausgang
auch günstiger als der Bipolar schizoaffektiver Psychosen. Es bestehen aber deutliche Unterschiede zwischen verschiedenen Domänen des Ausgangs. Tabelle 7 stellt
einige zentrale psychosoziale Marker des Ausgangs dar. Die gute Adaptation der
AVP-Patienten im psychosozial-interaktionellen Bereich zeigt sich deutlich im hohen Anteil an Probanden, die zum Follow-up-Zeitpunkt eine heterosexuelle Dauerbeziehung aufwiesen (63,2% gegen 38,2% der Probanden mit PS und 50,0% der
Probanden mit BSAP; Unterschied zwischen AVP und PS statistisch signifikant).
Die Rate der heterosexuellen Dauerbeziehung der AVP-Probanden unterscheidet
sich nicht von dem zum ersten Follow-up-Zeitpunkt erhobenen Wert bei den
gesunden Kontrollen (Marneros et al, 2002).

Deutlich ungünstiger ist der Ausgang in allen untersuchten Gruppen, wenn man
den Beschäftigungsstatus beim Follow-up betrachtet (Tab. 7). Insbesondere der

Tab. 7. Psychosozialer Status und Medikation am Ende des prospektiven Follow-up

	AVP n = 38 n (%)	PS n = 34 n (%)	BSAP n = 34 n (%)	Statistische Analyse[1]
Heterosexuelle Dauerbeziehung	24 (63,2)	13 (38,2)	17 (50,0)	AVP > PS*
Beschäftigungsstatus				
Arbeitslos	8 (21,1)	2 (5,9)	1 (2,9)	AVP > BSAP*
Erwerbstätig	11 (28,9)	5 (14,7)	3 (8,8)	AVP > BSAP*
Erwerbsunfähigkeitsrente[2]	14 (36,8)	24 (70,6)	29 (85,3)	AVP < PS**, AVP < BSAP***
Altersrente	2 (5,3)	2 (5,9)	0	n.s.
Umschulung	3 (7,9)	1 (2,9)	1 (2,9)	n.s.
Psychiatrische Medikation	27 (71,1)	31 (88,2)	33 (97,1)	AVP < BSAP

[1] Nur paarweise Vergleiche mit signifikanter Differenz (χ^2-Test oder Fisher's exakter Test, zweiseitig) angegeben. *p < 0,05, **p < 0,01, ***p < 0,001; *n.s.* nicht signifikant
[2] Ein AVP-Patient erhielt Erwerbsunfähigkeitsrente wegen einer somatischen Erkrankung, alle
anderen wegen ihrer psychiatrischen Erkrankung

Tab. 8. Globales Funktionsniveau (Global Assessment Schedule) und aktuelle Psychopathologie (Positive and Negative Syndrome Scale) am Ende des prospektiven Follow-up

	AVP n = 38	PS n = 33	BSAP n = 34	Statistische Analyse[1]
Globales Funktionsniveau	n (%)	n (%)	n (%)	
Sehr gut (Score 0)	25 (65,8)	6 (17,6)	12 (35,3)	AVP > PS***, AVP > BSAP**
Gut (Score 1)	8 (21,1)	9 (26,5)	17 (50,0)	AVP < BSAP*, PS < BSAP*
Mäßig (Score 2)	2 (5,3)	6 (17,6)	3 (8,8)	n.s.
Niedrig (Score 3)	2 (5,3)	6 (17,6)	2 (5,9)	n.s.
Schlecht (Score 4)	2 (2,6)	7 (20,6)	0	PS > BSAP*
Sehr schlecht (Score 5)	0	0	0	–
Aktuelle Psychopathologie	Mittel ± S.A.	Mittel ± S.A.	Mittel ± S.A.	
PANSS Subskala positive Symptome[2]	8,1 ± 3,2	10,4 ± 5,7	7,8 ± 1,5	P = 0,012; AVP < PS*, BSAP < PS*
PANSS Subskala negative Symptome[2]	10,5 ± 6,2	17,1 ± 9,1	10,2 ± 5,3	P < 0,001; AVP < PS**, BSAP < PS**
PANSS Subskala Allgemeinsmptome[2]	19,5 ± 6,3	24,3 ± 7,4	19,5 ± 3,6	P = 0,001; AVP < PS*, BSAP < PS*
PANSS Summenscore[2]	38,1 ± 14,0	51,8 ± 19,7	37,5 ± 8,3	P < 0,001; AVP < PS**, BSAP < PS**

[1] ANOVA, signifikante Unterschiede in post-hoc-Analysen mit dem Scheffé-Test angezeigt; *n.s.* nicht signifikant; *p < 0,05, **p < 0,01
[2] Scores reichen von 7–49 bei den Subskalen für positive und negative Symptome, von 16 bis 112 bei der Subskala Allgemeinsymptome und von 30 bis 210 für den Summenscore. Höhere Werte bedeuten ausgeprägtere Symptomatik

Anteil der erwerbsunfähig berenteten Patienten war mit 70,6% bei den Patienten mit PS und mit sogar 85,3% bei den Patienten mit BSAP sehr hoch, erreichte aber auch bei den AVP-Patienten 36,8%. Hier ist zu berücksichtigen, dass bei einem beträchtlichen Teil dieser Berentungen nicht nur die Leistungsfähigkeit des Betroffenen sondern auch die schwierige Arbeitsmarktlage eine Rolle gespielt haben mag. Insbesondere der Einzugsbereich der HASBAP ist im Untersuchungszeitraum von einer hohen Arbeitslosenrate betroffen (Marneros und Pillmann, 2004).

Die Mehrzahl der Patienten stand zum Zeitpunkt des letzten Follow-up unter laufender psychotroper Medikation. Bei den AVP-Patienten fanden sich allerdings signifikant weniger medizierte Patienten als bei der Kontrollgruppe mit BSAP (Tab. 7).

Die Ergebnisse, die mit standardisierten Instrumenten erhoben wurden, bestätigen, dass AVP-Patienten im longitudinalen Verlauf ein besseres Niveau erreichen als Patienten mit Schizophrenie. Die AVP-Gruppe zeigte hinsichtlich globalem Funktionsniveau, aktueller Symptomatik und sozialer Anpassung signifikant günstigere Werte als die Vergleichsgruppe mit PS (Tab. 8, Abb. 2).

Diagnostische Stabilität

Eine Betrachtung der Episodentypen ergab, dass die große Mehrzahl der Patienten mit AVP, die im Follow-up-Zeitraum (fünf Jahre prospektiv) ein Rezidiv erlebten (n = 30), wieder eine AVP-Episode erlitten (70%). 40% der Patienten hatten eine oder mehr affektive Episoden, 4 Patienten (13,3%) hatten schizoaffektive Episoden und 3 Patienten (10%) erlitten schizophrene Episoden während des Follow-up (Abb. 3).

Diagnostische Stabilität im engeren Sinn kann auch als „monomorpher Verlauf" definiert werden. Von einem monomorphen Verlauf sprechen wir dann, wenn

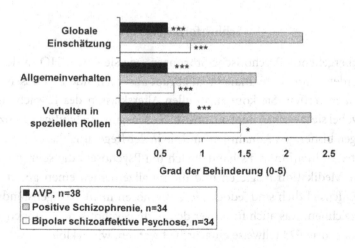

Abb. 2. Soziale Behinderung (DAS). *p < 0,05, ***p < 0,001. Jeweils gegenüber positiver Schizophrenie

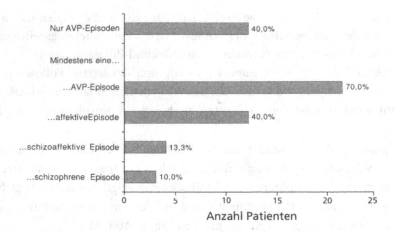

Abb. 3. Akute Vorübergehende Psychosen – Arten der Episoden bis zum Ende des prospektiven Follow-up-Zeitraums (Prozentzahlen beziehen sich auf alle Patienten mit Rezidiv)

longitudinal ausschließlich Episoden eines bestimmten Episodentyps (d.h. vom Typ der Indexepisode) auftreten. Dies war bei 40% der Patienten mit AVP der Fall. Ein monomorpher Verlauf fand sich bei 75,9% der Patienten mit PS und bei 25% der Patienten mit BSAP. Stellt man auf Grundlage der im Follow-up-Zeitraum auftretenden Episodentypen eine Längsschnittdiagnose, wechselten die AVP am häufigsten zu schizoaffektiven Psychosen und seltener zu schizophrenen Psychosen.

Schlussfolgerungen

Akute Vorübergehende Psychotische Störungen, wie sie laut WHO in der ICD-10 definiert werden, sind akute, manchmal abrupt ausbrechende Psychosen, die vorwiegend Frauen treffen. Sie können in allen Altersklassen des Erwachsenenalters auftreten, wobei sie zwischen dem 30. und 45. Lebensjahr am häufigsten anzutreffen sind. Entgegen bisherigen Annahmen sind sie in der Regel unabhängig von akutem schweren Stress-Situationen. Es handelt sich um Psychosen, die sehr gut auf antipsychotische Medikation reagieren und die im allgemeinen einen guten Ausgang aufweisen. Offensichtlich sind jedoch diese Psychosen nicht als eigenständige Entitäten zu bezeichnen, was auch für enger definierte psychotische Gruppen gilt, welche in der Kategorie F23 teilweise eingeordnet werden, wie zykloide Psychosen und Bouffée délirante. Das wichtigste Argument gegen die Eigenständigkeit solcher Psychosen ist die syndromale Instabilität. Im Verlauf können Akute Vorübergehende

Psychotische Störungen sowohl schizophrene als auch affektive und schizoaffektive Episoden aufweisen (Marneros und Pillmann, 2004). Unabhängig davon verlangt ihre Akuität und Dramatik akutes Handeln, stationäre Behandlung und antipsychotische Therapien.

Literatur

Endicott J, Spitzer RL, Fleiss JL, Cohen J (1976) The Global Assessment Scale. A procedure for measuring overall severity of psychiatric disturbance. Arch Gen Psychiatry 33: 766–771

Jung E, Krumm B, Biehl H, Maurer K, Bauer-Schubart C (1989) Mannheimer Skala zur Einschätzung sozialer Behinderung, DAS-M. Beltz, Weinheim

Kay SR, Opler LA, Lindenmayer JP (1989) The Positive and Negative Syndrome Scale (PANSS): rationale and standardisation. Br J Psychiatry [Suppl]: 59–67

Marneros A, Pillmann F (2004) Brief psychoses – the acute and transient psychotic disorders (im Druck)

Marneros A, Pillmann F, Balzuweit S, Blöink R, Haring A (2002) The relation of „acute and transient psychotic disorder" (ICD-10 F23) to bipolar schizoaffective disorder. J Psychiatry Res 36: 165–171

Marneros A, Pillmann F, Balzuweit S, Blöink R, Haring A (2003) What is schizophrenic in ATPD? Schizophr Bull 29 (2): 311–323

Marneros A, Pillmann F, Haring A, Balzuweit S (2000) Die akuten vorübergehenden psychotischen Störungen. Fortschr Neurol Psychiatr 68 [Suppl 1]: 22–25

Perris C (1986) The case for the independence of cycloid psychotic disorder from the schizoaffective disorders. In: Marneros A, Tsuang MT (eds) Schizoaffective psychoses. Springer, Berlin Heidelberg New York, pp 272–308

Pichot P (1986) A comparison of different national concepts of schizoaffective psychosis. In: Marneros A, Tsuang MT (eds) Schizoaffective psychoses. Springer, Berlin Heidelberg New York, pp 8–17

Pillmann F, Marneros A (2003) Brief and acute psychoses: the development of concepts. Hist Psychiatry 14: 161–177

Pillmann F, Haring A, Balzuweit S, Blöink R, Marneros A (2001) Concordance of acute and transient psychotic disorders and cycloid psychoses. Psychopathol 34: 305–311

Pillmann F, Haring A, Balzuweit S, Blöink R, Marneros A (2002a) A comparison of DSM-IV brief psychotic disorder with „positive" schizophrenia and healthy controls. Compr Psychiatry 43 (5): 385–392

Pillmann F, Haring A, Balzuweit S, Blöink R, Marneros A (2002b) The concordance of ICD-10 acute and transient psychosis and DSM-IV brief psychotic disorder. Psychol Med 32: 525–533

Susser E, Finnerty MT, Sohler N (1996) Acute psychoses: a proposed diagnosis for ICD-11 and DSM-V. Psychiatr Quart 67: 165–176

van Gülick-Bailer M, Maurer K, Häfner H (eds) (1995) Schedules for clinical assessment in neuropsychiatry. Huber, Bern

WHO (1992) The ICD-10 classification of mental and behavioral disorders: clincal descriptions and diagnostic guidelines. WHO, Geneva

Neuentwicklungen in der Erforschung der Genetik der Schizophrenie

W. Maier und B. Hawellek

Seit mehr als einem Jahrhundert ist bekannt, dass die Schizophrenie familiär gehäuft auftritt. Die genetische Beeinflussung dieser Erkrankung wurde seither sowohl in Zwillings- wie auch in Adoptionsstudien belegt. Aus der unvollständigen Konkordanz monozygoter Zwillinge (~ 50%) ist auch die Relevanz nichtgenetischer Ursachenfaktoren ersichtlich. Ein Mendelscher Erbgang konnte nicht festgestellt werden. Die Suche nach klinisch identifizierbaren Subtypen mit einem Mendelschen Erbgang blieb ohne überzeugenden Erfolg; eine mögliche Ausnahme stellt aufgrund einer einzigen Studie nur die periodische Katatonie dar, wobei allerdings Replikationsstudien ausstehen (Beckmann et al, 1996). Große Stammbäume mit mehrfachen Erkrankungsfällen, die einem Mendelschen Erbgang genügen, konnten selbst in Isolatpopulationen nicht gefunden werden. Somit wird die Schizophrenie, ähnlich wie viele häufige internistische Erkankungen, zu den komplexen Erkrankungen gerechnet.

Vor 15 Jahren begann die molekulargenetische Erforschung dieser Erkrankung (Gurling, 1990). Nach anfänglicher Euphorie stellten sich erste erfolgversprechende Forschungsergebnisse weitgehend als Irrtümer heraus. Seither haben die Methoden der Genortsuche bei komplexen Störungen, die Techniken der Genotypisierung, die Entwicklung von Markersystemen, die biometrischen Analysemethoden und die Phänotypisierung erhebliche Fortschritte gemacht. Es stehen auch mehrere große Stichproben informativer Familien und Fall-Kontroll-Stichproben in verschiedenen Populationen für die Genortsuche zur Verfügung. Sichere Erkenntnisse über den Einfluss von funktionellen Varianten von spezifischen Genen auf die Krankheitsentstehung standen aber trotzdem bis vor kurzem aus; dies wird vor allem durch enttäuschende Ergebnisse bei Assoziationsstudien mit Kandidatengenen belegt, deren Produkte für die Erkrankung bekanntermaßen eine Rolle spielen.

Eine sehr große Anzahl von genetischen Assoziationsstudien bei funktionell relevanten DNA-Sequenzvarianten von Kandidatengenen erbrachte ganz überwiegend keine konsistenten bzw. replizierbaren Genotyp-Phänotyp-Zusammenhänge.

Schwache Effekte wurden in früheren Metaanalysen lediglich für Varianten des Serotoninrezeptor-2a-Gens und des Dopamin-3-Rezeptorgens gefunden (Sklar, 2002). Die genetische Risikomasse wird durch diese Befunde nur zu einem kleinen Bruchteil erklärt. Da mittlerweile nahezu alle derzeit bekannten und pathophysiologisch begründbaren Kandidatengene auf DNA-Sequenzvarianten (Polymorphismen) untersucht und in Assoziationsstudien mit der Schizophrenie geprüft wurden, sind hypothesenfreie Strategien zur Genortsuche für den Erkenntnisfortschritt nötig.

Daher richteten sich die stärksten Erwartungen auf Kopplungsuntersuchungen in Familien mit mehreren Erkrankten, durch die eine Information über die Lage von Krankheitsgenen auf dem Genom erhalten werden kann; dabei resultieren so genannte Kandidatenregionen, in denen Krankheitsgene liegen; diese identifizierten Regionen erstrecken sich aber meist über Hunderte von Genen, unter denen das risikomodulierende Gen gefunden werden muss.

Diese Identifikation erfolgt in einem zweiten Schritt durch meist wirksame Feinkartierung und Untersuchung zum Kopplungsungleichgewicht. Diese Strategie kann genomweit angewandt werden. Der Vorteil ist dabei, dass keine Kenntnis über die Funktion der Krankheitsgene vorausgesetzt wird; das zahlt sich besonders bei Erkrankungen aus, bei denen nur eine sehr lückenhafte Kenntnis der Pathophysiologie vorliegt. Letzteres ist derzeit bei der Schizophrenie der Fall.

Hieraus ergeben sich wesentliche Erkenntnisfortschritte:

(1) Die in verschiedenen Studien zur Schizophrenie identifizierten Kandidatenregionen für die krankheitsbeitragenden Gene auf dem Genom zeigen nicht die erwartete Konsistenz, was auf mehrere erschwerende Bedingungen zurückzuführen ist:

• die Beteiligung von mehreren Dispositionsgenen,
• die jeweils wahrscheinlich nur geringen Effektstärken für einzelne Gene bzw. Genvarianten, und die begrenzten Stichprobenumfänge von belasteten Familien in den jeweiligen Studien.

Allerdings konnten Metaanalysen und Kombinationen unabhängiger Stichproben zu einer größeren Power führen und valide Kandidatengene identifizieren (Levinson et al, 2000; Badner und Gershon, 2002). Die dabei beobachtbaren Kopplungsstärken sind aber schwach und schließen ein sogenanntes „major gene" aus. Vielmehr sind Suszeptibilitätsgene mit einem jeweils nur geringen Effekt zu erwarten. Erfolgversprechende Kandidatenregionen liegen auf Chromosom 6, 8, 13 und 22 (siehe Abb. 1).

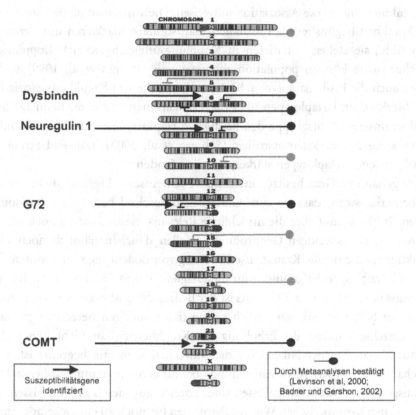

Abb. 1. Kandidatenregionen und identifizierte Suszeptibilitätsgene bei Schizophrenie

(2) Trotz der Schwierigkeiten in der Replikation von Kandidatenregionen wurden, unterstützt vom Fortschritt bei molekulargenetischen Techniken, mittlerweile entscheidende Durchbrüche erzielt. In den genannten, durch Kopplungsuntersuchungen identifizierten Kandidatenregionen konnten Gene gefunden werden, deren Varianten mit sehr hoher Wahrscheinlichkeit zur Schizophrenie beitragen: So konnten in den letzten Monaten für fünf Gene Varianten gefunden werden, die in replizierbarer Form mit der Schizophrenie assoziiert sind. Diese Gene kodieren für die folgenden Proteine: Dysbindin auf Chromosom 6 (Straub et al, 2002; Schwab et al, 2003), Neuregulin 1 auf Chromosom 8 (Stefansson et al, 2002; 2003), G72 bzw. DAAO auf Chromosom 13 (Chumakov et al, 2002) und COMT auf Chromosom 22 (Shifmann et al, 2002).

Bei keinem dieser genannten Gene ist bisher die unmittelbar krankheitsbeeinflussende Variante sicher identifiziert. Es konnten in jedem Fall bisher nur Kombinationen von genetischen Markern (Haplotypen) gefunden werden, die mit der

Erkrankung eine starke Assoziation aufweisen. Die Risikohaplotypen stellen nicht die krankheitsbegünstigenden Mutanten dar, sondern markieren nur deren Position (d.h., sie stehen mit diesen in Kopplungsungleichgewicht). Kopplungsungleichgewichte können populationsabhängig sein (Wright et al, 1999) und mit ihnen auch die Risikohaplotypen. So kann die Stärke von Krankheitsassoziationen mit Markern und Haplotypen über die Populationen variieren. Beim Dysbindin fand so unsere Arbeitsgruppe den häufigsten Haplotyp aus fünf Markern mit der Erkrankung am stärksten assoziiert (Schwab et al, 2003), während Straub et al (2002) seltenere Haplotypen stärker assoziiert fanden.

Die genannten Gene besitzen interessante gemeinsame Eigenschaften: Vor allem ist bemerkenswert, dass sie zum Glutamatstoffwechsel beitragen (Harrison und Owen, 2003), womit aber die ursächliche Relevanz dieses Systems noch nicht bewiesen ist. Die jeweiligen Genprodukte erfüllen daneben nämlich noch weitere Funktionen, die für die Krankheitsentstehung von Bedeutung sein könnten.

Vor kurzfristigen Folgerungen für die Diagnostik und Therapie der Schizophrenie muss gewarnt werden. Einerseits ist der Beitrag der pathogenen Varianten dieser Gene zur Schizophrenie vermutlich gering (bei bisherigen Berechnungen lag für jede einzelne Variante die Erhöhung des Krankheitsrisikos nicht höher als der Faktor 2), so dass der Nutzen für die Individualdiagnostik begrenzt ist. Da die Mechanismen der Krankheitsentstehung über die genannten mutmaßlichen Dispositionsgene noch nicht entschlüsselt sind, können aus diesen Erkenntnissen bisher keine neuen hypothetischen Wirkmechanismen für noch zu entwickelnde Antipsychotika abgeleitet werden.

(3) Die Kosegregation von Schizophrenie und affektiven Störungen in Familien ist gut belegt (Maier et al, 2002). Dieser Befund geht möglicherweise auf gemeinsame genetische Ursachenfaktoren zurück. Interessanterweise kommt es beim Vergleich der in Metaanalysen bestätigten Kandidatenregionen zu Überlappungen von Schizophrenie und bipolaren affektiven Störungen (Abb. 2). Insbesondere die Kandidatenregionen auf Chromosom 13 und auf Chromosom 22 zeigen diese Überlappung. Aus dieser Koinzidenz von Kandidatenregionen kann noch nicht Gemeinsamkeit von Vulnerabilitätsgenen zwischen beiden Erkrankungen gefolgert werden. Schließlich beinhalten die Kandidatenregionen Hunderte von Genen, und Gene können sehr viele genetische Polymorphismen mit zahlreichen Allelen aufweisen. Es gibt aber bereits Hinweise auf gemeinsame Vulnerabilitätsgene für beide Erkrankungen. Für Chromosom 13 wurde jüngst von Hattori et al (2003) belegt, dass der mit der Schizophrenie assoziierte Risikohaplotyp in diesem Gen auch bei bipolar affektiven Erkrankungen identifiziert ist.

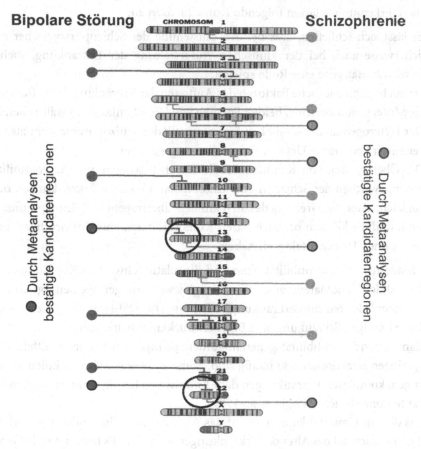

Abb. 2. Überlappungsbereiche von Kandidatenregionen für Schizophrenie und bipolare Störung

(4) Weitere Fortschritte konnten bei der Identifikation von genetischen Varianten erreicht werden, die neuropsychologische Korrelate der Schizophrenie beeinflussen. So beobachteten Egan et al (2001, 2003), dass Leistungen des Arbeitsgedächtnisses und des episodischen Gedächtnisses von den funktionellen Sequenzvarianten zweier dieser Gene beeinflusst werden (BNDF- und COMT-Gen); diese Varianten sind mit unterschiedlichen mittleren Leistungen in den genannten Gedächtnisfunktionen verbunden. Dieser Zusammenhang gilt nicht nur für Personen der Allgemeinbevölkerung, sondern auch für Patienten mit der Diagnose Schizophrenie. Damit ist aber noch nicht ein Einfluss dieser Varianten auf die Entstehung der Schizophrenie belegt, wohl aber ein pathoplastischer Einfluss auf das klinische Profil der Erkrankung (sog. „modifier genes").

Diese Erkenntnisse lassen folgende Konsequenzen zu:

- Es lässt sich schließen, dass bei der Entstehung der Schizophrenie, aber möglicherweise auch bei der klinischen Ausgestaltung der Erkrankung, mehrere Suszeptibilitätsgene eine Rolle spielen.
- Da auch nichtgenetische Faktoren das Auftreten der Erkrankung beeinflussen, ist eine Interaktion zwischen beiden Formen von Ursachenfaktoren wahrscheinlich. Der Heterogenität der klinischen Symptomatik der Schizophrenie steht also eine genetisch heterogene Ursachenkonstellation gegenüber.
- Die Überlappung von Kandidatenregionen, insbesondere von Suszeptibilitätsgenen, zwischen der Schizophrenie und bipolar affektiven Erkrankungen belegt zugleich, dass die Grenzen des in Familien übertragenen Phänotyps unscharf sind, und die klinisch beobachtbaren Komorbiditäten eine Entsprechung in gemeinsamen Ursachenfaktoren haben.

Die festgestellten Suszeptibilitätsgene und die relativ schwachen Kopplungssignale in den validen Kandidatenregionen weisen auf jeweils nur geringe Beiträge einzelner genetischer Faktoren zum Erkrankungsrisiko hin. Diese Situation ist ganz analog bei anderen häufigen Erkrankungen (z.B. Hochdruckkrankheit). Es wird vermutet, dass Varianten von Suszeptibilitätsgenen mit einem geringen funktionellen Effekt wegen des geringen Selektionsdrucks häufig sind. Somit ist es sehr wahrscheinlich, dass die häufigen, komplexen Erkrankungen dem Einfluss von häufig vorkommenden Genvarianten unterliegen (Wright et al, 1999).

Aus diesem Umstand kann man auf das Alter der beeinflussenden Genvarianten und damit auch auf das Alter der Erkrankungen schließen. Es benötigt viele Generationen, damit eine in einer Population entstandene Mutation häufig wird. Es wird postuliert, dass sich solche Mutationen auf die Ursprungspopulation der Menschheit in Afrika vor mehr als hunderttausend Jahren zurückverfolgen lassen (siehe Abb. 3). Demnach wäre die Schizophrenie, ebenso wie die anderen häufigen Erkrankungen, eine sehr alte Erkrankung, die aufgrund ihres Ursprungs in der Urbevölkerung durch

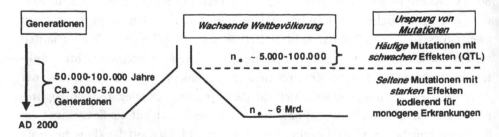

Abb. 3. Entstehung prädisponierender Genmutationen

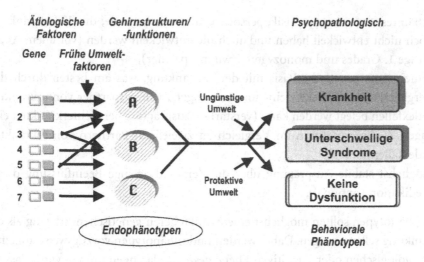

Abb. 4. Hypothetische Beziehung zwischen Suszeptibilitätsgenen und dem Phänotyp der Erkrankung

die Migration über alle Kontinente verteilt wurde. Für die Schizophrenie wird damit bei Annahme eines geringen Einflusses von nichtgenetischen Umgebungsfaktoren die über alle Populationen vergleichbare Prävalenz verständlich.

Die weitere Suche nach Suszeptibilitätsgenen bedient sich zunehmend einer Modellvorstellung, nach der die Suszeptibilitätsgenvarianten den die Krankheit definierenden Verhaltensphänotyp nicht unmittelbar zur Folge haben. Vielmehr wird zunehmend davon ausgegangen, dass es zahlreiche strukturelle und funktionelle Zwischenstufen gibt, die den Einfluss der krankheitsrelevanten genetischen Varianten pathophysiologisch vermitteln und die Erkrankung im Sinne eines „gemeinsamen Endstreckenphänomens" zur Folge haben. Unter dieser Modellvorstellung wird postuliert, dass die spezifischen hirnstrukturellen und hirnfunktionellen Korrelate der Schizophrenie durch dieselbe genetische Variation wie die Erkrankung beeinflusst werden. Es wird auch vermutet, dass einzelne strukturelle und funktionelle Krankheitskorrelate einem einfacheren genetischen Erbgang unterliegen. Dieses Modell wird mit „Endophänotyp" bezeichnet (Leboyer et al, 1998) und ist in Abb. 4 dargestellt.

Unter diesen Prämissen ist ein Endophänotyp vor allem dann für die Identifikation von Krankheitsgenen hilfreich, wenn er die folgenden Bedingungen erfüllt:

• Assoziation mit der Erkrankung über die verschiedenen Krankheitsstadien hinweg,
• genetische Beeinflussung,

- gehäuftes Auftreten bei Risikopersonen für Schizophrenie, die die Erkrankung noch nicht entwickelt haben und auch nie entwickeln werden (vor allem Angehörige 1. Grades und monozygote Zwillingspartner),
- gemeinsame genetische Basis mit der Erkrankung, was am besten durch den Vergleich nichterkrankter ein- und zweieiiger Zwillingspartner von erkrankten Indexfällen belegt werden kann (verstärkte Ausprägung bei nichterkrankten eineiigen Zwillingspartnern im Vergleich zu zweieiigen Partnern von erkrankten Indexfällen),
- möglichst stabile Ausprägung über die Zeit und geringe Beeinflussung durch Medikation (optional).

Endophänotypen sollten möglichst einem einfacheren genetischen Erbgang als die Erkrankung selbst genügen. Daher werden Endophänotypen vorzugsweise auf einer neurobiologischen oder kognitiven Ebene gesucht, da angenommen wird, dass sie direkter von Geneffekten beeinflusst werden als der Verhaltensphänotyp.

Volumetrische, spektroskopische, neurophysiologische und kognitive Korrelate der Schizophrenie wurden unter dieser Hypothese untersucht. Eine Zwillingsstudie von Cannon et al (2000) belegte vor allem den Endophänotypcharakter vom räumlichen Arbeitsgedächtnis. Die meisten der postulierten Endophänotypen sind im Krankheitsverlauf nicht stabil, sondern zeigen eine zunehmende Dysfunktionalität und sind weithin medikamentös beeinflussbar. Ein besonders interessanter Endophänotyp ist daher der bei Patienten mit Schizophrenie erhöhte Gyrifizierungsindex des Gehirns, der von Vogeley et al (2000; 2001) beschrieben wurde. Dieser Phänotyp beruht wahrscheinlich auf der Entwicklungsstörung des Gehirns und ist bei Patienten mit einer Schizophrenie, aber auch bei deren nichterkrankten Angehörigen, beobachtbar. Der Vorteil dieses spezifischen Endophänotyps ist seine zeitliche Stabilität während der Adoleszenz und des Erwachsenenalters und seine wahrscheinlich nur geringe Beeinflussung durch Krankheitsverlauf und Medikation.

Von einer verstärkten Anwendung von Endophänotypen anstelle des diagnostisch identifizierten Krankheitsphänotyps kann zwar ein wesentlicher Fortschritt in der Entdeckung von Krankheitsgenen für die Schizophrenie erwartet werden; diese Hoffnung ist bisher aber noch durch kein Beispiel sicher belegt. Gleichwohl hat sich die Strategie bei internistischen Erkrankungen (z.B. beim QTc-Syndrom) bewährt (Vincent et al, 1992).

Literatur

Badner JA, Gershon ES (2002) Meta-analysis of whole-genome linkage scans of bipolar disorder and schizophrenia. Mol Psychiatry 7: 405–411

Beckmann H, Franzek E, Stober G (1996) Genetic heterogeneity in catatonic schizophrenia: a family study. Am J Med Genet 67: 289–300

Cannon TD, Huttunen MO, Lonnqvist J, Tuulio-Henriksson A, Pirkola T, Glahn D, Finkelstein J, Hietanen M, Kaprio J, Koskenvuo M (2000) The inheritance of neuropsychological dysfunction in twins discordant for schizophrenia. Am J Hum Genet 67: 369–382

Chumakov I, Blumenfeld M, Guerassimenko O, Cavarec L, Palicio M, Abderrahim H et al (2002) Genetic and physiological data implicating the new human gene G72 and the gene for D-amino acid oxidase in schizophrenia. Proc Natl Acad Sci USA 99: 13675–13680

Egan MF, Goldberg TE, Kolachana BS, Callicott JH, Mazzanti CM, Straub RE, Goldman D, Weinberger DR (2001) Effect of COMT Val108/158 Met genotype on frontal lobe function and risk for schizophrenia. Proc Natl Acad Sci USA 98: 6917–6922

Egan MF, Kojima M, Callicott JH, Goldberg TE, Kolachana BS, Bertolino A, Zaitsev E, Gold B, Goldman D, Dean M, Lu B, Weinberger DR (2003) The BDNF val66met polymorphism affects activity-dependent secretion of BDNF and human memory and hippocampal function. Cell 112: 257–269

Gurling H (1990) Genetic linkage and psychiatric disease. Nature 344: 298–299

Harrison PJ, Owen MJ (2003) Genes for schizophrenia? Recent findings and their pathophysiological implications. Lancet 361: 417–419

Hattori E, Liu C, Badner JA, Bonner TI, Christian SL, Maheshwari M, Detera-Wadleigh SD, Gibbs RA, Gershon ES (2003) Polymorphisms at the G72/G30 gene locus, on 13q33, are associated with bipolar disorder in two independent pedigree series. Am J Hum Genet 72: 1131–1140

Leboyer M, Bellivier F, Nosten-Bertrand M, Jouvent R, Pauls D, Mallet J (1998) Psychiatric genetics: search for phenotypes. Trends Neurosci 21: 102–105

Levinson DF, Holmans P, Straub RE, Owen MJ, Wildenauer DB, Gejman PV, Pulver AE et al (2000) Multicenter linkage study of schizophrenia candidate regions on chromosomes 5q, 6q, 10p, and 13q: schizophrenia linkage collaborative group III. Am J Hum Genet 67: 652–663

Maier W, Lichtermann D, Franke P, Heun R, Falkai P, Rietschel M (2002) The dichotomy of schizophrenia and affective disorders in extended pedigrees. Schizophr Res 57: 259–266

Schwab SG, Knapp M, Mondabon S, Hallmayer J, Borrmann-Hassenbach M, Albus M et al (2003) Support for association of schizophrenia with genetic variation in the 6p22.3 gene, dysbindin, in sib-pair families with linkage and in an additional sample of triad families. Am J Hum Genet 72: 185–190

Shifman S, Bronstein M, Sternfeld M, Pisante-Shalom A, Lev-Lehman E, Weizman A et al (2002) A highly significant association between a COMT haplotype and schizophrenia. Am J Hum Genet 71: 1296–1302

Sklar P (2002) Linkage analysis in psychiatric disorders: the emerging picture. Annu Rev Genomics Hum Genet 3: 371–413

Stefansson H, Sigurdsson E, Steinthorsdottir V, Bjornsdottir S, Sigmundsson T, Ghosh S et al (2002) Neuregulin 1 and susceptibility to schizophrenia. Am J Hum Genet 71: 877–892

Stefansson H, Sarginson J, Kong A, Yates P, Steinthorsdottir V, Gudfinnsson E et al (2003) Association of neuregulin 1 with schizophrenia confirmed in a Scottish population. Am J Hum Genet 72: 83–87

Straub RE, Jiang Y, MacLean CJ, Ma Y, Webb BT, Myakishev MV et al (2002) Genetic variation in the 6p22.3 gene DTNBP1, the human ortholog of the mouse dysbindin gene, is associated with schizophrenia. Am J Hum Genet 71: 337–348

Vincent GM, Timothy KW, Leppert M, Keating M (1992) The spectrum of symptoms and QT intervals in carriers of the gene for the long-QT syndrome. N Engl J Med 327: 846–852

Vogeley K, Schneider-Axmann T, Pfeiffer U, Tepest R, Bayer TA, Bogerts B, Honer WG, Falkai P (2000) Disturbed gyrification of the prefrontal region in male schizophrenic patients: a morphometric postmortem study. Am J Psychiatry 157: 34–39

Vogeley K, Tepest R, Pfeiffer U, Schneider-Axmann T, Maier W, Honer WG, Falkai P (2001) Right frontal hypergyria differentiation in affected and unaffected siblings from families multiply affected with schizophrenia: a morphometric MRI study. Am J Psychiatry 158: 494–496

Wright AF, Carothers AD, Pirastu M (1999) Population choice in mapping genes for complex diseases. Nat Genet 23: 397–404

Microarray- und immungenetische Untersuchungen bei Schizophrenie

M. J. Schwarz, M. Riedel, S. Dehning, S. de Jonge, H. Krönig, A. Müller-Ahrends,
K. Neumeier, C. Sikorski, I. Spellmann, P. Zill, M. Ackenheil und N. Müller

Allgemeines: Inzidenz und Symptomatik der Schizophrenie

Wie die meisten psychiatrischen Erkrankungen ist die Schizophrenie eine komplexe Erkrankung. Dies bedeutet, dass die Ätiologie der Erkrankung nicht durch eine einzige genetische Störung oder einen einzelnen äußeren Einflussfaktor erklärt werden kann. Da die Pathogenese der Erkrankung bislang unbekannt ist, ist die Diagnosestellung der Schizophrenie auf rein klinischen Untersuchungen angewiesen.

Weltweit hat die Schizophrenie eine Inzidenzrate von etwa 0,15–0,20‰ pro Jahr und eine Prävalenzrate von 2–4‰ pro Jahr. Das Lebenszeitrisiko an Schizophrenie zu erkranken liegt bei etwa 1% in der Gesamtbevölkerung (McGuffin et al, 1995). Aufgrund des häufig chronischen Verlaufs der Erkrankung sind die Behandlungskosten entsprechend hoch. Hinzu kommt der volkswirtschaftliche Schaden durch die häufig relativ früh eintretende Erwerbsunfähigkeit der schizophrenen Patienten. Insgesamt werden die jährlich durch Schizophrenie entstehenden direkten und indirekten Kosten in den USA auf etwa 4,3 Milliarden US $ geschätzt (Knapp et al, 2002).

Die Schizophrenie als Erkrankung manifestiert sich üblicherweise im Alter von 17–27 Jahren bei Männern und zwischen 20 und 37 Jahren bei Frauen. Allerdings ist der Beginn der Erkrankung sehr heterogen: die Symptomatik kann von akut bis schleichend einsetzen. Nach der Erstmanifestation der Erkrankung folgt ein sehr variabler Krankheitsverlauf. Meistens kommt es zum episodischen Wiederauftreten der schizophrenen Symptomatik. Dabei können diese Episoden von Phasen völliger Remission unterbrochen sein. In anderen Fällen verläuft die Schizophrenie chronisch ohne Phasen deutlicher Remission. Es kann aber auch nach einer oder wenigen Exazerbationen zur vollständigen und bleibenden Remission kommen. Im späteren Lebensabschnitt der Erkrankten kann es zur Besserung der Symptomatik kommen. Bei manchen Patienten stabilisiert sich die Erkrankung bei chronisch bestehender Symptomatik, während andere einen rapiden Verlust kognitiver Funktionen zeigen.

Allein aus der Vielgestaltigkeit der Verläufe und der Symptomatik wird die Heterogenität der Schizophrenie deutlich. Es wird diskutiert, ob die unterschiedlichen Phänotypen der Schizophrenie unterschiedliche Erkrankungen darstellen. Mehr noch, man geht davon aus, dass selbst diese einzelnen Erkrankungen noch in Subtypen mit zwar sehr ähnlicher Symptomatik, aber unterschiedlicher genetischer Prädisposition und unterschiedlichen äußeren Risikofaktoren zu unterteilen sind (Thaker und Carpenter Jr., 2001).

Genetik der Schizophrenie

Familiäre Häufung

Eine starke genetische Komponente in der Ursache der Schizophrenie ist heute allgemein akzeptiert. Besonders Familien-, Zwillings- und Adoptionsstudien trugen zu diesem Wissen bei. Allgemein steigt das Risiko an Schizophrenie zu erkranken mit der Anzahl der Gene, die identisch mit denen eines schizophrenen Patienten sind. Zwei Arten von Verwandtschaftsgraden sind dabei mit einem besonders hohen Risiko für Schizophrenie behaftet: Kinder von zwei schizophrenen Elternteilen und monozygote Zwilligsgeschwister schizophrener Patienten. Monozygote Zwillinge haben mit 35–58% ein deutlich höheres Risiko, als dizygote Zwillinge (9–26%) (McGue und Gottesman, 1989). Allerdings zeigen diese Befunde auch die bedeutende Rolle zusätzlicher, äußerer Einflussfaktoren, denn monozygote Zwillinge sind genetisch identisch. Wäre die Schizophrenie vollständig genetisch bedingt, müssten monozygote Zwillinge eine Konkordanz von 100% aufweisen und dizygote Zwillinge sollten eine halb so hohe Konkordanz zeigen. Hinzu kommt, dass Zwillinge bereits vor Geburt eine identische Umgebung miteinander teilen und dass Familienmitglieder gemeinsamen äußeren Einflussfaktoren ausgesetzt sind. Dies kann zu einer Überbewertung der genetischen Komponente führen (Tsuang, 2000). Das Zusammenspiel zwischen genetischer Ausstattung und äußeren Einflussfaktoren könnte zum einen in einer genetisch prädisponierten höheren Empfindlichkeit für äußere Risikofaktoren liegen, oder in einer durch äußere Faktoren veränderten Expression von Risikogenen (van Os und Marcelis, 1998). Der Anteil der genetischen Komponente an dem Gesamtrisiko für Schizophrenie zu erkranken – die sogenannte Heritabilität – wird nach den aktuellsten Zwillingsstudien mit 80–85% angegeben (Jurewicz et al, 2001).

Insgesamt kann heute ein monogener Erbgang nach Mendelschen Regeln ausgeschlossen werden (O'Donovan und Owen, 1999; Jurewicz et al, 2001). Vielmehr geht man heute von einem polygenen Übertragungsmodell aus, bei dem mehrere, evtl. untereinander interagierende Gene die familiäre Häufung der Schizophrenie erklären. Dabei ist anzunehmen, dass jedes dieser Gene für sich nur einen kleinen Teil zum Erkrankungsrisiko beiträgt. Die Suche nach den entsprechenden Risikogenen wird wie eingangs beschrieben durch die mögliche genetische Heterogenität erschwert. Dies bedeutet, dass unterschiedliche Genkombinationen eine Schizophrenie hervorrufen können, wobei diese ätiologisch unterschiedlichen Typen mit den derzeitigen klinisch-diagnostischen Instrumenten nicht voneinander abgegrenzt werden können (Thaker und Carpenter Jr., 2001).

Prinzipiell stehen zwei unterschiedliche Methoden auf der Suche nach Risikogenen zur Verfügung (Maier et al, 1999; Jurewicz et al, 2001): Die Kopplungsuntersuchungen und die Assoziationsstudien. Die Kopplungsstudien suchen in mehrfach belasteten Familien nach Genpolymorphismen, die zusammen mit der Erkrankung übertragen werden. Typischerweise werden dabei Kandidatengene oder hochpolymorphe Marker, die in kurzen Abständen über das gesamte Genom verteilt sind, untersucht. Mit einem positiven Ergebnis kann eine Kandidatengenregion beschrieben werden. Im Gegensatz dazu sucht man anhand der Assoziationsanalyse nach dem häufigeren Vorkommen eines Allels des ausgewählten Kandidatengens bei der Erkrankung. Hierbei werden üblicherweise Patienten mit nicht-verwandten gesunden Kontrollpersonen verglichen. Der Nachteil der zweiten Methode ist deren Anfälligkeit für falsch-positive Aussagen, falls ethnisch unterschiedliche Gruppen miteinander verglichen werden. Die klare Stärke der Assoziationsstudien liegt in ihrer – im Vergleich zu Kopplungsanalysen deutlich höheren – Sensitivität für Risikogene, die insgesamt nur einen geringen Beitrag zur Krankheitsentstehung leisten. Dies erklärt die sinnvolle Anwendung der Assoziationsstudien bei komplexen Erkrankungen wie der Schizophrenie, bei der die Kombination mehrerer solcher Risikogene vermutet wird.

Kopplungsstudien

Kopplungsstudien wiesen bislang auf zahlreiche Regionen hin, in denen Risikogene für Schizophrenie liegen könnten. Diese Regionen befinden hauptsächlich auf den Chromosomen 1, 5, 6, 8, 10, 13, 18 und 22. Die Ergebnisse dieser Kopplungsanalysen waren bereits wiederholt Gegenstand ausführlicher Übersichtsartikel (z.B. Thaker und Carpenter Jr., 2001; Bray und Owen, 2001), weshalb sie hier nicht im Detail besprochen werden sollen.

Assoziationsstudien

Gemäß der oben beschriebenen Wirkungen der klassischen und atypischen Neuroleptika und der daraus abgeleiteten neurochemischen Hypothesen der Schizophrenie wurden Kandidatengene untersucht, die in Zusammenhang mit den Neu-
rotransmittersystemen von Dopamin und Serotonin stehen. Eine deutliche Assoziation mit der Schizophrenie zeigten bislang zwei Kandidatengene: das für den
Dopaminrezeptor D3 (DRD3) kodierende Gen und das Gen für den Serotoninrezeptor 2a (HTR2A). Das gehäufte Auftreten des Ser → Gly-Polymorpohismus in
Position 9 des ersten Exons im DRD3-Gen wurde zuerst von Crocq und Kollegen
beschrieben (Crocq et al, 1992). Dieser Befund konnte in nachfolgenden Studien
repliziert werden (Williams et al, 1998).

Auch die Assoziation des T102C-Polymorphismus des HTR2A-Gens konnte inzwischen mehrfach bestätigt werden (Williams et al, 1997).

Wie beschrieben, ist mit dem gängigen Modell des polygenen Vererbungsmodus
mit zahlreichen weiteren Risikogenen zu rechnen. Es existieren weitaus mehr positive Befunde zur Assoziation von Genpolymorphismen mit der Schizophrenie,
doch sind diese Befunde häufig widersprüchlich, da sie nicht repliziert werden
konnten.

Zwei alternative Forschungsansätze

Es existieren nun zwei prinzipielle Ansätze, um Kandidatengene für die Schizophrenieforschung zu definieren: Die Hypothesen-freie Suche nach möglichen Risikogenen und die streng Hypothesen-geleitete Auswahl von Kandidatengenen.

Eine Möglichkeit der Hypothesen-freien Suche nach Risikogenen wurde bereits
vorgestellt: Die Kopplungsanalysen, bei denen im Rahmen von sogenannten Ge-
nom-Scans mit Hilfe von in kurzen Abständen verteilten Markergenen das gesamte
Genom nach auffälligen Regionen untersucht wird. Einen neuen Ansatz bietet die
Microarraymethode, bei der die Expressionen von möglichst vielen der bislang
identifizierten Gene in bestimmten Geweben untersucht wird. Vergleicht man Gewebe – wie z.B. post-mortem Hirngewebe – von Patienten und gesunden Kontrollen, so kann man aus unterschiedlich exprimierten Genen auf deren Beteiligung an
der Pathophysiologie der Erkrankung und evtl. auch auf erkrankungsspezifische
Polymorphismen dieser Gene schließen. Ein paralleler Forschungsansatz untersucht
nicht die Genexpression auf RNA-Ebene, sondern auf Proteinebene. Hier nutzt man
die Technik der zweidimensionalen Gelelektrophorese zur Auftrennung und Darstellung der Gesamtheit der Proteine eines Organs darzustellen.

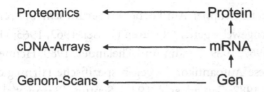

Abb. 1. Hypothesen-freie / -generierende Untersuchungen

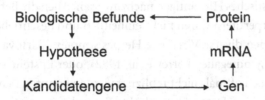

Abb. 2. Hypothesen-geleitete Molekulargenetik

Der klassische Weg der Hypothesen-geleiteten Kandidatengenauswahl verfolgt die Hypothesenbildung aufgrund biologischer Befunde. Aus den so generierten Hypothesen, die zum einen evident, zum anderen beweisbar, bzw. widerlegbar sein müssen, leitet man die geeigneten Kandidaten ab.

Der Hypothesen-geleitete Ansatz ist besonders geeignet, um Subgruppen der Schizophrenie zu identifizieren, während der Hypothesen-freie Ansatz vor allem dazu dient, bislang unbekannte pathophysiologische und ätiologische Zusammenhänge aufzudecken. Eine grafische Darstellung der beiden alternativen Ansätze bieten die Abb. 1 und 2. Im Folgenden sollen nun Beispiele für beide Forschungsansätze aufgeführt werden.

(1) Der Hypothesen-geleitete Forschungsansatz –
Die Rolle des Immunsystems in der Pathophysiologie der Schizophrenie

Humorale Immunantwort

Bereits Anfang des 20. Jahrhunderts wurden erste Daten zu immunologischen Auffälligkeiten bei Patienten mit Schizophrenie – damals als Katatonie bezeichnet – beschrieben (Bruce und Peebles, 1903). In den Dreißiger Jahren berichtete Lehmann-Facius von gegen Hirngewebe gerichteten Antikörpern im Liquor cerebrospinalis schizophrener Patienten (Lehmann-Facius, 1937). Die immuno-psychiatrische Literatur der folgenden Jahrzehnte war durch die Suche nach spezifischen Antikörpern einerseits gegen Hirngewebe, andererseits gegen Virusantigene dominiert. So beschrieben verschiedene Gruppen Antikörper im Serum schizophrener Patienten, die gegen humanes Hirngewebe gerichtet waren (Fessel, 1962, 1963; Heath und Krupp, 1967; Heath et al, 1967, 1989; Sundin und Thelander, 1989; Henneberg et al, 1994). Teilweise waren diese Autoantikörper gegen spezifische Hirnregionen wie Hippocampus (Kelly et al, 1987; Ganguli et al, 1987), Septum (Baron et al, 1977; Ganguli et al, 1987), Gyrus cinguli (Henneberg et al, 1994; Ganguli et al, 1987), oder den Frontalkortex (Henneberg et al, 1994) gerichtet, doch gelang es nicht, ein für die Schizophrenie charakteristisches Hirnantigen nachzuweisen. Auch die Befunde zu erhöhten antiviralen Antikörpertitern waren nicht einheitlich und beschrieben eine humorale Immunantwort gegen diverse Viren wie Herpes simplex (Bartova et al, 1987; Pelonero et al, 1990), Cytomegalie (Torrey et al, 1982), oder Epstein-Barr Virus (DeLisi et al, 1986), die jedoch oftmals nicht repliziert werden konnten (Torrey et al, 1978).

Ramchand publizierte Daten über erhöhte Serumkonzentrationen von Immunglobulin E (IgE), der typischen Antikörperklasse atopisch-allergischer Reaktionen (Ramchand et al, 1994). Die IgE-Titer waren besonders bei schizophrenen Patienten mit schlechtem Ansprechen auf neuroleptische Therapie gesteigert. In einer anderen Studie fielen Patienen mit ausgeprägter Negativsymptomatik durch deutlich erhöhte IgG-Konzentrationen im Liquor auf (Muller und Ackenheil, 1995). Auf zellulärer Ebene wurden wiederholt erhöhte Zahlen von antikörperproduzierenden B-Zellen beschrieben (DeLisi et al, 1982; McAllister et al, 1989; Printz et al, 1999). Insgesamt sprechen also zahlreiche Befunde für eine verstärkte humorale Immunantwort bei schizophrenen Patienten, doch wurde keine einheitliche Antigenspezifität beschrieben. Es stellte sich also die Frage, inwiefern die wiederholt bestätigte erhöhte Antikörperproduktion bei schizophrenen Patienten nur Ausdruck eines eher unspezifischen Autoimmunvorganges darstellt. Dementsprechend wurden die Titer diverser Antikörper untersucht, wie sie bei verschiedenen Autoimmunerkrankungen bereits beschrieben worden waren. Tatsächlich wurden wiederholt erhöhte Akörpertiter beispielsweise gegen Cardiolipin (Chengappa et al, 1991; Firer et al, 1994) oder antinukleäre Antikörper (DeLisi et al, 1982; Spivak et al, 1995) beschrieben. Bisweilen fiel dabei wiederum ein Zusammenhang zwischen erhöhten Antikörpertitern und ausgeprägter Negativsymptomatik auf (Zorrilla et al, 1998).

Auch erhöhte Antikörpertiter gegen Heat-Shock-Proteine wurden bereits wiederholt berichtet (Kilidireas et al, 1992; Schwarz et al, 1998, 1999; Kim et al, 2001).

Zytokine

Vor etwa 15 Jahren formierte sich ein neues Konzept der spezifischen Immunantwort: Die Unterscheidung zwischen zwei alternativen Aktivierungswegen, hervorgerufen durch das spezifische Zytokinsekretionsmuster von T-Helferzellen. Basierend auf Studien an Mäusen konnte man feststellen, dass aus T-Helfer-(Th-)Vorläufer- zellen zunächst sogenannte Th0-zellen entstehen, die entweder zu Th1- oder zu Th2-Zellen ausdifferenzieren (Romagnani, 1991; Medzhitov und Janeway-CA, 1998; Fearon und Locksley, 1996). Th1-Zellen sind charakterisiert durch die bevor- zugte Produktion von IFN-γ, IL-2, IL-12, IL-18, und TNF-β, während Th2-Zellen charakteristischer weise IL-4, IL-5, IL-6, IL-10, IL-13, TGF-β sezernieren. Im Ge- gensatz zur Maus wird beim Menschen IL-10 auch von Th1-Zellen produziert (Yssel et al, 1992). IL-12 bzw. IL-4 sind für die Reifung von Th1- bzw. Th2-Zellen essentiell (Hayakawa et al, 2000). Das Th1-System induziert die zellvermittelte Immunant- wort, während das Th2-System zur Reifung von B-Zellen führt und die humorale (antikörpervermittelte) Immunantwort einleitet. Die Th1-und Th2-typischen Zyto- kine antagonisieren sich gegenseitig; sie verstärken die Immunantwort des jeweils eigenen Typs und hemmen die des anderen. Dabei hängt es vom früheren Einsetzen und dem quantitativen Überwiegen von IL-4 bzw. IFN-γ und IL-12 ab, welcher Typ über den anderen dominiert (Seder und Paul, 1994; Romagnani, 1995; Paludan, 1998).

Wie anderweitig ausführlich beschrieben, wurden in den vergangenen Jahren zahlreiche Studien über Zytokinkonzentrationen im Serum und Liquor cerebro- spinalis, sowie im Zellkulturüberstand in-vitro stimulierter Lymphozyten schizo- phrener Patienten publiziert (Müller, Riedel et al, 1999; 2000; Schwarz, Chiang et al, 2001; Schwarz, Muller et al, 2001). Wir führten eine ausführliche Zusammenfassung der Daten besonders im Hinblick auf die Th1/Th2-Balance durch. Eine Zusammen- fassung ist in Tab. 1 gegeben.

Das Zytokin Interleukin-6 (IL-6)

IL-6 ist das bei schizophrenen Patienten am häufigsten untersuchte Zytokin. Ganguli war einer der Ersten, die signifikant erhöhte Serumkonzentrationen von IL-6 bei schizophrenen Patienten gegenüber gesunden Vergleichspersonen beschrieb (Gan- guli et al, 1994). Innerhalb der Patientengruppe korrelierten die IL-6-Konzentratio- nen mit der Erkrankungsdauer, ein Befund, der repliziert werden konnte (Akiyama, 1999; Kim et al, 2000). Kim beschrieb zudem einen Zusammenhang zwischen Serum-IL-6 und verstärkter Negativsymptomatik (Kim et al, 2000). Erhöhte Serum- IL-6-Konzentrationen bei schizophrenen Patienten wurden außerdem von verschie- denen anderen Gruppen bestätigt (Maes et al, 2000; Lin et al, 1998; Frommberger et al, 1997; Naudin et al, 1996). Einige Gruppen beshrieben außerdem eine deutliche Reduktion der IL-6-Konzentrationen nach Remission der Symptomatik (Fromm-

Tab. 1. Befunde zur Th1/Th2-Balance bei Schizophrenie

Probenmaterial	Th1/Th2-Parameter bei Schizophrenie	
	Th1	Th2
In-vitro Produktion	IFN-γ ↓↓ IL-2 ↓↓	IL-10 ↑ IL-3 ↑
Blutkonzentrationen	IFN-γ ↔ IL-2 ↔ sIL-2R ↑↑ (besonders durch Neuroleptika-Behandlung)	IgE ↑↑ Antikörper gegen diverse Antigene ↑↑ IL-6 ↑↑ nach Remission: IL-6 ↓↓
Liquorkonzentrationen	IL-2 ↓↑ IFN-γ ↓	IgG ↑ IL-4 ↑ TGF-β1 ↔ TGF-β2 ↔

↑↑ oder ↓↓ bedeutet replizierte, konsistente Daten, die für eine Erhöhung bzw. Erniedrigung des jeweiligen Parameters sprechen; ↑ oder ↓ bedeutet Einzelbefunde, oder selten replizierte Daten; ↔ steht für keine Änderung; ↓↑ bedeutet widersprüchliche Befunde

berger et al, 1997; Naudin et al, 1996; Maes et al, 1995). Nur wenige Studien konnten die erhöhten IL-6-Werte bei schizophrenen Patienten nicht replizieren (Monteleone et al, 1997; Baker et al, 1996). Pollmächer und Kollegen wiesen darauf hin, dass die Messung von IL-6 im Serum wichtigen Einflussfaktoren wie Rauchen, Geschlecht, Alter, body mass index, und angehende Infektionen, sowie der Behandlung mit Clozapin unterliegt (Haack et al, 1999). Die induzierende Wirkung der Therapie mit Clozapin auf IL-6 wurde auch von Maes et al beschrieben (Maes et al, 1997), während die Serumkonzentrationen des löslichen IL-6-Rezeptors unter antipsychotischer Therapie mit atypischen Neuroleptika deutlich abnehmen (Müller et al, 1997b).

IL-6 ist der Namengeber einer Zytokinfamilie, die LIF (leukemia inhibitory factor), OSM (oncostatin), CNTF (ciliary neurotropic factor), CT-1 (Cardiotrophin 1), und IL-11 umfasst. Diese Familie ist durch ihre gemeinsame helikale Proteinstruktur und ihre gemeinsame Rezeptoruntereinheit gekennzeichnet (Hibi et al, 1996). IL-6 wird von von einer Vielahl unterschiedlicher Zellen produziert, wobei die wichtigsten IL-6-produzierenden Zellen die Monozyten/Makrophagen darstellen (Schibler et al, 1992). Der funktionelle IL-6-Rezeptor ist aus zwei Untereinheiten aufgebaut, den beiden transmembranalen Glykoproteinen IL-6R und gp130, wobei gp130 die für die IL-6-Familie typische signaltransduzierende Komponente ist, die auf zahlreichen Zellarten exprimiert wird (Yawata et al, 1993; Taga und Kishimoto, 1997). IL-6 stimuliert proliferierende B-Lymphozyten zur Differenzierung in Plasmazellen und Produktion von Antikörpern (Barton, 1997; Cerutti et al, 1998). Auf Ebene des ZNS induziert IL-6 das Überleben und die Differenzierung von Neuronen, wirkt auf Gliazellen und reguliert die Fieberantwort des Organismus (Gadient und Otten, 1997). Innerhalb des Gehirns wird IL-6 sowohl von Neuronen, als auch von Gliazellen produziert (Ringheim et al, 1995). Peripher injiziertes IL-6 induziert einen erhöhten Umsatz von Dopamin und Serotonin in Hippocampus und Frontalhirn von Nagern, ohne den Metabolismus von Noradrenalin zu beeinflussen (Zalcman et al, 1994). Aus diesem Grunde ist IL-6 nicht nur aus immunologischer Sicht, sondern auch wegen seiner neurochemischen Effekte für die Schizophrenieforschung interessant.

Aufgrund der überwiegenden Daten zu einer verminderten Produktion Th1-typischer Zytokine und einer vornehmlichen Produktion Th2-typischer Zytokine, sowie aufgrund der Daten zu einer klaren Aktivierung der humoralen, d.h. antikörpervermittelten Immunantwort, fassten wir die immunologischen Befunde zur Th2-Hypothese der Schizophrenie zusammen (Schwarz et al, 2001a). Durch diese Hypothese ergaben sich einige Erklärungsansätze für die Pathoätiologie der Schizophrenie.

Eine – möglicherweise genetisch bedingte – Th2-Prädominanz könnte beispielsweise erklären, warum es nach einer von vielen Gruppen postulierten pränatalen Virusinfektion des Gehirns nicht zu einer Enzephalitis kommt, sondern eher die bei der Schizophrenie vorherrschenden diskreteren Effekte auf neuronale Migration und Neurotransmitterbalance dominieren.

Andererseits könnte das Überwiegen der humoralen Immunantwort auch auf eine latente Virusinfektion zurückzuführen sein. So wurde beispielsweise gezeigt, dass nach einer Infektion mit BDV ein Shift hin zu einer Th2-dominierten Immunantwort im ZNS stattfindet (Hatalski et al, 1998a, b).

Die Th2-Hypothese der Schizophrenie sollte jedoch im klassischen Sinne hauptsächlich dazu dienen, eine fokussierte, hypothesengeleitete Forschungsstrategie zu verfolgen (Schwarz et al, 2001b).

Das für IL-6 kodierende Gen liegt auf Chromosom 7p21 (Bowcock et al, 1988). Ein SNP in der Promotorregion des IL-6 Gens, der zu einem C → G Austausch an Position-174 führt, wurde bereits bei mehreren immunvermittelten Erkrankungen wir juvenile chronische Arthritis mit systemischem Beginn (Fishman et al, 1998), Rheumatoider Arthritis (Pascual et al, 2000; Pignatti et al, 2001), oder Diabetes mellitus Typ-1 untersucht (Jahromi et al, 2000). Es handelt sich hier also um ein Kanidatengen, das nicht aufgrund von Ergebnissen aus hypothesenfreien Genome-Scans ausgewählt wurde.

Methode Kandidatengenstudie

Insgesamt wurden 242 nicht-verwandte schizophrene Patienten kaukasischer Herkunft aus Deutschland und angrenzenden Ländern an der Psychiatrischen Klinik der LMU München rekrutiert. 105 der Patienten waren weiblich und 137 männlich. Das Durchschnittsalter lag bei 33,7 ± 12 Jahren (17–71 Jahre). Die Diagnosen wurden anhand der Richtlinien des DSM-IV (Diagnostic und Statistical Manual, American Psychiatric Association) erstellt. Eine paranoide Schizophrenie (DSM-IV: 295.3x) wurde bei 73,8% der Patientendiagnostiziert, 13,2% hatten die Diagnose einer desorganisierten Schizophrenie (DSM-IV: 295.1x), 2% einer residualen Schizophrenie (DSM-IV: 295.6x); 1% wurde als katatone Schizophrenie diagnostiziert (DSM-IV: 295.2x), 5,8% als undifferenzierte Schizophrenie (DSM-IV: 295.9x), und 4,2% litten unter einer schizophreniformen Störung (DSM-IV: 295.4x). Das mittlere Ersterkrankungsalter lag bei 27,8 ± 10,4 Jahren. 81 (33%) Patienten litten unter der Erstmanifestation der Erkrankung. Die Psychopathologie zur Zeit der Aufnahme in die Klinik wurde anhand des strukturierten Interviews für Positive und Negative Symptome (PANSS) festgehalten (Kay et al, 1987).

Aus der Allgemeinbevölkerung Münchens und Umgebung wurden insgesamt 279 nicht-verwandte Kontrollpersonen rekrutiert. 138 waren weiblich und 141 männlich; das Durchschnittsalter lag bei 40,5 ± 15 Jahren (18–76 Jahre). Die Kontrollpersonen repräsentierten unterschiedliche soziale Gruppen vom ungelernten Hilfsarbeiter bis zum Akademiker. Alle Kontrollpersonen wurden durch ein eingehendes klinisches Interview auf zurückliegende oder aktuelle psychiatrische Erkrankungen als Ausschlusskriterium untersucht. Ebenso führte eine schizophrene Erkrankung bei einem erstgradig Verwandten zum Ausschluss der Probanden. Auch eine allgemeine medizinische Anamnese und Untersuchung einschließlich labormedizinischer Untersuchung wurde durchgeführt.

Die Studie war von der Ethikkommission der LMU München genehmigt worden und die Patienten und Kontrollpersonen wurden erst nach ausführlicher Erläuterung der Untersuchungen und nachdem sie ihr schriftliches Einverständnis gegeben hatten in die Studie eingeschlossen.

Die Genotypisierung des –C174G SNP in der Promoter Region des IL-6 Gens wurde mittels FRET-Methode am Light Cycler (Roche Diagnostics) durchgeführt: forward primer: 5'-ACT ggA ACg CTA AAT TCT AgC C –3'; reverse primer: 5'-TgA CgT gAT ggA TgC AAC AC –3'; donor hybridization probe: 5'-TTg TgT CTT gCg ATg CTA AAg gAC – fluorescein –3'; acceptor hybridization probe: 5'-LCRed640-TCA CAT TgC ACA ATC TTA ATA Agg TTT CCA –3'.

Ergebnisse Kandidatengenstudie

Das IL-6 –174 C Allel wurde bei 36,8% der Patienten und bei 45,3% der Kontrollpersonen gefunden, während 63,2% der Patienten und 54,7% der Kontrollen das G-Allel trugen.

Tabelle 2 zeigt die Genotypverteilung und die nach dem Hardy-Weinberg-Gesetz erwartete Verteilung, die im Equilibrium lag. Es fand sich somit ein signifikanter Unterschied zwischen den schizophrenen Patienten und den gesunden Kontrollen sowohl bezüglich Genotypverteilung (C2 = 7.846, df = 2, p = .020), als auch bezüglich Allelfrequenz (C2 = 7.488, df = 1, p = .0062).

Allerdings bestand kein Zusammenhang zwischen dem IL-6-G174C Genotyp und der mit PANSS erhobenen Psychopathologie bei Aufnahme der patienten (PANSS positive ANOVA: F = .125, p = .882; PANSS negative ANOVA: F = 1.302, p = .275; PANSS global ANOVA: F = .117, p = .890). Außerdem bestand kein Zusammenhang zwischen Genotyp und Erstmanifestationsalter der Patienten (ANOVA: F = .338, p = .713).

Diskussion Kandidatengenstudie

Basierend auf der Immunhypothese der Schizophrenie hatten wir das Gen für IL-6 als Kandidat für eine Assoziationsstudie ausgewählt. Die hier berichtete signifikante Assoziation des G Allels mit der Schizophrenie unterstützt unsere Überlegungen. Eine ähnliche Assoziation wurde bei Patienten mit juveniler Arthritis mit systemischem Beginn von Fishman und Kollegen berichtet (Fishman et al, 1998). Auch das Erkrankungsalter bei der adulten Form der Rheumatoiden Arthritis scheint von diesem Polymorphismus beeinflusst zu sein (Pascual et al, 2000). Eine höhere Frequenz der Homozygotie für das G-Allel wurde auch bei Patienten mit Diabetes

Tab. 2. Genotypverteilung des IL-6 G174C Promotorpolymorphismus bei schizophrenen Patienten und gesunden Kontrollen, sowie die nach Hardy-Weinberg-Gesetz erwarteten Verteilungen, die den gefundenen entsprechen (die jeweilige Frequenz ist in Klammern angegeben). Die Genotypverteilung unterschied sich zwischen Patienten und Kontrollen mäßig signifikant (X^2 = 7.846, df = 2, p = .020)

	IL-6 G174C Genotypverteilung			Hardy-Weinberg Erwartung		
	CC	CG	GG	CC	CG	GG
SCH (n = 242)	34 (0.141)	110 (0.455)	98 (0.405)	33 (0.135)	113 (0.465)	98 (0.399)
CON (n = 279)	57 (0.204)	139 (0.498)	83 (0.298)	57 (0.206)	138 (0.496)	83 (0.299)

mellitus Typ-1 beschrieben (Jahromi et al, 2000), was von besonderem Interesse ist, da eine Häufung von Diabetes mellitus Typ-1 bei erstgradigen Verwandten schizophrenern Patienten berichtet wurde (Wright et al, 1996). Eine weitere Studie wies die Assoziation des IL-6 −174 G-Allels mit erhöhten Antikörpertitern gegen das humane hsp60 nach, was wiederum sehr gut zu den oben beschriebenen Befunden zu erhöhten anti-hsp-Titern bei schizophrenen Patienten passt. Auch berichtete Fishman von höheren Serumkonzentrationen des IL-6 bei Probanden, die das G-Allel trugen, was ebefalls in Einklang mit den wiederholt beschriebenen IL-6-Werten bei schizophrenen Patienten steht.

Insgesamt könnte der hier berichtete Zusammenhang zwischen Schizophrenie und IL-6 Genpolymorphismus also einen guten Beitrag zum Verständnis der immunologischen Veränderungen bei Schizophrenie leisten.

(2) Der Hypothesen-freie Forschungsansatz – Erste Befunde mit cDNA-Arrays bei Schizophrenie

Mitte der 90er-Jahre wurde eine Methode entwickelt, mit der man die gleichzeitige Expression von vielen unterschiedlichen Genen auf RNA-Ebene nachweisen konnte. Zunächst war es mit Gensonden, die auf Membranen aufgebracht waren, möglich, mehrere hundert Gene parallel zu untersuchen. Seit 1997 existieren die technischen Voraussetzungen für die Herstellung von sogenannten Microarrays, bei denen auf einer Glasoberfläche mehrere tausend solcher Gensonden zur Expressionsanalyse aufgebracht werden können. Aus Ausgangsmaterial können Zellen aus Organgewebe, Blut oder aus Zellkulturen verwendet werden. Zunächst wird die Gesamt-RNA extrahiert; während der Umschreibung in komplementäre DNA (cDNA) wird diese z.B. mit Fluoreszenzfarbstoff markiert. Anschließend erfolgt die spezifische Bindung (Hybridisierung) der markierten cDNA auf dem Microarray. Nachfolgend wird nichtgebundene cDNA von der Oberfläche gewaschen und die Fluoreszenz für jede genspezifische Sonde mit einem Scanner gemessen.

Will man zwei unterschiedliche Systeme, wie beispielsweise Patientenprobe und Probe von gesunden Vergleichspersonen miteinander vergleichen, hat man die Möglichkeit, durch Einbau unterschiedlicher Farbstoffe das Expressionsmuster dieser beiden Proben zu differenzieren. Die Intensität der Fluoreszenzsignale der beiden Proben an einem Spot kann ins Verhältnis gesetzt werden und ist damit ein Maß für die relative Herauf- oder Herabregulation des jeweiligen Gens in der Indexprobe verglichen mit der Kontrollprobe.

Ein Array in der Größe von etwa zwei cm^2 kann bis zu dreißigtausend Spots enthalten, die jeweils ein Gen rerpäsentieren. Ein solcher Spot enthält ca. 10^7 genspezifische Oligonukleotide von 20 bis mehreren hundert Nukleotiden Länge. Der prinzipelle Aufbau ist in Abb. 3 gezeigt.

Die ersten Microarray-Untersuchungen zur Schizophrenie wurden naheliegenderweise an post-mortem Gehirnen durchgeführt. Als erste berichtete die Gruppe von Mirnics und Kollegen von einer verminderten Expression des Regulator 4 des G-Protein-gekoppelten Signals (RGS4) in Gehirnen schizophrener Patienten verglichen mit Gehirnen gesunder Probanden (Mirnics et al, 2001). Interessanterweise liegt das Gen für RGS4 auf Chromosom 1q21–22 – eine Region, auf die bereits Kopplungsanalysen hingewiesen hatten (Gurling et al, 2001; Rosa et al, 2002; Brzustowicz et al, 2000).

Als weiteres wies die Gruppe von Hakak eine verminderte Expression von fünf Genen für Myelin-produzierende Oligodendrozyten in Gehirnen schizophrener Patienten nach (Hakak et al, 2001). Die Gruppe um Bahn zeigte eine deutliche Überexpression von Apolipoproteinen L (v.a. ApoL1, L2 und L4) in Gehirnen schizophrener Patienten (Mimmack et al, 2002). Wiederum liegen die Gene, die für die Apolipoproteine der Gruppe L kodieren auf einer chromosomalen Region, die mittels Linkage-Analysen als Risikogenorte für die Schizophrenie identifiziert worden waren: Chromosom 22q12. Eine kürzlich veröffentlichte Metaanlyse beschrieb mit einem $p < 9 \times 10^{-5}$ eine der höchsten Signifikanzen für Kopplungsungleichgewicht mit Genmarkern bei Schizophrenie in dieser Region (Badner und Gershon, 2002).

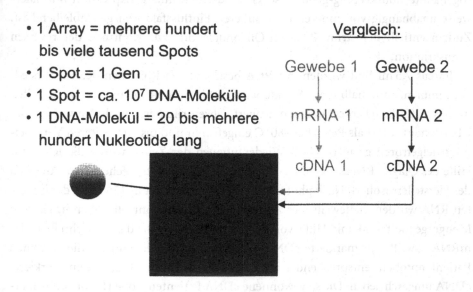

- 1 Array = mehrere hundert bis viele tausend Spots
- 1 Spot = 1 Gen
- 1 Spot = ca. 10^7 DNA-Moleküle
- 1 DNA-Molekül = 20 bis mehrere hundert Nukleotide lang

Vergleich:

Gewebe 1   Gewebe 2

mRNA 1   mRNA 2

cDNA 1   cDNA 2

Abb. 3. Prinzipieller Aufbau eines cDNA-Microarrays

Um den oben beschriebenen immunologischen Auffälligkieten bei schizophrenen Patienten mit der Microarraytechnik nachzugehen, wählten wir periphere Blutlymphozyten als Untersuchungsmaterial für cDNA-Arrays. Wir untersuchten die Genexpression in Lymphozyten von fünf unbehandelten männlichen schizophrenen Patienten und wählten jeweils vier gleichaltrige männliche gesunde Kontrollpersonen aus.

Methode Microarrays

Insgesamt wurden vier schizophrene Patienten aus der oben genannten Population ausgewählt. Die exakte Charakterisierung ist in Tab. 3 gegeben. Aus der oben aufgeführten Kontrollpopulation wurden insgesamt 12 Kontrollpersonen ausgewählt, die zu drei Gruppen mit jeweils vier Personen gruppiert wurden. Die Charakterisierung dieser Probanden stellt Tab. 4 dar.

Wir verwendeten den MICROMAX Human cDNA Microarray System 1.1 – TSA Array von Perkin Elmer Life Sciences. Dieser Microarray bietet die eingangs beschriebene Möglichkeit, zwei zu vergleichende Proben unterschiedlich zu markieren und gleichzeitig zu analysieren. Auf dem Glasträger sind 2.400 bekannte humane Gene jeweils auf zwei getrennten Spots aufgetragen, so dass man innerhalb des Arrays die Ergebnisse in Doppelwerten erhält. Zur Kontrolle und zur Anpassung („Normalisierung") der unterschiedlich markierten Proben enthält der Array sogenannte houskeeping-genes, also Gene, deren zelluläre Expression normalerweise unabhängig von inneren oder äußeren Einflussfaktoren gleichbleibend ist. Zudem enthält der Array Pflanzen-Oligonukleotide zur Kontrolle der reversen Transkription.

Jeweils 7,5 ml Blut wurden in CPDA-beschichteten Röhrchen der Fa. Sarstedt entnommen. Innerhalb einer Stunde wurden die peripheren monozytären Zellen mittels FICOLL-Dichtegradienten isoliert, abzentrifugiert, nach Verwerfen des Überstandes sofort als Pellet bei −80 °C eingefroren und bis zur weiteren Verarbeitung tiefgefroren gelagert. Nach Wiederauftauen der Zellen wurde die RNA mit Hilfe des Qiagen RNeasy Mini Kit (Qiagen, Germany) entsprechend den Angaben des Herstellers isoliert. Nach photometrischer Quantifizierung (260 nm) der isolierten RNA wurden die jeweils vier zusammengehörigen Kontrollproben in gleicher Menge gepoolt und mit Hilfe von reverser Transkriptase das Umschreiben der mRNA bzw. Biotin-markierte cDNA durchgeführt. Parallel wurden die einzelnen Patientenproben entsprechender RNA-Konzentration in Fluorescein-markierte cDNA umgeschrieben. Die so gewonnene cDNA Patientenprobe (Fluorescein-markiert) und des entsprechenden Kontrollpools (Biotin-markiert) wurden in gleichen

Tab. 3. Charakterisierung der Patienten der Microarray-Studie

Patienten-nummer	Alter	Diagnose DSM IV	Kontroll-Pool	Age of Onset [Jahre]	Erstmani-festation 1: ja 2: nein	Anzahl Episoden	Familienanamnese 1: positv 1. Grad 2: positv 2. Grad 3: negativ
132	30	295.30	2	27	2	4	2
139	35	304.30	3	22	2	4	1
160	20	295.30	1	19	2	3	1
173	33	295.30	2	30	2	2	1
181	34	295.30	3	31	2	3	1

Patienten-nummer	Auswasch-Zeit in Tagen	PANSS Positiv Aufnahme	PANSS Negativ Aufnahme	PANSS Global Aufnahme	CGI Aufnahme
132	70	27	43	75	6
139	2	30	26	59	6
160	> 90	23	30	57	5
173	> 90	35	30	53	6
181	14	21	22	47	5

Tab. 4. Charakterisierung der Kontrollgruppen der Microarray-Studie

ID	Kontroll-Pool	Alter	ID	Kontroll-Pool	Alter
CON 273	1	22	CON 248	2	31
CON 278	1	23	CON 304	2	33
CON 294	1	20	CON 261	3	36
CON 299	1	20	CON 303	3	39
CON 197	2	31	CON 310	3	35
CON 247	2	33	CON 229	3	38

Anteilen gemischt und gleichzeitig auf den Microarray über Nacht hybridisiert. Zur Signalverstärkung wurden über den TSA (Tyramid Signal Amplification)-Prozess schließlich die Reportermoleküle Cyanin 3 (Cy3) und Cyanin 5 (Cy5) und Fluorescein bzw. Biotin gebunden. Über ein Laserdetektionssystem wurden die Signalintensitäten dieser beiden Farbstoffe gemessen. Anhand der Verhältnisse der Cy3- und Cy5-Signalintensitäten der Kontrollgene wurde die Normalisierung durchgeführt. Schließlich diente das Verhältnis der Cy3- und Cy5-Signalintensitäten der 2.400 einzelnen Gene der Bewertung des Ergebnisses.

Ergebnis Microarrays

Die Verhältnisse der Cy3- und Cy5-Signalintensitäten der Kontrollgene lagen in der Regel zwischen 0 und 1,3, in seltenen Fällen erreichten sie Werte von 1,7. Die Ergebnisse der einzelnen Arrays hier aufzuführen würde den Rahmen sprengen. Insgesamt fiel bei Auswertung der Arrays auf, dass bei vier der fünf untersuchten Patienten das Gen für HLA-B39 gegenüber der jeweiligen Kontrollen deutlich vermindert exprimiert war. Dies waren die Patienten 132, 139, 160 und 173. Bei Patient 181 hingegen war das Gen für die extrazelluläre Superoxiddismutase deutlich verringert exprimiert. Exemplarisch sei in Tab. 5 das Verhältnis der Genexpression von HLA-B39 beim Patienten 132 gegenüber dem Kontroll-Pool 2 dargestellt.

Diskussion Microarrays

Das Ergebnis bezüglich der erniedrigten HLA-B39 ist besonders eindrücklich, da die Patienten mit unterschiedlichen Kontroll-Populationen verglichen worden waren. Dies dient als Hinweis, dass der beobachtete Unterschied krankheitsspezifisch ist und nicht der Effekt einer möglicherweise ungünstigen Kontroll-Population ist. Dieser Hinweis mag die Limitierung unseres Ergebnisses aufgrund der niedrigen Fallzahl etwas aufwiegen. Aufgrund der extrem hohen Kosten für Microarray-Untersuchungen sind jedoch Vorstudien mit geringen Fallzahlen die Regel.

HLA-B39 zählt zur Klasse I der HLA (Humane Leukozyten-Antigene) Oberflächenantigene. Um eine angemessene Immunantwort auf infektiöse Mikroorganismen durchführen zu können, benötigen T-Zellen die Fähigkeit, intrazelluläre Pathogene zu erkennen und Selbst von Fremd unterscheiden zu können. Diese Fähigkeit wird durch die verschiedenen Klassen der HLA-Moleküle vermittelt. HLA-Moleküle der Klasse I präsentieren den CD8-positiven T-Zellen auf der Zelloberfläche Peptide aus dem Zytosol. Die HLA-Moleküle der Klasse II hingegen präsentieren Peptide aus dem vesikulären System auf der Zelloberfläche, wo sie von CD4-Zellen erkannt werden (Janeway et al, 2001).

Tab. 5. Die Genexpression von HLA-B39 bei Patient 132 lag gegenüber dem Kontroll-Pool 2 um mehr als das Dreifache vermindert vor. Ratio of means bezeichnet das Verhältnis der Signalintensitäten von Cy5 zu Cy3, d.h., Zahlen > 1 bezeichnen eine verringerte Genexpression bei den Cy3-markierten Patientenproben

Name	ID	Ratio of means
L42024	MHC HLA-B39.	3.313
L42024	MHC HLA-B39.	3.673

Die Gene, die für die HLA-Moleküle kodieren sind auf dem kurzen Arm des Chromosom 6 lokalisiert. Auf diese chromsomale Region wiesen wiederholt Kopplungsstudien als Risikoregion für Schizophrenie hin (Lindholm et al, 1999; Schwab et al, 2002).

Es existieren einige Publikationen über die Assiziation diverser HLA-Allele mit Schizophrenie. Wright und Kollegen beschrieben beispielsweise die negative Assoziation mit HLA DQB1*0602, einem Allel, das als schützend vor Diabetes mellitus Typ-1 beschrieben wurde (Wright et al, 2001). In Zusammenhang mit dem epidemiologischen Befund, dass erstgradige Verwandte schizophrener Patienten deutlich häufiger unter Autoimmunerkrankungern und besonders unter Typ-1-Diabetes leiden (Wright et al, 1996), ist diese HLA-Assoziation besonders prägnant. Ein weiteres interessantes Ergebnis dieser Gruppe beschreibt die negative Assoziation des HLA DRB1*04-Gens mit Schizophrenie, wobei dieses HLA-Gen positiv mit Rheumatoider Arthritis assoziiert ist (Wright et al, 2001). Dieser Befund steht wiederum in Einklang mit der bereits in mehreren Studien beschriebenen negativen Assoziation zwischen Schizophrenie und Rheumatoider Arthritis (Torrey und Yolken, 2001). Wright und Kollegen folgerten aus diesen Daten, dass Familien mit einem schizophrenen Patienten als Angehörigen ein erhöhtes Risiko für Autoimmunerkrankungen tragen und das Vorhandensein bzw. das Nicht-Vorhandensein der HLA DQB1*0602- und DRB1*04-Allele bei Mitgliedern dieser Familien entscheidend für die Erkrankung an Typ-1-Diabetes, Rheumatoider Arthritis, oder Schizophrenie sein könnten (Wright et al, 2001).

HLA-B39 wurde bislang nicht in Zusammenhang mit der Schizophrenie untersucht. Dieses HLA-Allel ist häufig mit Spondylarthritis ankylopoetica (M. Bechterew) und hier besonders mit den HLA-B27-negativen Formen assoziiert (Alvarez und Lopez de Castro, 2000). In Einzelfällen wurde von der Assoziation des HLA-B39 mit einer Variante der juvenilen Form der Rheumatoiden Arthritis oder mit der Psoriatischen Arthritis berichtet (Maeda et al, 2000). Außerdem wurde HLA-B39 signifikant häufiger in DRB1*0404-DQB1*0302-positiven Patienten mit Diabetes mellitus Typ-1 gefunden, als in gesunden Kontrollpersonen, die ebenfalls DRB1 *0404-DQB1*0302-positiv waren (Nejentsev et al, 1997).

In diesem Kontext könnte unser Befund der verringerten Expression von HLA-B39 bei vier der fünf untersuchten Patienten mit Schizophrenie bzw. schizoaffektiver Störung einen weiteren Beitrag zum Verständnis der Rolle des HLA-Systems leisten. Es lässt sich spekulieren, dass HLA-B39 zusätzlich zu den von Wright postulierten HLA-Allelen dafür verantwortlich ist, ob ein Mitglied einer genetisch entsprechend belasteten Familie an einer Autoimmunerkrankung wie Typ-1-Diabetes, oder an Schizophrenie erkrankt.

Nach unseren vorläufigen Ergebnissen bietet sich das Gen für HLA-B39 als neues Kandidatengen in der Schizophreniforschung an.

Abschließende Bemerkungen

In dem vorliegenden Beitrag wurden die beiden prinzipiell unterschiedlichen Ansätze der Hypothesen-geleiteten und der (weitgehend) Hypothesen-freien Suche nach Kandidatengenen für die Schizophrenie dargestellt. Beide Studiendesigns unterliegen starken methodischen Einschränkungen. Case-Control-Studien, wie die hier dargestellte Assoziationsstudie des IL-6-Gens besitzen zwar den Vorteil einer höheren Sensitivität gegenüber familienbasierten Assoziationsstudien (wie z.B. dem Transmission/Disequilibrium-Test), sind jedoch anfällig gegenüber Populations-Stratifikations-Effekten (29). Allerdings kann die höhere Sensitivität bei komplexen Erkrankungen mit mehreren beteiligten Genen, die jeweils nur eine geringe Penetranz besitzen, von Vorteil sein.

Microarray-Analysen sind zwar weitgehend frei vom Bias vorheriger Hypothesen, doch sind sie artefaktanfällig, da nicht kontrollierte akute Zustände (wie z.B. beginnende, klinisch noch nicht auffällige Infektionen) die Genexpression stark beeinflussen können. Weiterhin besteht durch die Abhängigkeit vom ausgewählten Gewebetyp und durch die willkürliche Auswahl der unteruchten Gene ein Einfluss durch den Untersucher. Insgesamt betrachtet können jedoch beide Forschungsansätze der Findung neuer Kandidatengene dienen. Dabei ist beeindruckend, dass die Ergebnisse von Microarray-Untersuchungen wiederholt zu Kandidatengenen führten, die in chromosomalen Regionen liegen, auf die bereits Kopplungsuntersuchungen hingewiesen hatten.

Literatur

Akiyama K (1999) Serum levels of soluble IL-2 receptor alpha, IL-6 and IL-1 receptor antagonist in schizophrenia before and during neuroleptic administration. Schizophr Res 37: 97–106

Alvarez I, Lopez de Castro JA (2000) HLA-B27 and immunogenetics of spondyloarthropathies. Curr Opin Rheumatol 12: 248–253

Badner JA, Gershon ES (2002) Meta-analysis of whole-genome linkage scans of bipolar disorder and schizophrenia. Mol Psychiatry 7: 405–411

Baker I, Masserano J, Wyatt RJ (1996) Serum cytokine concentrations in patients with schizophrenia. Schizophr Res 20: 199–203

Baron M, Stern M, Anavi R, Witz IP (1977) Tissue-binding factor in schizophrenic sera: a clinical and genetic study. Biol Psychiatry 12: 199–219

Barton BE (1997) IL-6: insights into novel biological activities. Clin Immunol Immunopathol 85: 16–20

Bartova L, Rajcani J, Pogady J (1987) Herpes simplex virus antibodies in the cerebrospinal fluid of schizophrenic patients. Acta Virol 31: 443–446

Bowcock AM, Kidd JR, Lathrop GM, Daneshvar L, May LT, Ray A, Sehgal PB, Kidd KK, Cavalli-Sforza LL (1988) The human „interferon-beta 2/hepatocyte stimulating factor/interleukin-6" gene: DNA polymorphism studies and localization to chromosome 7p21. Genomics 3: 8–16

Bray NJ, Owen MJ (2001) Searching for schizophrenia genes. Trends Mol Med 7: 169–174

Bruce LC, Peebles AMS (1903) Clinical and experimental observations in catatonia. J Ment Sci 49: 614–628

Brzustowicz LM, Hodgkinson KA, Chow EW, Honer WG, Bassett AS (2000) Location of a major susceptibility locus for familial schizophrenia on chromosome 1q21–q22. Science 288: 678–682

Burd PR, Thompson WC, Max EE, Mills FC (1995) Activated mast cells produce interleukin 13. J Exp Med 181: 1373–1380

Cerutti A, Zan H, Schaffer A, Bergsagel L, Harindranath N, Max EE, Casali P (1998) CD40 ligand and appropriate cytokines induce switching to IgG, IgA, and IgE and coordinated germinal center and plasmacytoid phenotypic differentiation in a human monoclonal IgM+IgD+ B cell line. J Immunol 160: 2145–2157

Chengappa KN, Carpenter AB, Keshavan MS, Yang ZW, Kelly RH, Rabin BS, Ganguli R (1991) Elevated IGG and IGM anticardiolipin antibodies in a subgroup of medicated and unmedicated schizophrenic patients. Biol Psychiatry 30: 731–735

Crocq MA, Mant R, Asherson P, Williams J, Hode Y, Mayerova A, Collier D, Lannfelt L, Sokoloff P, Schwartz JC (1992) Association between schizophrenia and homozygosity at the dopamine D3 receptor gene. J Med Genet 29: 858–860

DeLisi LE, Goodman S, Neckers LM, Wyatt RJ (1982) An analysis of lymphocyte subpopulations in schizophrenic patients. Biol Psychiatry 17: 1003–1009

DeLisi LE, Smith SB, Hamovit JR, Maxwell ME, Goldin LR, Dingman CW, Gershon ES (1986) Herpes simplex virus, cytomegalovirus and Epstein-Barr virus antibody titres in sera from schizophrenic patients. Psychol Med 16: 757–763

Fearon DT, Locksley RM (1996) The instructive role of innate immunity in the acquired immune response. Science 272: 50–53

Fessel WJ (1962) Autoimmunity and mental illness. Arch Gen Psychiatry 6: 320–323

Fessel WJ (1963) The „antibrain" factors in psychiatric patinets sera. I. Further studies with a hemagglutination technique. Arch Gen Psychiatry 8: 110–117

Firer M, Sirota P, Schild K, Elizur A, Slor H (1994) Anticardiolipin antibodies are elevated in drug-free, multiply affected families with schizophrenia. J Clin Immunol 14: 73–78

Fishman D, Faulds G, Jeffery R, Mohamed-Ali V, Yudkin JS, Humphries S, Woo P (1998) The effect of novel polymorphisms in the interleukin-6 (IL-6) gene on IL-6 transcription and plasma IL-6 levels, and an association with systemic-onset juvenile chronic arthritis. J Clin Invest 102: 1369–1376

Frommberger UH, Bauer J, Haselbauer P, Fraulin A, Riemann D, Berger M (1997) Interleukin-6-(IL-6) plasma levels in depression and schizophrenia: comparison between the acute state and after remission. Eur Arch Psychiatry Clin Neurosci 247: 228–233

Gadient RA, Otten UH (1997) Interleukin-6 (IL-6) – a molecule with both beneficial and destructive potentials. Prog Neurobiol 52: 379–390

Ganguli R, Rabin BS, Kelly RH, Lyte M, Ragu U (1987) Clinical and laboratory evidence of autoimmunity in acute schizophrenia. Ann NY Acad Sci 496: 676–685

Ganguli R, Yang Z, Shurin G, Chengappa KN, Brar JS, Gubbi AV, Rabin BS (1994) Serum interleukin-6 concentration in schizophrenia: elevation associated with duration of illness. Psychiatry Res 51: 1–10

Gurling HM, Kalsi G, Brynjolfson J, Sigmundsson T, Sherrington R, Mankoo BS, Read T, Murphy P, Blaveri E, McQuillin A, Petursson H, Curtis D (2001) Genomewide genetic linkage analysis confirms the presence of susceptibility loci for schizophrenia, on chromosomes 1q32.2, 5q33.2, and 8p21–22 and provides support for linkage to schizophrenia, on chromosomes 11q23.3-24 and 20q12.1-11.23. Am J Hum Genet 68: 661–673

Haack M, Hinze SD, Fenzel T, Kraus T, Kuhn M, Schuld A, Pollmacher T (1999) Plasma levels of cytokines and soluble cytokine receptors in psychiatric patients upon hospital admission: effects of confounding factors and diagnosis. J Psychiatr Res 33: 407–418

Hakak Y, Walker JR, Li C, Wong WH, Davis KL, Buxbaum JD, Haroutunian V, Fienberg AA (2001) Genome-wide expression analysis reveals dysregulation of myelination-related genes in chronic schizophrenia. Proc Natl Acad Sci USA 98: 4746–4751

Hart PH, Jones CA, Finlay-Jones JJ (1995) Monocytes cultured in cytokine-defined environments differ from freshly isolated monocytes in their responses to IL-4 and IL-10. J Leukoc Biol 57: 909–918

Hatalski CG, Hickey WF, Lipkin WI (1998a) Evolution of the immune response in the central nervous system following infection with Borna disease virus. J Neuroimmunol 90: 137–142

Hatalski CG, Hickey WF, Lipkin WI (1998b) Humoral immunity in the central nervous system of Lewis rats infected with Borna disease virus. J Neuroimmunol 90: 128–136

Hayakawa S, Fujikawa T, Fukuoka H, Chisima F, Karasaki SM, Ohkoshi E, Ohi H, Kiyoshi FT, Tochigi M, Satoh K, Shimizu T, Nishinarita S, Nemoto N, Sakurai I (2000) Murine fetal resorption and experimental pre-eclampsia are induced by both excessive Th1- and Th2-activation. J Reprod Immunol 47: 121–138

Heath RG, Krupp IM (1967) Schizophrenia as an immunologic disorder. I. Demonstration of antibrain globulins by fluorescent antibody techniques. Arch Gen Psychiatry 16: 1–9

Heath RG, Krupp IM, Byers LW, Lijekvist JI (1967) Schizophrenia as an immunologic disorder. III. Effects of antimonkey and antihuman brain antibody on brain function. Arch Gen Psychiatry 16: 24–33

Heath RG, McCarron KL, O'Neil CE (1989) Antiseptal brain antibody in IgG of schizophrenic patients. Biol Psychiatry 25: 725–733

Henneberg AE, Horter S, Ruffert S (1994) Increased prevalence of antibrain antibodies in the sera from schizophrenic patients. Schizophr Res 14: 15–22

Hibi M, Nakajima K, Hirano T (1996) IL-6 cytokine family and signal transduction: a model of the cytokine system. J Mol Med 74: 1–12

Jahromi MM, Millward BA, Demaine AG (2000) A polymorphism in the promoter region of the gene for interleukin-6 is associated with susceptibility to type-1 diabetes mellitus. J Interferon Cytokine Res 20: 885–888

Janeway CA, Travers P, Walport M, Shlomchik M (2001) Immunobiology. Garland Publishing, New York

Jurewicz I, Owen RJ, O'Donovan MC, Owen MJ (2001) Searching for susceptibility genes in schizophrenia. Eur Neuropsychopharmacol 11: 395–398

Kelly RH, Ganguli R, Rabin BS (1987) Antibody to discrete areas of the brain in normal individuals and patients with schizophrenia. Biol Psychiatry 22: 1488–1491

Kelso A (1998) Cytokines: principles and prospects. Immunol Cell Biol 76: 300–317

Kilidireas K, Latov N, Strauss DH, Gorig AD, Hashim GA, Gorman JM, Sadiq SA (1992) Antibodies to the human 60 kDa heat-shock protein in patients with schizophrenia. Lancet 340: 569–572

Kim JJ, Lee SJ, Toh KY, Lee CU, Lee C, Paik IH (2001) Identification of antibodies to heat shock proteins 90 kDa and 70 kDa in patients with schizophrenia. Schizophr Res 52: 127–135

Kim YK, Kim L, Lee MS (2000) Relationships between interleukins, neurotransmitters and psychopathology in drug-free male schizophrenics. Schizophr Res 44: 165–175

Knapp M, Chisholm D, Leese M, Amaddeo F, Tansella M, Schene A, Thornicroft G, Vazquez-Barquero JL, Knudsen HC, Becker T (2002) Comparing patterns and costs of schizophrenia care in five European countries: the EPSILON study. European Psychiatric Services: Inputs Linked to Outcome Domains and Needs. Acta Psychiatr Scand 105: 42–54

Lehmann-Facius H (1937) Über die Liquordiagnose der Schizophrenien (About CSF Diagnosis of Schizophrenia). Klin Wochenschr 16: 1646–1648

Lin A, Kenis G, Bignotti S, Tura GJ, De JR, Bosmans E, Pioli R, Altamura C, Scharpe S, Maes M (1998) The inflammatory response system in treatment-resistant schizophrenia: increased serum interleukin-6. Schizophr Res 32: 9–15

Lindholm E, Ekholm B, Balciuniene J, Johansson G, Castensson A, Koisti M, Nylander PO, Pettersson U, Adolfsson R, Jazin E (1999) Linkage analysis of a large Swedish kindred provides further support for a susceptibility locus for schizophrenia on chromosome 6p23. Am J Med Genet 88: 369–377

Maeda H, Konishi F, Hiyama K, Ishioka S, Yamakido M (2000) A family with cases of adult onset Still's disease and psoriatic arthritis. Intern Med 39: 77–79

Maes M, Bocchio CL, Bignotti S, Battisa TG, Pioli R, Boin F, Kenis G, Bosmans E, De Jongh R, Lin A, Racagni G, Altamura CA (2000) Effects of atypical antipsychotics on the inflammatory response system in schizophrenic patients resistant to treatment with typical neuroleptics. Eur Neuropsychopharmacol 10: 119–124

Maes M, Bosmans E, Calabrese J, Smith R, Meltzer HY (1995) Interleukin-2 and interleukin-6 in schizophrenia and mania: effects of neuroleptics and mood stabilizers. J Psychiatr Res 29: 141–152

Maes M, Bosmans E, Kenis G, De Jong R, Smith RS, Meltzer HY (1997) In vivo immunomodulatory effects of clozapine in schizophrenia. Schizophr Res 26: 221–225

Maier W, Lichtermann D, Rietschel M, Held T, Falkai P, Wagner M, Schwab S (1999) Genetics of schizophrenic disorders. New concepts and findings. Nervenarzt 70: 955–969

McAllister CG, Rapaport MH, Pickar D, Podruchny TA, Christison G, Alphs LD, Paul SM (1989) Increased numbers of CD5+ B lymphocytes in schizophrenic patients. Arch Gen Psychiatry 46: 890–894

McGue M, Gottesman II (1989) A single dominant gene still cannot account for the transmission of schizophrenia. Arch Gen Psychiatry 46: 478–480

McGuffin P, Owen MJ, Farmer AE (1995) Genetic basis of schizophrenia. Lancet 346: 678–682

Medzhitov R, Janeway-CA J (1998) Innate immune recognition and control of adaptive immune responses. Semin Immunol 10: 351–353

Mimmack ML, Ryan M, Baba H, Navarro-Ruiz J, Iritani S, Faull RL, McKenna PJ, Jones PB, Arai H, Starkey M, Emson PC, Bahn S (2002) Gene expression analysis in schizophrenia: reproducible up-regulation of several members of the apolipoprotein L family located in a high-susceptibility locus for schizophrenia on chromosome 22. Proc Natl Acad Sci USA 99: 4680–4685

Mirnics K, Middleton FA, Stanwood GD, Lewis DA, Levitt P (2001) Disease-specific changes in regulator of G-protein signaling 4 (RGS4) expression in schizophrenia. Mol Psychiatry 6: 293–301

Monteleone P, Fabrazzo M, Tortorella A, Maj M (1997) Plasma levels of interleukin-6 and tumor necrosis factor alpha in chronic schizophrenia: effects of clozapine treatment. Psychiatry Res 71: 11–17

Muller N, Ackenheil M (1995) Immunoglobulin and albumin content of cerebrospinal fluid in schizophrenic patients: relationship to negative symptomatology. Schizophr Res 14: 223–228

Müller N, Dobmeier P, Empl M, Riedel M, Schwarz M, Ackenheil M (1997a) Soluble IL-6 receptors in the serum and cerebrospinal fluid of paranoid schizophrenic patients. Eur Psychiatry 12: 294–299

Müller N, Empl M, Riedel M, Schwarz MJ, Ackenheil M (1997b) Neuroleptic treatment increases soluble IL-2 receptors and decreases soluble IL-6 receptors in schizophrenia. Eur Arch Psychiatry Clin Neurosci 247: 308–313

Naudin J, Mege JL, Azorin JM, Dassa D (1996) Elevated circulating levels of IL-6 in schizophrenia. Schizophr Res 20: 269–273

Nejentsev S, Reijonen H, Adojaan B, Kovalchuk L, Sochnevs A, Schwartz EI, Akerblom HK, Ilonen J (1997) The effect of HLA-B allele on the IDDM risk defined by DRB1*04 subtypes and DQB1*0302. Diabetes 46: 1888–1892

O'Donovan MC, Owen MJ (1999) Candidate-gene association studies of schizophrenia. Am J Hum Genet 65: 587–592

Paludan SR (1998) Interleukin-4 and interferon-gamma: the quintessence of a mutual antagonistic relationship. Scand J Immunol 48: 459–468

Pascual M, Nieto A, Mataran L, Balsa A, Pascual-Salcedo D, Martin J (2000) IL-6 promoter polymorphisms in rheumatoid arthritis. Genes Immun 1: 338–340

Pelonero AL, Pandurangi AK, Calabrese VP (1990) Serum IgG antibody to herpes viruses in schizophrenia. Psychiatry Res 33: 11–17

Pignatti P, Vivarelli M, Meazza C, Rizzolo MG, Martini A, De Benedetti F (2001) Abnormal regulation of interleukin 6 in systemic juvenile idiopathic arthritis. J Rheumatol 28: 1670–1676

Printz DJ, Strauss DH, Goetz R, Sadiq S, Malaspina D, Krolewski J, Gorman JM (1999) Elevation of CD5+ B lymphocytes in schizophrenia. Biol Psychiatry 46: 110–118

Punnonen J, de Vries JE (1994) IL-13 induces proliferation Ig isotype switching, and Ig synthesis by immature human fetal B cells. J Immunol 152: 1094–1102

Ramchand R, Wei J, Ramchand CN, Hemmings GP (1994) Increased serum IgE in schizophrenic patients who responded poorly to neuroleptic treatment. Life Sci 54: 1579–1584

Ringheim GE, Burgher KL, Heroux JA (1995) Interleukin-6 mRNA expression by cortical neurons in culture: evidence for neuronal sources of interleukin-6 production in the brain. J Neuroimmunol 63: 113–123

Rioux JD, Daly MJ, Silverberg MS, Lindblad K, Steinhart H, Cohen Z, Delmonte T, Kocher K, Miller K, Guschwan S, Kulbokas EJ, O'Leary S, Winchester E, Dewar K, Green T, Stone V, Chow C, Cohen A, Langelier D, Lapointe G, Gaudet D, Faith J, Branco N, Bull SB, McLeod RS, Griffiths AM, Bitton A, Greenberg GR, Lander ES, Siminovitch KA, Hudson TJ (2001) Genetic variation in the 5q31 cytokine gene cluster confers susceptibility to Crohn disease. Nat Genet 29: 223–228

Romagnani S (1991) Human TH1 and TH2 subsets: doubt no more. Immunol Today 12: 256–257

Romagnani S (1995) Biology of human TH1 and TH2 cells. J Clin Immunol 15: 121–129

Rosa A, Fananas L, Cuesta MJ, Peralta V, Sham P (2002) 1q21-q22 locus is associated with susceptibility to the reality-distortion syndrome of schizophrenia spectrum disorders. Am J Med Genet 114: 516–518

Schibler KR, Liechty KW, White WL, Rothstein G, Christensen RD (1992) Defective production of interleukin-6 by monocytes: a possible mechanism underlying several host defense deficiencies of neonates. Pediatr Res 31: 18–21

Schwab SG, Hallmayer J, Albus M, Lerer B, Eckstein GN, Borrmann M, Segman RH, Hanses C, Freymann J, Yakir A, Trixler M, Falkai P, Rietschel M, Maier W, Wildenauer DB (2000) A genome-wide autosomal screen for schizophrenia susceptibility loci in 71 families with affected siblings: support for loci on chromosome 10p and 6. Mol Psychiatry 5: 638–649

Schwab SG, Hallmayer J, Freimann J, Lerer B, Albus M, Borrmann-Hassenbach M, Segman RH, Trixler M, Rietschel M, Maier W, Wildenauer DB (2002) Investigation of linkage and association/linkage disequilibrium of HLA A-, DQA1-, DQB1-, and DRB1-alleles in 69 sib-pair- and 89 trio-families with schizophrenia. Am J Med Genet 114: 315–320

Schwarz MJ, Chiang S, Müller N, Ackenheil M (2001a) T-helper-1 and T-helper-2 responses in psychiatric disorders. Brain Behav Immun 15: 340–370

Schwarz MJ, Muller N, Riedel M, Ackenheil M (2001b) The Th2-hypothesis of schizophrenia: a strategy to identify a subgroup of schizophrenia caused by immune mechanisms. Med Hypotheses 56: 483–486

Schwarz MJ, Riedel M, Gruber R, Ackenheil M, Müller N (1999) Antibodies to heat shock proteins in schizophrenic patients: implications for the mechanism of the disease. Am J Psychiatry 156: 1103–1104

Schwarz MJ, Riedel M, Gruber R, Müller N, Ackenheil M (1998) Autoantibodies against 60-kD heat shock protein in schizophrenia. Eur Arch Psychiatry Clin Neurosci 248: 282–288

Seder RA, Paul WE (1994) Acquisition of lymphokine-producing phenotype by CD4+ T cells. Annu Rev Immunol 12: 635–673

Spivak B, Radwan M, Bartur P, Mester R, Weizman A (1995) Antinuclear autoantibodies in chronic schizophrenia. Acta Psychiatr Scand 92: 266–269

Sundin U, Thelander S (1989) Antibody reactivity to brain membrane proteins in serum from schizophrenic patients. Brain Behav Immun 3: 345–358

Taga T, Kishimoto T (1997) Gp130 and the interleukin-6 family of cytokines. Annu Rev Immunol 15: 797–819

Thaker GK, Carpenter WT Jr (2001) Advances in schizophrenia. Nat Med 7: 667–671

Torrey EF, Peterson MR, Brannon WL, Carpenter WT, Post RM, van Kammen DP (1978) Immunoglobulins and viral antibodies in psychiatric patients. Br J Psychiatry 132: 342–348

Torrey EF, Yolken RH (2001) The schizophrenia-rheumatoid arthritis connection: infectious, immune, or both? Brain Behav Immun 15: 401–410

Torrey EF, Yolken RH, Winfrey CJ (1982) Cytomegalovirus antibody in cerebrospinal fluid of schizophrenic patients detected by enzyme immunoassay. Science 216: 892–894

Trigona WL, Hirano A, Brown WC, Estes DM (1999) Immunoregulatory roles of interleukin-13 in cattle. J Interferon Cytokine Res 19: 1317–1324

Tsuang M (2000) Schizophrenia: genes and environment. Biol Psychiatry 47: 210–220

van Os J, Marcelis M (1998) The ecogenetics of schizophrenia: a review. Schizophr Res 32: 127–135

Williams J, McGuffin P, Nothen M, Owen MJ (1997) Meta-analysis of association between the 5-HT2a receptor T102C polymorphism and schizophrenia. EMASS Collaborative Group. European Multicentre Association Study of Schizophrenia. Lancet 349: 1221

Williams J, Spurlock G, Holmans P, Mant R, Murphy K, Jones L, Cardno A, Asherson P, Blackwood D, Muir W, Meszaros K, Aschauer H, Mallet J, Laurent C, Pekkarinen P, Seppala J, Stefanis CN, Papadimitriou GN, Macciardi F, Verga M, Pato C, Azevedo H, Crocq MA, Gurling H, Owen MJ (1998) A meta-analysis and transmission disequilibrium study of association between the dopamine D3 receptor gene and schizophrenia. Mol Psychiatry 3: 141–149

Wright P, Nimgaonkar VL, Donaldson PT, Murray RM (2001) Schizophrenia and HLA: a review. Schizophr Res 47: 1–12

Wright P, Sham PC, Gilvarry CM, Jones PB, Cannon M, Sharma T, Murray RM (1996) Auto-immune diseases in the pedigrees of schizophrenic and control subjects. Schizophr Res 20: 261–267

Yawata H, Yasukawa K, Natsuka S, Murakami M, Yamasaki K, Hibi M, Taga T, Kishimoto T (1993) Structure-function analysis of human IL-6 receptor: dissociation of amino acid residues required for IL-6-binding and for IL-6 signal transduction through gp130. EMBO J 12: 1705–1712

Yssel H, de Waal MR, Roncarolo MG, Abrams JS, Lahesmaa R, Spits H, de Vries JE (1992) IL-10 is produced by subsets of human CD4+ T cell clones and peripheral blood T cells. J Immunol 149: 2378–2384

Zalcman S, Green-Johnson JM, Murray L, Nance DM, Dyck D, Anisman H, Greenberg AH (1994) Cytokine-specific central monoamine alterations induced by interleukin-1, -2 and -6. Brain Res 643: 40–49

Zorrilla EP, Cannon TD, Kessler J, Gur RE (1998) Leukocyte differentials predict short-term clinical outcome following antipsychotic treatment in schizophrenia. Biol Psychiatry 43: 887–896

Zurawski G, de Vries JE (1994) Interleukin-13 elicits a subset of the activities of its close relative interleukin 4. Stem Cells 12: 169–174

Hirnstrukturelle Veränderungen im Rahmen des Langzeitverlaufes schizophrener Störungen

E.M. Meisenzahl und H.-J. Möller

Die Schizophrenie ist eine komplexe psychiatrische Erkrankung, welche durch verschiedene klinische Symptome bei den Patienten charakterisiert ist. Die Pathogenese ist bis dato ungeklärt jedoch gibt es neurobiologische Befunde, welche gute Hinweise für eine ZNS-Erkrankung liefern. Die Vielzahl von Untersuchungen zu den pathogenetischen Grundlagen, welche der schizophrenen Störung ursächlich zugrunde liegen hat eine Fülle von Detailkenntnissen erbracht; ein einheitliches Gesamtkonzept liegt jedoch heute erst in Ansätzen vor. Schließlich gibt die Komplexität und die Heterogenität bezüglich klinisch-epidemiologischer Erkrankungsaspekte als auch hinsichtlich der wissenschaftlichen Befunde immer wieder zu der Überlegung Anlass, ob ein einheitliches Krankheitsmodell überhaupt beibehalten werden soll oder ob es heuristisch sinnvoller ist, von einer pathogenetisch differentiellen Gruppe schizophrener Störungen auszugehen.

Bisheriger zentraler Ausgangspunkt in der Forschung um die Pathogenese ist die Hypothese einer *Hirnentwicklungsstörung*. Ursprünglich kommen die Argumente für diese Hypothese aus 1. Befunden der post-mortem-Forschung und 2. aus der klinischen Evidenz, dass die Manifestation schizophrener Störungen ihren häufigsten Beginn nach Abschluss der juvenilen Adoleszenz und dem damit einhergehenden Abschluss der Hirnentwicklung im klassischen Sinne zeigen.

Hinsichtlich des ersten Aspektes ergeben sich, aus bisherigen substantiellen Metaanalysen zu post-mortem-Studien kurz zusammengefasst gesicherte Befunde hinsichtlich der Makroskopie bei schizophrenen post-mortem-Präparaten: die Erweiterung der Seitenventrikel und des 3. Ventrikels, zudem lässt sich eine Reduktion des Hirnvolumens im Vergleich zu Kontrollpräparaten feststellen (Harrison, 1999). Hinsichtlich der histologischen Untersuchungen gibt es zwei weitere wesentliche Aspekte, die für das Thema dieses Vortrages relevant sind:

(1) Zur Frage der zytoarchitektonischen Veränderungen gibt es eine Vielzahl von aktuellen Untersuchungen. Neuronale Parameter wie Zelldichte, -anzahl, -größe,

-form und -verteilung wurden histomorphologisch im Zeitraum von 1984–1998 an 51 Studien in unterschiedlichen Hirnregionen durchgeführt. Die Fallzahlen beträgt bis zu 64 post-mortem-Präparate schizophrener Patienten (Harrison, 1999). Als recht gut repliziert gelten die Befunde von kleineren kortikalen und hippokampalen Neuronen sowie die geringere Neuronenanzahl im Thalamus (Harrison, 1999). Aus thematischen Gründen kann nicht auf weiterere, jedoch auch als umstrittener geltende Befunde, die nichtsdestotrotz wesentlich zur Theorie der Hirnentwicklungsstörung beigetragen haben eingegangen werden und es muss auf die hierzu verfügbare Metaliteratur verwiesen werden (Harrison, 1999).

(2) Die für diesen Artikel jedoch wesentliche Ausgangsfrage betreffen die post mortem Ergebnisse zur Untersuchung möglicher gliotischer Veränderungen und Störungen in der Zytoarchitektur. Zwar wurden bereits von Alzheimer gliotische Veränderungen im Sinne einer reaktiven Astrozytose beschrieben, diese ließen sich durch die überwiegende Mehrzahl der nachfolgenden Studien jedoch nicht bestätigen (Harrison, 1999). Es gibt daher bis dato einen *common sense* in der wissenschaftlichen Forschung hinsichtlich dem fehlenden Nachweis von gliotischen Prozessen und dieser ist häufig entscheidend gewesen für die Feststellung, dass pathogenetisch kein degenerativer ZNS-Prozess vorliegen kann: Ursprünglicher Ausgangspunkt für das Konzept der frühen Hirnentwicklungsstörungen ist daher auch der fehlende Nachweis eines gliotischen ZNS-Prozesses, der erst nach Abschluss des 2. Trimenons einsetzen soll.

Einschränkend muss bei diesen Argumenten jedoch festgestellt werden, dass es 1. noch wenig Verständnis hinsichtlich der Abläufe von gliotischen Prozessen gibt und 2. die nicht abschließend geklärten Frage besteht, *wann* sie im Laufe der frühen Hirnentwicklung erstmalig einsetzen. Daher ist auch durchaus die Schlussfolgerung legitim, dass der fehlende Nachweis von Gliosen und damit degenerativer Prozesse nicht zwingend und direkt zum Konzept einer frühen Hirnreifungsstörung führen muss (Harrison, 1999). Eine weitere Frage ist zudem, ob apoptotische Prozesse obligat mit gliotischen Prozessen einhergehen (Weinberger und McClure, 2002).

Trotz der skizzierten vordergründigen Übereinstimmung hat es im gesamten 20. Jahrhundert aus der post-mortem-Forschung als auch aus der Pneumencephalographie und der cCT-Ära immer wieder folgende Einzelbeobachtungen gegeben: sowohl die Ausprägung der Erkrankung als auch die Krankheitsdauer zeigten immer wieder einen direkten Zusammenhang mit der Ausprägung der hirnstrukturellen Veränderungen. Darüberhinaus gibt es bekanntermaßen aus klinisch-epidemiologischer Sicht einen Anteil von Patienten die einen klinisch progredient schlechteren Verlauf mit immer häufigeren Krankheitsphasen aufweisen.

Auch diese Beobachtungen begründeten den mittlerweile wieder vermehrt in den Mittelpunkt gerückten Forschungsszweig der *Verlaufsuntersuchungen* von hirnstrukturellen Veränderungen bei schizophrenen Patienten.

Diese Verlaufsuntersuchungen sind unter dem Anspruch wissenschaftlicher, d.h. standardisierter Messbedingungen eine äußerst schwierige Aufgabe. Die zeitgleiche Untersuchung von 1. einer umfangreichen Stichprobe sehr heterogener Individuen mit 2. einer identischen Messmethode unter Berücksichtigung deren Fehlervarianz zum 3. identischen Untersuchungszeitpunkt im Vergleich zu einem 4. gematchten gesunden Kontrollkollektiv ist eine große Herausforderung.

Aus der cCT-Ära liegen derzeit nach Kenntnis der Autoren 7 in-vivo-Studien zur Verlaufsbeobachtung vor. Alle Studien beinhalten aufgrund der beschriebenen methodischen Schwierigkeiten lediglich einen Ausgangsuntersuchungszeitpunkt mit einem Follow-up-Zeitpunkt. Dieser beträgt im Mittel zwischen 2 und 8 Jahren, zudem ist eine erhebliche Varianz innerhalb der individuellen Untersuchungszeitpunkte in den einzelnen Studien zu verzeichnen.

Der limitierte Fokus der untersuchten Veränderungen lag mit der verwendeten cCT-Methode auf der Messung des Ventikelsystems. Unter Berücksichtigung dieser methodischen Einschränkungen kamen drei Studien, durchgeführt an schizophrenen Patienten und einem Subkollektiv chronischer Patienten mit ausgeprägter Negativsymptomatik zu dem Ergebnis der signifikanten Erweiterungen des Ventrikelsystem (Woods et al, 1990; Kemali et al, 1989; Davis et al, 1998). Die restlichen vier Studien, durchgeführt an verschiedenen Kollektiven chronischer Patenten und schizophrener Erstmanifestationen kamen zu einem negativen Ergebnis (Nashrallah et al, 1996; Illowsky et al, 1988; Vita et al, 1988; Sponheim et al, 1991).

Diese heterogene Datenlage hat es, auch angesichts Strahlenbelastung der cCT konsequent erscheinen lassen, diese Frage mit Bildgebungsmethoden höherer Qualität zu untersuchen, die für Patienten und Probanden nicht belastend waren. In den neunziger Jahren des 20. Jahrhunderts wurde dieser Forschungszweig daher mit der zerebralen MRT fortgesetzt. Die hier bisher durchgeführten Studien zeichnen hinsichtlich der Ergebnislage ein etwas anderes Bild denn 4 von bisher 5 zentralen Studien zu dieser Fragestellung zeigten eine Zunahme der Volumenreduktion verschiedener Hirnstrukturen. Bei zwei Studien wurden ersthospitalisierte Patienten untersucht. In einer dieser Studien zeigte sich bei 4 Untersuchungszeitpunkten über ein 5-Jahres-Follow-up-Design (DeLisi et al, 1997) eine Reduktion des Gesamthirnvolumens wobei diese Studie methodische Fragen hinsichtlich der großen Varianz der mittleren Untersuchungszeitpunkte aufwirft. In der anderen Studie an Ersthospitalisierten zeigte sich eine Reduktion der Frontallappen im Rahmen einer 2,5 Jahre dauernden Zweipunktuntersuchung (Gur et al, 1998).

Eine weitere Studie an chronisch schizophrenen Patienten zeigte eine Zweipunkt-untersuchung von einer dreijährigen Zeitspanne eine progressive Reduktion des rechten Frontallappens und der superioren Gyri temporalis beidseits (Mathalon et al, 2001). Schließlich ergab sich bei juvenilen schizophrenen Patienten nach zwei Jahren eine signifikante Zunahme der Volumenreduktion der Frontal- und Patietal-lappen (Rappaport et al, 1997; 1999). Eine letzte und 5. Studie zeigte schließlich nach zwei Jahren eine Zunahme der Ventrikelerweiterung bei einer Subpopulation von untersuchten Patienten (Nair et al, 1997).

Grundlage für Verlaufsbeobachtungen von hirnstrukturellen Parametern an der psychiatrischen Klinik der LMU ist die aktuelle Münchener Hirndatenbank. Bei psychiatrischen Patienten werden mit einem standardisierten Protokoll struk-turelle MRT-Daten erhoben und anschließend mit einem international anerkann-ten Segmentierungsverfahren ausgewertet (Andreasen et al, 1992; 1993) Bereits aus unseren vorliegenden Querschnittsuntersuchungen kann hinsichtlich der Frage der Zunahme von Volumenveränderungen des ZNS bei schizophrenen Patienten im Langzeitverlauf ein bisher, wenn auch noch indirekter Beitrag gegeben werden der zum einen aufschlussreich ist, und zum anderen ältere positive Befunde be-stätigt.

Anhand von ausgewerteten MRT-Datensätzen von 144 gesunden Probanden, 100 schizophrenen und 106 depressiven Patienten im Alter zwischen 17 und 65 Jahren zeigte zum ersten hinsichtlich des Zusammenhanges von Alter und Gesamt-hirnvolumen ein signifikanter Zusammenhang für die jeweilige Patienten- und Probandengruppe, die sich jedoch nicht voneinander unterschieden. Die genauere Betrachtung der grauen Substanz jedoch, wie unsere ersten Auswertungen zeigen, zeichnen jedoch ein anderes Bild. Für die schizophrenen Patienten zeigte sich eine signifikant vermehrte Volumenabnahme der grauen Substanz, ein Befund der auf-grund der erheblichen Stichprobe große Relevanz hat und gerade eingehend ge-prüft wird.

Zweitens zeigte unsere Stichprobe schizophrener Patienten, zwar im Vergleich zum gesunden Kontrollkollektiv keine Veränderungen hinsichtlich der Hirnlappen, des Gesamthirnvolumens und der grauen und weißen Substanz. Die Liquorvolu-mina waren jedoch signifikant erweitert, mit 30,7 und 32,1% am ausgeprägtesten die CSF-Räume der Temporallappen, gefolgt vom 3. Ventrikel mit 22,4% und dem Gesamtliquor mit 13,8% im Vergleich zum gesunden Kontrollkollektiv.

Interessanterweise zeigte sich darüberhinaus eine signifikant vermehrte Erwei-terung der Liquorräume bei schizophrenen mehrfachhospitalisierten Patienten (N = 34) im Vergleich zu den ersthospitalisierten Patienten (N = 66). Bei den mehr-fachhospitalisierten Patienten zeigte sich die maximale Reduktion der CSF-Räume erneut mit 101% und 114% in den rechten und linken Temporallappen, gefolgt von den CSF-Räumen der Frontallappen, der Seitenventrikeln und der Parietal- und Okzipitallapen sowie dem 3. Ventrikel.

Für die sich anschließende Frage, inwieweit die Erkrankungsdauer mit den hirnstrukturellen Daten korreliert wurden jeweils die schizophrenen und depressiven Patientenkollektive untersucht.

Es zeigte sich, dass bei den depressiven Kollektiv von 106 Patienten kein Zusammenhang zwischen Hirnparametern und Erkrankungsdauer vorlag. Im Gegensatz dazu zeigten die schizophrenen Patienten hochsignifikante Korrelationen für alle CSF-Parameter: je länger die Patienten erkrankt waren, desto weiter waren die Liquorräume.

Natürlich lassen solche Querschnittsuntersuchungen nur indirekte Aussagen hinsichtlich von Verlaufsparametern zu und können Langzeitbeobachtungen sowie -messungen nicht ersetzen. Nichtsdestotrotz sind die Beobachtungen von 1. erweiterten Liquorräumen und 2. dem Zusammenhang von Erkrankungsdauer und hirnstrukturellen Veränderungen bereits von Huber in seiner Monographie zu pneumencephalographischen Befunden bei schizophrenen Patienten eindrücklich dargelegt und bilden einen Mosaikstein für die Hypothese, dass ein degenerativer Prozess vorhanden sein könnte. Huber schreibt:

„Tatsächlich zeigt unsere Zusammenstellung, daß pathologische encephalographische Veränderungen von den kürzeren zu den längeren schizophrenen Krankheitsverläufen hin nach Häufigkeit und Ausmaß zunehmen und dass es im Verlauf der Schizophrenie zu pneumencephalographisch faßbaren atrophischen Veränderungen im Bereich der inneren und auch im Bereich der äußeren Liquorräume kommt, die über die physiologische Alterszunahme der Liquorraumgröße und -form deutlich hinaus gehen." (Huber, 1957)

Tabelle 2. *Encephalogramm und Verlaufsdauer der Schizophrenie*

Verlaufs-dauer (Jahre)	Zahl der Fälle	Seitenventrikel-Index ab und über 4,7 %	ab und über 4,5 %	über 4,0 %	unter 4,0 bis 3,5 %	3,5 bis 3,0 %	Abstumpfung der Umschlagstellen leicht %	mäßig %	stark %	Erweiterung der basalen Teile leicht %	mäßig %	stark %	Seitendiff. zugunsten rechts mäßiggradig %	hochgradig %	zugunsten links mäßiggradig %	hochgradig %	3. Ventr. normal (unter 8 mm) %	leichte Erw. (8–13 mm) %	mäßige bis hochgrad. Erw. (13–14 mm) %	Hirnoberfläche leichte Vergröß. %	mäßige Vergröß. %	starke Vergröß. %	Basiszisternen leichte Erw. %	stärkere Erw. %
0– 1	72	15,3	33,3	83,3	16,7	—	43,3	6,7	—	61,7	18,3	—	27,8	—	23,6	1,4	19,8	38,0	42,2	31,4	4,3	—	34,7	8,3
1– 3	42	14,3	30,9	85,7	14,3	—	44,4	16,7	2,8	41,7	27,8	2,8	14,3	2,4	19,0	4,8	14,6	29,3	56,1	36,5	4,9	—	45,2	4,8
3– 5	25	16,0	24,0	76,0	16,0	8,0	63,1	21,0	—	42,1	31,6	—	16,0	—	24,0	4,0	12,0	24,0	64,0	30,4	8,7	—	36,0	8,0
5–10	30	—	6,7	50,0	43,3	6,7	26,7	40,0	6,7	33,3	40,0	—	16,7	—	30,0	6,7	—	30,0	70,0	50,0	6,7	—	36,7	13,3
10–20 u. mehr	33	15,1	18,2	51,5	42,4	6,1	35,3	11,8	11,8	52,9	29,4	5,9	15,1	6,1	21,2	15,1	6,1	36,4	57,6	22,6	41,9	—	36,4	3,0

Es ist selbstverständlich, dass unsere Daten auch hinsichtlich ihrer psychopathologischen Subgruppen akkurat geprüft werden müssen und Einflussfaktoren – wie medikamentöse Therapie – mitberücksichtigt werden sollen.

Wenn also auch noch spekulativ, könnten die Arbeitshypothesen hinsichtlich der dargestellten wie auch unserer eigenen Beobachtungen lauten, dass 1. die erweiterten Liquorräume einen Risikofaktor für einen längeren und möglicherweise schwerwiegenderen klinischen Verlauf darstellten (wobei der Verlauf der Erstmanifestationen natürlich nicht feststeht). Dies könnte bei einer eingeschränkten Subgruppen von Patienten die Überlegung einer Hirnentwicklungstörung stützen, Alternativ und damit 2. könnten diese Querschnittsbefunde ein indirekter Hinweis für einen neurodegenerativen Prozess darstellen, dessen Beweis in situ noch aussteht.

Zusammenfassend zeichnet die aktuelle Datenlage hinsichtlich der Ausgangsfragestellung der hirnstrukturellen Veränderungen als weiterhin heterogenes jedoch durchaus nicht entmutigendes Bild im Hinblick auf die Hypothese progressiver Hirnveränderungen bei schizophrenen Patienten. Im Ausblick ergibt sich neben weiteren ausstehenden und methodisch immer besseren Replikationsstudien hinsichtlich der positiven Longitudinalbefunde an Forschungsaufgaben die Klärung der Frage nach der eigentlichen grundlegenden Bedeutung dieser beobachteten Volumenreduktionen.

Literatur

Andreasen NC, Cizadlo T, Harris G, Swayze V, O'Leary DS, Cohen G, Ehrhardt J, Yuh WT (1993) Voxel processing techniques for the antemortem study of neuroanatomy and neuropathology using magnetic resonance imaging. J Neuropsychiatry Clin Neurosci 5: 121–130

Andreasen NC, Cohen G, Harris G, Cizadlo T, Parkkinen J, Rezai K, Swayze VW (1992) Image processing for the study of brain structure and function: problems and programs. J Neuropsychiatry Clin Neurosci 4: 125–133

Davis KL, Buchsbaum MS, Shihabuddin L, Spiegel-Cohen J, Metzger M, Frecska E, Keefe RS, Powchik P (1998) Ventricular enlargement in poor-outcome schizophrenia. Biol Psychiatry 43 (11): 783–793

Gur RE, Cowell P, Turetsky BI (1998) A follow-up magnetic resonance imaging study of schizophrenia. Arch Gen Psych 55: 145–152

Gur RE, Cowell P, Turetsky BI, Gallacher F, Cannon T, Bilker W, Gur RC (1998) A follow-up magnetic resonance imaging study of schizophrenia. Relationship of neuroanatomical changes to clinical and neurobehavioral measures. Arch Gen Psychiatry 55 (2): 145–152

Harrison PJ (1999) The neuropathology of schizophrenia. A critical review of the data and their interpretation. Brain 122 (4): 593–624

Huber G (1957) Pneumenzephalographische und psychopathologische Bilder bei endogenen Psychosen. Springer, S 27

Illowsky BP, Juliano DM, Bigelow LB, Weinberger DR (1988) Stability of CT scan findings in schizophrenia: results of an 8-year follow-up study. J Neurol Neurosurg Psychiatry 51 (2): 209–213

Kemali D, Maj M, Galderisi S, Milici N, Salvati A (1989) Ventricle-to-brain ratio in schizophrenia: a controlled follow-up study. Biol Psychiatry Nov 26 (7): 756–759

Rapoport JL, Giedd J, Kumra S, Jacobsen L, Smith A, Lee P, Nelson J, Hamburger S (1997) Childhood-onset schizophrenia. Progressive ventricular change during adolescence. Arch Gen Psychiatry 54 (10): 897–903

Rappaport JL, Giedd JN, Blumenthal J, Hamburger S, Jeffries N, Fernandez T, Nicolson R, Bedwell J, Lenane M, Zijdenbos A, Paus T, Evans A (1999) Progressive cortical change during adolescence in childhood-onset schizophrenia. A longitudinal magnetic resonance imaging study. Arch Gen Psychiatry 56 (7): 649–654

Sponheim SR, Iacono WG, Beiser M (1991) Stability of ventricular size after the onset of psychosis in schizophrenia. Psychiatry Res 40 (1): 21–29

Vita A, Sacchetti E, Valvassori G, Cazzullo CL (1988) Brain morphology in schizophrenia: a 2- to 5-year CT scan follow-up study. Acta Psychiatr Scand 78 (5): 618–621

Weinberger DR, McClure RK (2002) Neurotoxicity, neuroplasticity and MRI-morphometry. What is happening in the schizophrenic brain? Arch Gen Psychiatry 59: 553–558

Woods BT, Yurgelun-Todd D, Benes FM, Frankenburg FR, Pope HG Jr, McSparren J (1990) Progressive ventricular enlargement in schizophrenia: comparison to bipolar affective disorder and correlation with clinical course. Biol Psychiatry 27 (3): 341–352

Neurobiologie des Langzeitverlaufs
schizophrener Psychosen

P. Falkai und T. Wobrock

Einleitung

Untersuchungen an eineiigen Zwillingen konkordant für das Krankheitsbild Schizophrenie konnten belegen, dass der Verlauf einer schizophrenen Psychose nicht so stark genetischen Einflüssen unterliegt, wie das für den Ausbruch postuliert werden kann. Um die Neurobiologie des Verlaufs besser zu verstehen, soll im folgenden ein pathologisches Modell zum Ausbruch der Schizophrenie entwickelt werden. Nach unserem heutigen Kenntnisstand ist die Schizophrenie eine Erkrankung des Gehirns (siehe Abb. 1), auf welches Risikofaktoren zu verschiedenen Zeitpunkten der Entwicklung Einfluss nehmen. Aufgrund der ca. zu 50% genetisch mitbedingten Vulnerabilität ist davon auszugehen, dass für die Hirnentwicklung verantwortliche Gene wahrscheinlich einen Teil der Basisvulnerabilität ausmachen. Dies drückt sich morphologisch unter anderem in subtilen Veränderungen des neuronalen Netzwerkes aus (z.B. Falkai et al, 2000). Eine Schädigung dieses Netzwerkes erfolgt vermutlich als erstes im Rahmen von Schwangerschafts- und Geburtskomplikationen. Von diesen ist bekannt, dass sie das Risiko, an einer Schizophrenie zu erkranken, um ca. 1–2% erhöhen. In der Kindheit bestehen weitere Faktoren, welche die Vulnerabilität für eine psychotische Störung steigern. So wissen wir z.B., dass der Verlust eines Elternteils vor dem 7. Lebensjahr, körperliche Misshandlung oder sexueller Missbrauch das Risiko für eine spätere psychische Störung erhöhen. Betrachtet man schließlich das Alter des höchsten Risikos, d.h. zwischen dem 20. und 30. Lebensjahr, so scheinen soziale Stressoren das Risiko zum Ausbruch der Erkrankung nochmals ungünstig zu beeinflussen. Sehr eindrücklich zeigen dies Untersuchungen an Rekruten der israelischen Armee (Reichenberg et al, 2000). Diese wurden zum Zeitpunkt der Musterung in bezug auf verschiedene Entwicklungsmarker, darunter auch ihre Fähigkeit, Freundschaften zu knüpfen, befragt. Als prädiktiver Marker, später eine Schizophrenie zu entwickeln, erwies sich, ob die Rekruten bis zum 22. Lebensjahr Geschlechtsverkehr hatten oder nicht. Im übertragenen Sinne ist dieses gleichzusetzen mit der

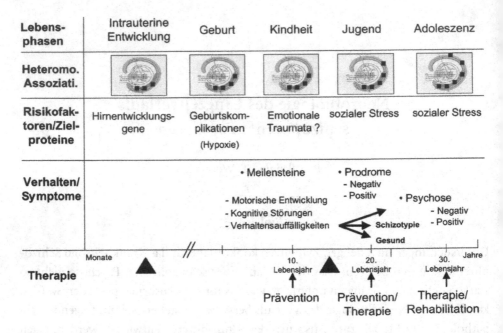

Abb. 1. Ätiopathogenese schizophrener Psychosen

Fähigkeit, die zugeschriebenen Rollen, die zwischen dem 20. und 30. Lebensjahr auf Menschen zukommen, zu übernehmen und erfolgreich auszufüllen. Diese Rolle kann zum einen die Übernahme einer beruflichen Tätigkeit, zum anderen die Bindung an einen anderen Menschen, z.B. in Form eines eheähnlichen Bündnisses, sein. Ähnliche Ergebnisse zeigen Untersuchungen aus England. Dort fand sich, dass Personen, die aus afrokaribischen Ländern nach England ausgewandert waren, ein achtfach höheres Risiko aufwiesen, an einer Schizophrenie zu erkranken, wie es in ihrer Heimat oder vergleichsweise für die englische Population besteht (Dean et al, 1976; Bhugra, 2001). Dieses Risiko war vermutlich deswegen besonders hoch, weil diese Emigranten in Wohngegenden lebten, in denen überwiegend Personen mit heller Hautfarbe ihre Häuser oder Wohnungen hatten. Daraus ist abzuleiten, dass als vermutlich hauptsächlicher risikoerhöhender Faktor der angestiegene, stark ausgeprägte soziale Stress in einem solchen fremden Umfeld fungiert, wenn der Zwang besteht, eine soziale Rollen zu übernehmen, für die weder eine genetische Ausstattung noch eine primäre Erziehung vorliegt. Bemerkenswert ist nun, dass die Übernahme sozialer Rollen natürlicherweise die Fähigkeit zur sozialen Interaktion voraussetzt. Für eine erfolgreiche soziale Interaktion ist es erforderlich, die Perspektiven zu wechseln, d.h. zu antizipieren, was andere Menschen über die eigene Person denken und fühlen. Untersuchungen mit der funktionellen Kernspintomographie konnten überzeugend nachweisen, dass Patienten mit einer Schizophrenie genau in diesen Arealen, die notwendig sind, um soziale Kommunikation zu betreiben, eine Fehlaktivierung aufweisen (z.B. Vogeley et al, 2001). Diese Regionen gehören zu einem größeren Netzwerk, welches im engeren Sinne die sogenannten heteromodalen Assoziationscortices – schwerpunktmäßig frontale, temporale und parietale Hirnregionen – umfasst. Somit ist es nach dem jetzigen Stand der Diskussion naheliegend, dass eine schrittweise Überbelastung dieses Netzwerkes schließlich zu seiner Dekompensation und zur Generierung von psychotischen Inhalten führt. Es stellt sich die Frage, inwiefern alle Personen mit einem deutlich erhöhten genetischen Risiko Gefahr laufen, eine schizophrene Psychose im Rahmen der geschilderten Pathogenese zu entwickeln. Hochrisikostudien (z.B. Erlenmeyer-Kimeling, 2001) konnten nachweisen, dass zwar das theoretische Risiko selbst an einer schizophrenen Psychose zu erkranken ca. 50% beträgt, wenn beide Elternteile an einer Schizophrenie erkrankt sind, de facto aber nur etwa 10% dieser Hochrisikokinder wirklich das Vollbild der Störung entwickeln. Dies ist um so bemerkenswerter, als ein großer Teil dieser Hochrisikopopulation gestörte Entwicklungsmeilensteine aufweisen, d.h., später laufen lernen, später sprechen und eine erhöhte Ängstlichkeit gegenüber gleichaltrigen Kindern haben (Jones et al, 1998). Dennoch entwickeln diese Kinder mit Entwicklungsauffälligkeiten und ggf. erhöhter genetischer Vulnerabilität nur teilweise das Vollbild der Schizophrenie. Somit ist die basale Vulnerabilität zwar ein wichtiger Schritt in der Pathogenese der Schizophrenie, es erscheint aber unabhängig von diesem ersten Schritt der Vulnerabilität ein zweiter Schritt notwendig, der seprarat hier eine Läsion setzt („Two-Hit-Hypothesis", Bayer et al, 1999). Alternativ dazu kann man postulieren, dass die primäre Vulnerabilität durch spezifische Umweltfaktoren aktiviert wird, so dass es schließlich im frühen Erwachsenenalter zum Ausbruch der Erkrankung kommt. Obwohl ein solches pathophysiologisches Konzept für sich genommen einen interessanten heuristischen Wert darstellt, wird es im Einzelfall nicht gelingen, die genaue Pathophysiologie im Detail aufzuklären. Angesichts einer Fülle von Faktoren, die auf das Gehirn ätiologisch Einfluss nehmen, und der komplexen Interaktion von genetischen und nicht genetischen Faktoren, besteht zur Zeit noch ein unüberschaubar hohes Maß an Heterogenität. Diese Heterogenität verbleibt nach Ausbruch der Erkrankung und soll im nächsten Abschnitt diskutiert werden.

Heterogenität des Langzeitverlaufs und ein Versuch der Klassifikation nach Behandlungsstrategien

Auch wenn die Literatur über Langzeitverläufe schizophrener Psychosen sehr heterogen ist, so kann man die Verläufe grob in drei Gruppen (siehe Abb. 2) einteilen.

Die erste Gruppe umfasst ca. 20% aller Betroffenen, die nur *eine* psychotische Episode erleiden und aus dieser mit mehr oder weniger geringer Restsymptomatik hervorgehen. Solche Patienten benötigen in der Regel nur während der Episode eine akute neuroleptische Behandlung, so dass eine Langzeittherapie nicht notwendig ist und in der Regel auch nicht durchgeführt wird. Betrachtet man die neurobiologischen Grundlagen, so scheint das diejenige Subgruppe von schizophrenen Patienten zu sein, welche die geringsten bleibenden kognitiven Defizite hat und wahrscheinlich im Sinne einer erhöhten Vulnerabilität linksfrontale und temporale Defizite aufweist. Bleibende Negativsymptome sind nicht zu verzeichnen.

Die zweite Gruppe umfasst ca. die Hälfte der Betroffenen. Diese Patienten zeigen nach der Erstmanifestation noch eine Reihe von Rezidiven. Im Anschluss an jedes Rezidiv verbleibt eine messbare und für die Betroffenen spürbare Negativsymptomatik, deren Basis u.a. ausgeprägte kognitive Störungen sind. Zu diesen kognitiven Störungen gehörten Defizite im Verbalgedächtnis, im Arbeitsgedächtnis, im Bereich der Aufmerksamkeit und der Exekutivfunktionen. Neurobiologisch gesehen weisen die Patienten wahrscheinlich Defekte in bilateralen frontalen und temporalen Hirnstrukturen auf. Die Prognose dieser Patienten ist in Relation zur nächstgenannten Patientengruppe gut, da die Negativsymptomatik stabil bleibt und langfristig gesehen sogar abnimmt. Diese Gruppe von Patienten profitiert von einer Behandlung mit atypischen Neuroleptika, da u.a. diese nach unserem Kenntnistand die Negativ-

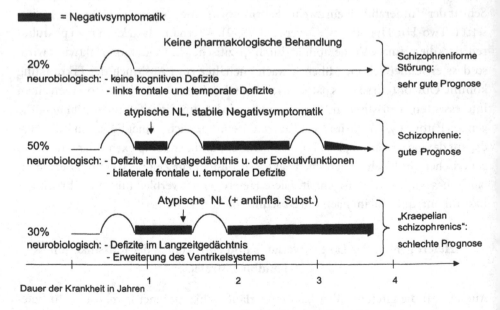

Abb. 2. Langzeitprognose und aktuelle Behandlungsstrategien

symptomatik und hier insbesondere die kognitiven Störungen nicht verstärken. Würde es gelingen, die verbleibende Negativsymptomatik noch besser therapeutisch anzugehen, so würde es die Prognose einer großen Gruppe von Betroffenen erheblich verbessern.

Die dritte Gruppe von Patienten ist sicherlich prognostisch als ungünstig anzusehen. Es handelt sich dabei um ca. ein Drittel aller Patienten, bei denen typischerweise mit jedem Rezidiv das Ausmaß an bleibender Negativsymptomatik zunimmt. In der Literatur werden diese Patienten auch unter dem Begriff „Kraepelian schizophrenics" oder „schizophrene Patienten mit einer sehr schlechten Prognose" bezeichnet. Im Bereich der kognitiven Defizite stechen deutliche Probleme im Bereich des Langzeitgedächtnisses hervor. Diese Patienten weisen neben den genannten Defizienzen so profunde kognitive Defizite auf, dass diese teilweise das Ausmaß eines dementiellen Prozesses erreichen. Neben den genannten neurobiologischen bilateralen Veränderungen im Bereich frontotemporaler Strukturen findet sich gehäuft eine Erweiterung des Ventrikelsystems. Diese Gruppe von Betroffenen wird aktuell wenig erfolgreich mit unterschiedlichen Therapiestrategien, darunter auch mit atypischen Neuroleptika, behandelt (siehe Abb. 2). Bei dieser Subgruppe lassen sich u.a. folgende Parameter ausmachen, die für eine Progression im Verlauf sprechen.

(1) Zunahme der Negativsymptomatik im Verlauf;
(2) Abnahme der Ansprechbarkeit auf die Behandlung im Verlauf („Abnahme der Therapieresponse");
(3) Zunahme hirnstruktureller (funktioneller) Veränderungen im Verlauf.

Der Punkt 2 dürfte unbestritten sein, wobei der 1. und 3. Punkt in der Literatur kontrovers diskutiert wird. Betrachtet man die Negativsymptomatik und hier insbesondere die kognitiven Störungen im Rahmen einer Erstmanifestation, so zeigen Nachuntersuchungen (z.B. Hoff et al, 1999; Albus et al, 2003) keine Zunahmen der Defizite. Teilweise wurde sogar eine Verbesserung gefunden, aber im Prinzip bleiben die Störungen im Verlauf stabil. Auch bei den hirnmorphologischen Veränderungen existieren eine Vielzahl von Follow-up-Studien, die sowohl im CT als auch im Kernspintomogramm keine Zunahme der Veränderungen im Verlauf nachweisen (DeLisi, 1998). Prospektive Untersuchungen zeigen, dass ca. ein Drittel der Betroffenen durchaus eine Erweiterung des Ventrikelsystems bzw. eine progrediente kortikale Atrophie aufweist (Lieberman et al, 2001). Hierbei handelt es sich um Patienten mit chronischer produktiv-psychotischer Symptomatik, die nur eine unzureichende Remission unter der Behandlung bieten. Im nächsten Abschnitt soll anhand einiger Daten auf die Frage von Hinweisen auf progressive Veränderungen im Verlauf anhand eigener Daten eingegangen werden.

Hirnstrukturelle Hinweise auf eine Progression neurobiologischer Veränderungen bei schizophrenen Patienten im Verlauf

1. Progression hirnstruktureller Veränderungen

Im Rahmen einer groß angelegten Untersuchung von mit Schizophrenie affizierten Familien, (Falkai et al, 2003) fand sich eine positive Korrelation zwischen der Reduktion des Frontallappenvolumens und der Krankheitsdauer (siehe Abb. 3). Dies bedeutet mit anderen Worten: Je länger Patienten erkrankt waren, desto kleiner war ihr Frontallappenvolumen. Bei solchen Korrelationen stellt sich selbstverständlich immer die Frage, ob das kleine Frontallappenvolumen die Ursache für den ungünstigen Verlauf ist, oder ob – wie hier angenommen – es die Konsequenz der jahrelangen Erkrankung darstellt. Die Schwierigkeit, die diese gefundene Korrelation hat, ist der zu berücksichtigende Alterseffekt. Rechnet man das Alter heraus, so verbleibt nur noch ein nicht signifikanter Trend in die gleiche Richtung. Dieser Befund unterstützt die Aussage einer Übersichtsarbeit, die eine bemerkenswerte Stabilität neurokognitiver Funktionen und neuroanatomischer Volumina im Langzeitverlauf bei chronisch schizophrenen Patienten unterhalb eines Alters von 50 Jahren konstatiert (Marenco und Weinberger, 2000). Die Konklusion aus den eige-

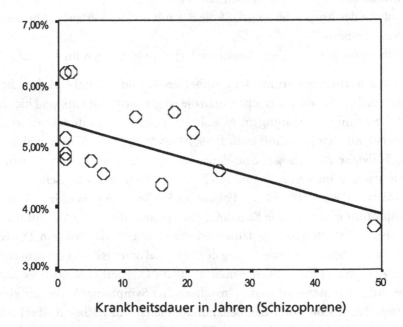

Krankheitsdauer in Jahren (Schizophrene)

Abb. 3. Linkes Frontallappenvolumen. Korrelation zur Krankheitsdauer. Pearson-Korrelation: r = –0,59, p = 0,034; partielle Alterskorrelation: r = 0,09 (n.s.)

nen Daten und den Angaben in der Literatur ist, dass zwar für eine Subgruppe von Patienten eine Progression mit bildgebenden Verfahren festgestellt werden kann, diese möglicherweise aber durch eine Reihe von Faktoren wie altersassoziierte Einflüsse verstärkt oder wesentlich mitbedingt wird.

2. Neuropathologische Hinweise auf eine Progression

Detaillierte Untersuchungen von Makroglia mit verschiedenen Methoden konnten keine signifikante Gliose bei schizophrenen Patienten in den Schlüsselregionen nachweisen (z.B. Falkai et al, 1999). Eine begleitende Astrogliose und Zellverluste sind aber Grundvoraussetzung, um das Vorhandensein eines progredienten hirnpathologischen Prozesses zu konstatieren (Harrison, 1999). Es gibt aber durchaus Phasen im Rahmen von degenerativen Prozessen, in denen es nicht zu einer Makroglia-Aktivierung, sondern aufgrund des langsamen Fortschreitens oder anderer noch nicht bekannter Faktoren nur zu einer Mikroglia-Aktivierung kommt (Duchen, 1984). Unter der Mikroglia, der sogenannten Hortega-Glia, versteht man Zellen der Immunabwehr des zentralen Nervensystems, die innerhalb kürzester Zeit bei den verschiedensten Läsionen aktiviert werden. In diesem Fall kommt es dann zum Einwandern dieses Zelltypes oder zu einer Aktivierung ortsständiger Mikroglia-Zellen, was anhand des histopathologischen Bildes leicht nachvollzogen werden kann. In einer ersten Untersuchung fanden wir (Bayer et al, 1999) eine umschriebene Aktivierung der Mikroglia mit Hilfe der HLA-DR-Immunhistochemie bei ca. einem Drittel der Patienten mit Schizophrenie. In einer Folgeuntersuchung fand sich (Stefan, pers. Mitt.) eine umschriebene Aktivierung der Mikroglia in frontotemporalen Strukturen. In einer sehr aufwendigen Quantifizierung der Mikroglia im präfrontalen Kortex konnte wiederum eine andere Arbeitsgruppe (Bogerts, pers. Mitt.) keine Aktivierung der Mikroglia bei schizophrenen Patienten im Vergleich zu Kontrollpersonen nachweisen. Angeregt durch unsere eigenen Untersuchungen wählten wir in einem aufwendigen Screeningprozess von 102 post-mortem-Gehirnen Schizophrener alle klinisch eindeutigen Fälle aus, die keine gravierenden neuropathologischen Veränderungen zeigten, die auf eine Blutung, ein Schädel-Hirn-Trauma, einen Tumor oder einen neurodegenerativen Prozess hinwiesen. Übrig blieben 29 Fälle, wozu wir 23 Kontrollpersonen vom Alter und Geschlecht her anpassten. Von den 29 Fällen mit Schizophrenie wiesen 6, also erneut ein Drittel, eine umschriebene Mikroglia-Aktivierung auf (siehe Abb. 4). Keiner der 23 Kontrollen zeigte eine signifikante qualitativ erkennbare Mikroglia-Aktivierung im Bereich des frontalen Kortex und des Hippocampus. Im Chi-Quadrat-Test ergab sich ein Chi-Quadrat-Wert von 5,85 bzw. ein p-Wert von 0,016 in dem Sinne, dass ca. ein Drittel der Patienten mit Schizophrenie gegenüber der Kontrollgruppe eine signifikante Mikroglia-Aktivierung aufwies. Auf der Suche nach klinisch-pathologischen Korrelationen wurden die Krankenge- schichten der sechs Personen retrospektiv im Detail ausgewertet. Bezugnehmend auf die dokumentierte Psychopathologie in den letzten sieben Tagen vor dem Tod wiesen zwei der sechs Personen eine beginnende psychotische Symptomatik auf, welche zur stationären Aufnahme führte, und vier waren in Remission begriffen, als sie verstar- ben. Bei diesen vier Personen überwogen weniger die produktiv-psychotischen Sym- ptome als vielmehr die Negativsymptomatik. Die ursprüngliche Hypothese, dass die Mikroglia-Aktivierung mit dem Ausmaß an produktiv-psychotischer Symptomatik korreliert, konnte hiermit nicht bestätigt werden. Interessanterweise wiesen fünf der sechs Fälle die Merkmale einer schizoaffektiven Psychose und nicht die einer chroni- schen Schizophrenie auf. Dies war um so bemerkenswerter, da in der Gruppe der schizophrenen Patienten ohne Mikroglia-Aktivierung bei weitem die Gruppe der chronischen Schizophrenien, d.h. ohne schizoaffektive Komponente, überwogen. Aus diesen pilotartigen Daten, falls sie repliziert werden, könnte man den Schluss ableiten, dass eine Mikroglia-Aktivierung Ausdruck eines Prozesses ist, welcher das Krankheitsbild Schizophrenie maßgeblich beeinflusst. Es ist nämlich aus klinischer Sicht bemerkenswert, welchen Remissionsgrad Patienten mit einer schizoaffektiven Psychose erreichen, obwohl sie über Wochen schwere psychotische Symptome auf-

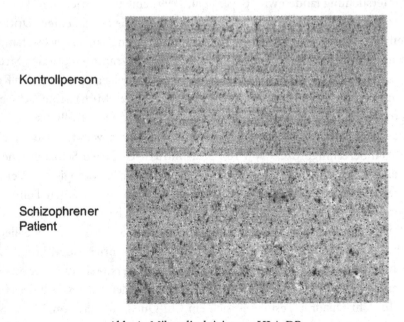

Kontrollperson

Schizophrener
Patient

Abb. 4. Mikrogliaaktivierung HLA-DR

weisen. Dies steht in krassem Gegensatz zu Patienten mit einer chronifizierten para-
noiden Schizophrenie, bei denen es häufig nur zu einer Teilremission und sogar zu
einer Verschlechterung im weiteren Verlauf kommt. Es erscheint unwahrscheinlich,
dass Behandlungsstrategien oder Umweltfaktoren einen so prägnanten Einfluss auf
den Verlauf haben. Wahrscheinlich werden endogene Faktoren, wie z.B. die synapti-
sche Plastizität oder neuroprotektive Mechanismen, eine entscheidende Rolle für den
Verlauf dieser schweren Erkrankung des zentralen Nervensystems spielen. Dieser
Aspekt soll im nächsten Abschnitt detaillierter angesprochen werden.

Kausale Therapieansätze für eine Subgruppe von Patienten mit einer schizophrenen Psychose

Fügt man die Evidenz der verschiedenen Studien zusammen, so lässt sich mit der
gebotenen Vorsicht aufgrund der vorhandenen Datenlage postulieren, dass es eine
Subgruppe von Patienten mit einer schizophrenen Psychose gibt, die im Verlauf eine
progrediente Verschlechterung des Krankheitsbildes erfahren. Die Aufgabe der Zukunft wird es sein, in einem prospektiven Design bei ersterkrankten Patienten solche
Personen zu identifizieren, die zu dieser Subgruppe gehören. Erste Daten legen
nämlich nahe, dass ca. bei einem Drittel von Ersterkrankten das Krankheitsbild
Schizophrenie möglicherweise durch einen Virusinfekt mitbedingt sein kann
(Karlsson et al, 2001). Weiterhin gibt es erste Hinweise in der Literatur, wonach
solche Personen mit einem wahrscheinlich viral mitbedingten Krankheitsbild ein
vermehrtes Maß an hirnmorphologischen Veränderungen und deutlichere kognitive
Defizite aufweisen. Somit besteht zur Zeit die nicht unbegründete Hoffnung, dass
nach Identifikation dieser Subgruppe solche Patienten gezielt mit virostatischen oder
antiinflammatorischen Substanzen behandelt werden können. Kürzlich konnte beeindruckend nachgewiesen werden, dass Patienten mit einer schizophrenen Psychose, wenn sie als „add-on-Therapie" ein modernes Antiphlogistikum erhielten, weniger Positiv- aber auch weniger Negativsymptome im Verlauf entwickelten als die
Kontrollgruppe ohne antiphlogistische Behandlung (siehe Müller N, in diesem
Band). Darüber hinaus wird es wichtig sein, wie im letzten Abschnitt angedeutet,
Schutzmechanismen des zentralen Nervensystems, wie insbesondere die neuronale
Plastizität und die Neuroprotektion besser zu verstehen. Aufgrund der besseren
Kenntnisse dieser Prozesse könnten Strategien entwickelt werden, um die zur Verfügung stehenden Schutzmechanismen des Gehirns bzw. des Individuums zu stärken
und so zumindest den Verlauf der Schizophrenien positiv zu verändern. Gelänge es,
nach Ausbruch der Erkrankung weitere Rezidive zu verhindern oder nur den weiteren Verlauf günstig zu beeinflussen, so dass z.B. weniger Negativsymptome entstehen

würde, könnte ein wesentlicher Schritt zur besseren Behandelbarkeit dieses schweren neuropsychiatrischen Krankheitsbildes gelingen. Erste Ansätze hierzu könnten wahrscheinlich mit Hilfe des Erythropoetins umgesetzt werden (Siren und Ehrenreich, 2001). Wie diese Arbeitsgruppe bei Patienten nach einem akuten Schlaganfall nachweisen konnte, wirkt Erythropoetin nicht nur unspezifisch auf die Neubildung von Erythrozyten, sondern scheint insofern einen neuroprotektiven Effekt zu haben, dass sich sowohl die Größe der Infarktzonen vermindert darstellt, als auch die verbleibenden motorischen und kognitiven Defizite unter der Gabe von Erythropoetin im Vergleich zu Placebo deutlich geringer ausfallen (Ehrenreich et al, 2002). Erythropoetin wirkt antiapoptotisch, antioxidativ sowie neurotroph und hat einen positiven Effekt auf die Angiogenese. Damit handelt es sich bei Erythropoetin um eine Substanz, die neben einigen anderen für die Regenerationsfähigkeit des Gehirns verantwortlich zeigen kann. In einer kontrollierten Studie wird deshalb in absehbarer Zeit untersucht, ob die Gabe von Erythropoetin einen signifikanten Einfluss auf kognitive Defizite bei chronisch-schizophrenen Patienten hat.

Ausblick

Langzeitprognose und zukünftige Behandlungsstrategie

Betrachtet man Behandlungsstrategien, wie sie zur Zeit angewandt werden (siehe Abb. 2), so sind aufgrund der getroffenen Überlegungen folgende Zukunftsperspektiven aufzuzeigen (siehe Abb. 5):

Für die erste Gruppe von Patienten, die nur einmalig eine schizophrene Episode durchleben, werden wir in absehbarer Zeit bezüglich der Langzeittherapie keine neuen Strategien brauchen. Was die zweite Gruppe betrifft, die einen rezidivierenden Verlauf mit stabiler Negativsymptomatik aufweist, erscheint es sicherlich sinnvoll, die Mechanismen der neuronalen Plastizität und Neuroprotektion zu stärken, um auf der einen Seite Rezidive zu verhindern und auf der anderen Seite die Prognose in bezug auf die Ausbildung einer Negativsymptomatik zu verbessern. Sollte es tatsächlich gelingen, die Rezidivhäufigkeit durch die Stärkung dieser neuroprotektiven Mechanismen zu reduzieren bzw. die ausgebildete Negativsymptomatik zu mildern, wäre die Prognose dieses Krankheitsbildes erheblich verbessert. Bei der Subgruppe mit der ungünstigsten Prognose und chronischem Verlauf müsste zunächst geklärt werden, inwiefern und in welchem Ausmaß ein degenerativer Prozess vorliegt. Ist dieses geklärt und besteht ein Zusammenhang mit viralen oder niedriggradig inflammatorischen Prozessen, so könnte es für diese Gruppe eine kausale Behandlung geben, wodurch es zu einer Verlangsamung oder besser noch

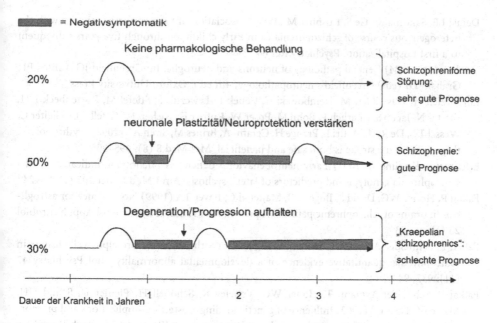

Abb. 5. Langzeitprognose und zukünftige Behandlungsstrategien

einer Beendigung des degenerativen Prozesses kommen könnte. Solche Überlegungen sollen insbesondere auch bezüglich der zweiten Gruppe weg von einer rein symptomatischen Therapie hin zu kausaleren Therapieprinzipien führen. Ob hierdurch wirklich die Ursachen der Störung beseitigt werden können, bleibt anzuzweifeln. Es ist aber davon auszugehen, dass bei der Modifikation der genannten Mechanismen nicht nur die Effekte auf die Transmittersysteme, sondern basalere Mechanismen beeinflusst werden können.

Literatur

Albus M, Hubmann W, Scherer J, Dreikorn B, Hecht S, Sobizack N, Mohr F (2002) A prospective 2-year follow-up study of neurocognitive functioning in patients with first-episode schizophrenia. Eur Arch Psychiatry Clin Neurosci 252 (6): 262–267

Bayer TA, Buslei R, Havas L, Falkai P (1999) Evidence for activation of microglia in patients with psychiatric illnesses. Neurosci Lett 271 (2): 126–128

Bayer TA, Falkai P, Maier W (1999) Genetic and non-genetic vulnerability factors in schizophrenia: the basis of the „Two Hit Hypothesis". J Psychiatr Res 33 (6): 543–548

Bhugra D, Bhui, K (2001) African-Caribbeans and schizophrenia: contributing factors. Adv Psychiatric Treat 7: 283–293

Dean G, Walsh D, Downing H, Shelley E (1981) First admissions of native-born and immigrants to psychiatric hospitals in South-East England 1976. Br J Psychiatry 139: 506–512

DeLisi LE, Sakuma M, Ge S, Kushner M (1998) Association of brain structural change with the heterogeneous course of schizophrenia from early childhood through five years subsequent to a first hospitalization. Psychiatry Res 84 (2–3): 75–88

Duchen LW (1984) General pathology of neurons and neuroglia. In: Greenfield JG, Lantos PL, Graham DI (eds) Greenfield's neuropathology, 4th edn. Oxford University Press

Ehrenreich H, Hasselblatt M, Dembowski C, Cepek L, Lewczuk P, Stiefel M, Rustenbeck HH, Breiter N, Jacob S, Knerlich F, Bohn M, Poser W, Ruther E, Kochen M, Gefeller O, Gleiter C, Wessel TC, De Ryck M, Itri L, Prange H, Cerami A, Brines M, Siren AL (2002) Erythropoietin therapy for acute stroke is both safe and beneficial. Mol Med 8 (8): 495–505

Erlenmeyer-Kimling L (2001) Early neurobehavioral deficits as phenotypic indicators of the schizophrenia genotype and predictors of later psychosis. Am J Med Genet 105 (1): 23–24

Falkai P, Honer WG, David S, Bogerts B, Majtenyi C, Bayer TA (1999) No evidence for astrogliosis in brains of schizophrenic patients. A post-mortem study. Neuropathol Appl Neurobiol 25 (1): 48–53

Falkai P, Schneider-Axmann T, Honer WG (2000) Entorhinal cortex pre-alpha cell clusters in schizophrenia: quantitative evidence of a developmental abnormality. Biol Psychiatry 47 (11): 937–943

Falkai P, Schneider-Axmann T, Honer WG, Vogeley K, Schönell H, Pfeiffer U, Schild HH, Maier W, Tepest R (2003) Influence of genetic loading, obstetric complications and premorbid adjustment on brain morphology in schizophrenia: a MRI study. Eur Arch Psychiatry Clin Neurosci (forthcoming)

Harrison P (1999) The neuropathology of schizophrenia. A critical review of the data and their interpretation. Brain 122: 593–624

Hoff AL, Sakuma M, Wieneke M, Horon R, Kushner M, DeLisi LE (1999) Longitudinal neuropsychological follow-up study of patients with first-episode schizophrenia. Am J Psychiatry 156 (9): 1336–1341

Jones PB, Rantakallio P, Hartikainen AL, Isohanni M, Sipila P (1998) Schizophrenia as a long-term outcome of pregnancy, delivery, and perinatal complications: a 28-year follow-up of the 1966 north Finland general population birth cohort. Am J Psychiatry 155 (3): 355–364

Karlsson H, Bachmann S, Schroder J, McArthur J, Torrey EF, Yolken RH (2001) Retroviral RNA identified in the cerebrospinal fluids and brains of individuals with schizophrenia. Proc Natl Acad Sci USA 98 (8): 4634–4639

Lieberman JA, Perkins D, Belger A, Chakos M, Jarskog F, Boteva K, Gilmore J (2001) The early stages of schizophrenia: speculations on pathogenesis, pathophysiology, and therapeutic approaches. Biol Psychiatry 50 (11): 884–897 (Review)

Marenco S, Weinberger DR (2000) The neurodevelopmental hypothesis of schizophrenia: following a trail of evidence from cradle to grave. Dev Psychopathol 12 (3): 501–527 (Review)

Reichenberg A, Rabinowitz J, Weiser M, Mark M, Kaplan Z, Davidson M (2000) Premorbid functioning in a national population of male twins discordant for Psychoses. Am J Psychiatry 157 (9): 1514–1516

Siren AL, Ehrenreich H (2001) Erythropoietin – a novel concept for neuroprotection. Eur Arch Psychiatry Clin Neurosci 251 (4): 179–184 (Review)

Vogeley K, Bussfeld P, Newen A, Herrmann S, Happe F, Falkai P, Maier W, Shah NJ, Fink GR, Zilles K (2001) Mind reading: neural mechanisms of theory of mind and self-perspective. Neuroimage 14 (1): 170–181

Neue Verfahren zur Analyse von Hirnstruktur mittels Deformationsbasierter Morphometrie

C. Gaser

Hätte D'Arcy Thompson nur einen Computer gehabt...

Der Mathematiker D'Arcy Wenthworth Thompson ist nicht nur bekannt geworden für die Tatsache, dass er für den rekordträchtigen Zeitraum von 64 Jahren einen Lehrstuhl in St. Andrews und Dundee besetzte, er hat vielmehr die Wurzeln für eine neue Fachrichtung gelegt, die sogenannte Bio-Mathematik. Obwohl er über 300 wissenschaftliche Beiträge und Bücher veröffentlichte, wird sein Name vor allem mit einer Arbeit aus dem Jahre 1917 in Verbindung gebracht: seiner Abhandlung „On Growth and Form" (Thompson, 1917). Im letzten Kapitel dieses Buches stellte er eine Theorie biologischer Transformationen vor, mit der man die Formen von Lebewesen vergleichen konnte. Diese Theorie besagt, dass mathematische Funktionen auf die Formen eines Organismus angewandt werden können, um ihn kontinuierlich in andere, ähnliche Organismen zu verwandeln. Ein bekanntes Beispiel aus seinem Buch zeigt Abb. 1.

Knapp 80 Jahre später erscheint ein Artikel, der sich mit der Frage beschäftigte, was D'Arcy Thompson wohl getan hätte, wenn er einen Computer gehabt hätte

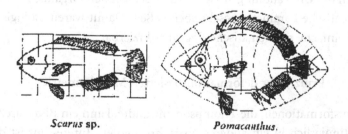

Abb. 1. Beispiel für die Anwendung mathematischer Funktionen auf einen Organismus, um ihn kontinuierlich in einen anderen Organismus umzuwandeln. Die Fischart *Scarus sp.* in der linken Bildhälfte wird durch Deformationen in die Art *Pomacanthus* auf der rechten Hälfte transformiert (aus Thompson, 1917)

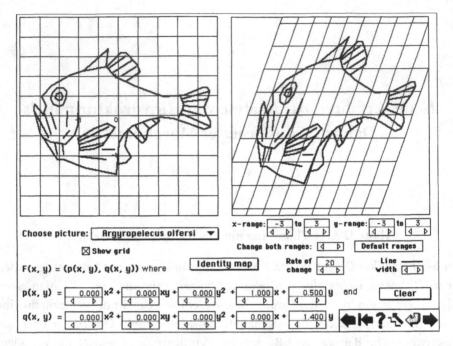

Abb. 2. Computerprogramm zur Anwendung von „Thompson-Transformationen" auf Organismen. Durch Änderung weniger Parameter in einer mathematischen Funktion lässt sich das
linke Bild in das Beispiel in der rechten Bildhälfte transformieren

(Casti, 1995). Zwei Mathematiker, die ebenfalls wie Thompson in St. Andrews
forschen, haben versucht diese Frage zu beantworten. John J. O'Connor und Ed-
mund F. Robertson entwickelten ein Computerprogramm, welches Millimeter-
papier und Stift durch einen Computer ersetzt und – wenig verwunderlich – zu den
selben Ergebnissen führt (Abb. 2). Das faszinierende an diesen Ergebnissen aber
war, dass sich die Umwandlungen zwischen verschiedenen Organismen durch wenige mathematische Parameter beschreiben ließen. Damit waren biologische Phänomene auf einfache mathematische Regeln reduzierbar.

Prinzip der deformationsbasierten Morphometrie

Mit den Transformationen, die Thompson anwandte, kann ein Bild durch Verzerrungen kontinuierlich in ein anderes überführt werden. Interessant ist dabei vor
allem, dass dieses Prinzip nicht nur auf Formen von Lebewesen wie Fischen angewendet werden kann, sondern auch auf Bilder von Gehirnen, die mittels Magnetresonanztomographie (MRT) gewonnen wurden. Das Prinzip dafür ist denkbar

einfach und besteht wiederum in der Verwendung von Deformationen. Diese können ein Bild lokal so verzerren, dass es in ein anderes überführt werden kann (siehe Abb. 3). Dabei werden Regionen so gezerrt, dass sich beide Bilder danach gleichen. Wenn das möglich ist, sind die vorher bestehenden Unterschiede genau in diesen Deformationen kodiert und ermöglichen jetzt eine Analyse über Art und Lokalisation dieser Unterschiede. Die Verwendung von Deformationen hat dabei zu dem Begriff deformationsbasierte Morphometrie (DBM) geführt.

Fred L. Bookstein griff wohl als erster diese Idee auf und setzte sie für die Analyse von MR-Bildern ein (Bookstein, 1989). Dazu wurden in zwei Bildern korrespondierende Punkte ausgewählt und die Deformationen zwischen diesen Punkten mit Hilfe von Thin-Plate Splines berechnet. Die Thin-Plate Splines gewährleisten, dass das berechnete Deformationsfeld zwischen den Punkten glatt ist, d.h. das zwischen benachbarten Regionen keine abrupten Änderungen auftreten. Der Mittelwert und die Standardabweichung der Lokalisationen dieser korrespondierenden Punkte können nun berechnet und z.B. zwischen zwei Populationen verglichen werden. In der Schizophrenieforschung wurde diese Methode z.B. für die Analyse des Corpus callosum eingesetzt (DeQuardo et al, 1996). Dieses Verfahren wurde für die Analyse von zweidimensionalen Umrissen erweitert, indem nicht nur korrespondierende Punkte in Übereinstimmung gebracht wurden, sondern der gesamte Umriss einer Struktur. Dafür wurden sog. Snakes eingesetzt und ebenfalls auf das Corpus callosum angewendet (Davatzikos et al, 1996). Eine dreidimensionale Erweiterung dieser Idee ermöglichte dann die Analyse der kortikalen Oberfläche (Thompson et al,

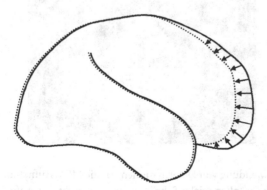

Abb. 3. Prinzip der deformationsbasierten Morphometrie. Die durchgezogene Linie zeigt den schematischen Umriss eines Gehirns, das lokal so gezerrt wird, dass es dem Umriss eines anderen Gehirns (mit gestrichelter Linie dargestellt) entspricht. Die dazu notwendigen Deformationen (mit Pfeilen dargestellt) enthalten jetzt die Information über die vorher bestehenden Unterschiede zwischen den beiden Gehirnen und können analysiert werden

1997). Diese Ansätze basierten jedoch alle auf korrespondierenden Punkten (Land-marks), die entweder in einer einzelnen Schicht oder auf der kortikalen Oberfläche definiert werden mussten. Ashburner et al stellten dann erstmals eine Methode vor, die es ermöglichte eine Anpassung des gesamten Gehirns auf ein Referenzgehirn vorzunehmen ohne Landmarks oder Umrisse festlegen zu müssen (Ashburner et al, 1998). Jedoch erlaubte dieses Verfahren keine voxelweise Analyse des enstehenden Deformationsfeldes und war in der räumlichen Auflösung sehr beschränkt. Das erste Verfahren, das dann auch eine voxelweise Analyse des gesamten Gehirns realisierte, wurde von Gaser et al vorgestellt und zum Vergleich einer großen Stich-probe schizophrener Patienten und gesunden Kontrollen eingesetzt, um Alteratio-nen in einem präfrontal-thalamo-zerebellären Netzwerk bei schizophrenen Patien-ten nachzuweisen (Gaser et al, 1999).

Wie die Wirkung dieser Deformationen auf ein anatomisches MR-Bild aussehen können, zeigt Abb. 4. Deutlich ist zu erkennen, dass einige Bildregionen vergrößert

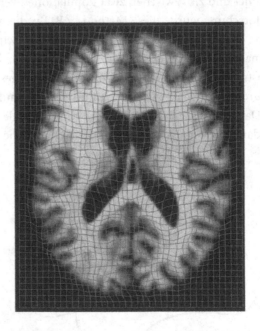

Abb. 4. Beispiel für Anwendung von Deformationen auf die MRT-Aufnahme eines Gehirns. Im Hintergrund ist ein ausgewählter axialer Schnitt einer T_1-gewichteten Aufnahme eines Gehirns zu sehen. Überlagert ist ein Gitternetz, welches die Wirkung der angewandten Deformationen auf ein reguläres Gitter demonstriert. Bereiche, in denen die Gitterlinien aufgeweitet sind (wie z.B. in den Seitenventrikeln) sind volumenvergrößert, während gestauchte Gitterabstände auf eine Vo-lumenverkleinerung hindeuten. Diese Volumenänderungen können in jedem Bildpunkt quanti-fiziert werden

und wiederum andere gestaucht wurden, was sich an den verkleinerten bzw. vergrößerten Gitterabständen erkennen lässt. Diese Volumenänderungen lassen sich
quantifizieren, indem eine mathematische Eigenschaft dieser Deformationen analysiert wird – die sog. Jacobische Determinante, die aus der Kontinuumsmechanik
bekannt ist und dort zur Analyse von Volumenänderungen in strömenden Flüssig-
keiten und Gasen eingesetzt wird (Gurtin, 1981). Die Jacobische Determinate erlaubt nicht nur eine direkte Angabe der prozentualen Volumenänderung in jedem
Bildpunkt, sondern lässt sich statistisch analysieren, um z.B. zwischen zwei Stichproben einen Volumenunterschied nachzuweisen.

Validierung der Deformationsbasierten Morphometrie

So elegant die Idee erscheint, Deformationen zur Analyse struktureller Unterschiede im Gehirn einzusetzen, so stellt sich doch die Frage, wie die Ergebnisse im
Vergleich zur konventionellen Volumetrie zu bewerten sind, die gegenwärtig den
„Goldstandard" darstellt. Dieser Vergleich wird jedoch durch die unterschiedlichen
Funktionsprinzipien erschwert. Die konventionelle Volumetrie arbeitet Regionen-
orientiert, d.h. das Volumen einer a priori definierten Region wird meist manuell
oder semi-automatisch in einzelnen Schichten vermessen. Dieses Vorgehen weist
zahlreiche Nachteile auf. So sind eine Vielzahl von Strukturen aufgrund der geringen Helligkeitskontraste nur schwer zu vermessen und die Definitionen der anato-
mischen Grenzen sind mitunter widersprüchlich. Weiterhin können Partialvolu-
meneffekte auftreten, die zu einer geringeren Sensitivität führen, wenn eine Region
nur partiell alteriert ist. Um reliable Ergebnisse zu erzielen und die Benutzerabhän-
gigkeit zu minimieren, müssen Messungen oft mehrfach vorgenommen werden,
was die Anzahl der untersuchten Regionen bzw. Größe der Stichprobe weiter limi-
tiert. Diese methodischen Nachteile werden als Hauptursache für die Heterogenität
der Ergebnisse in der Schizophrenieforschung diskutiert (Lawrie und Abukmeil,
1998).

Die Deformationsbasierte Morphometrie arbeitet hingegen vollautomatisch und
erlaubt eine voxelweise Analyse über das gesamte Gehirn, ohne auf a priori definierte Regionen beschränkt zu sein. Damit werden zahlreiche Nachteile konventioneller Verfahren vermieden, aber das unterschiedliche methodische Herangehen
erschwert natürlich auch den direkten Vergleich beider Verfahren. Um eine direkte
Vergleichbarkeit zu gewährleisten, müsste eine Region verwendet werden, bei der
die genannten Nachteile konventioneller Verfahren nicht auftreten. Die Region
sollte klar anatomisch definiert sein und kontrastreiche Grenzen aufweisen und
damit reliabel zu vermessen sein. Weiterhin sollte es sich um einen verbreiteten

Befund handeln (Wright et al, 2000). Die Seitenventrikel erfüllen die genannten Voraussetzungen und eignen sich damit sehr gut für eine Validierung der DBM. Dazu wurden in einer Stichprobe von 39 schizophrenen Patienten die Seitenventrikel semi-automatisch vermessen (Buchsbaum et al, 1997) und mit dem ebenfalls gemessenen Gesamthirnvolumen ins Verhältnis gesetzt, woraus sich der sog. Ventricle-Brain-Ratio (VBR) ergibt. Anhand des mittleren VBR wurde die Stichprobe in 15 Patienten mit großen Seitenventrikel und 24 Patienten mit kleinen Seitenventrikel unterteilt und mittels Deformationsbasierter Morphometrie verglichen (Gaser et al, 2001).

Für die statistische Analyse wurden in jedem Bildpunkt des Gehirns zwei Parameter zwischen beiden Gruppen verglichen. Zum einen wurden die Deformationen insgesamt analysiert und zum anderen nur die Jacobische Determinante dieser Deformationen. Letzterer Parameter berechnet die Volumenänderungen im Deformationsfeld und scheint damit besser für volumetrische Fragestellungen geeignet zu sein. Das Ergebnis dieser Analyse bestätigt diese Annahme. Dargestellt ist hier nur

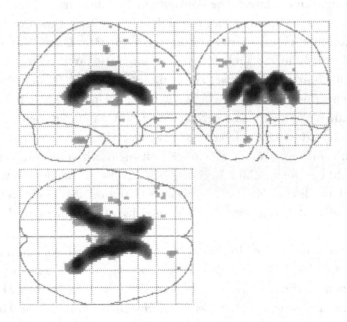

Abb. 5. Vergleich von Patienten mit großen Seitenventrikel vs. Patienten mit kleinen Seitenventrikeln mittels DBM. Das Resultat ist als sog. „Glasgehirn" dargestellt (p > 0.001) und zeigt den Umriss des Referenzgehirns und die maximalen t-Werte in drei orthogonalen Ansichten. Das Ergebnis ist deutlich auf die Seitenventrikel begrenzt, obwohl die Analyse über das gesamte Gehirn erfolgte (adaptiert nach Gaser et al, 2001)

der Vergleich der Jacobischen Determinate zwischen beiden Gruppen (Abb. 5). Das Ergebnis zeigt deutlich den Umriss der Seitenventrikel und ist fast ausschließlich auf diese Region beschränkt, obwohl der Vergleich in jedem Bildpunkt des Gehirns erfolgte. Das zeigt, dass bei Verwendung der Jacobischen Determinate ein vergleichbares Ergebnis zur konventionellen Volumetrie erzielt wird. Dieses Resultat wird zusätzlich unterstützt durch eine weitere Analyse, bei der ein regionenorientiertes Maß der DBM gewonnen wird. Dazu wurden die Seitenventrikel im Referenzgehirn eingezeichnet und anschließend die mittleren Volumenänderungen in dieser Region bei jedem einzelnen Patienten bestimmt. Dieses Maß gibt die mittlere Volumenänderung in den Seitenventrikeln an und lässt sich direkt mit dem Quotient Ventrikel/Gesamthirnvolumen der konventionellen Volumetrie vergleichen. Der Korrelationskoeffizient zwischen beiden Größen beträgt 0.962 (p < 0.001) und unterstreicht die Validität der deformationsbasierten Morphometrie (Abb. 6). Für Strukturen, die sich jedoch aufgrund ihres schlechteren Kontrastes nur schwer segmentieren lassen oder für partiell alterierte Regionen dürften die methodischen Vorteile der DBM darüber hinaus zu einer höheren Sensitivität gegenüber konven-

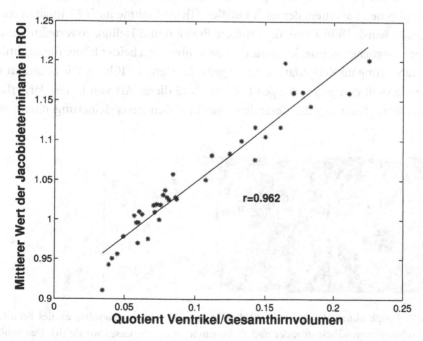

Abb. 6. Korrelation zwischen dem Ergebnis einer regionenorientierten Analyse mit DBM und konventioneller Volumetrie. Das Diagramm zeigt den Zusammenhang zwischen dem Quotient Ventrikel/Gesamthirnvolumen der konventionellen Volumetrie und der mittleren Jacobischen Determinante in den Seitenventrikeln (adaptiert nach Gaser et al, 2001)

tionellen Verfahren führen. Außerdem können mit diesem neuen Ansatz große Stichproben vollautomatisch und ohne Beschränkung auf a priori definierte Regionen untersucht werden.

Longitudinale Analyse mit DBM

Bisher wurde nur die Analyse von Querschnittsdaten mit der DBM vorgestellt, z.B. der Vergleich einer Gruppe schizophrener Patienten mit gesunden Kontrollpersonen. Die hohe Sensitivität der DBM ist jedoch v.a. bei longitudinalen Daten von Vorteil, also bei Daten, die im Zeitverlauf mehrfach erhoben wurden. Die zu erwartenden Änderungen über Zeitabstände von wenigen Jahren oder gar Monaten betragen nur wenige Prozent und liegen damit im Bereich der Messgenauigkeit konventioneller Methoden, was die Schwierigkeiten bei der Detektion dieser subtilen Änderungen mit diesen Verfahren erklärt. Aber auch hier kann die DBM eingesetzt werden, um die zeitlich versetzten Bilder auf das erste Bild der Zeitserie durch Verzerrungen anzupassen und anschließend die dazu notwendigen Deformationen zu analysieren. Abbildung 7 zeigt das Beispiel eines 25-jährigen männlichen schizophrenen Patienten, der nach initialer MR-Aufnahme nach 7 Monaten erneut gemessen wurde (Bild a und b). Wenn die Position und Helligkeitsverteilung beider Bilder angeglichen wurde, kann durch eine Subtraktion beider Bilder die strukturelle Veränderung im Zeitverlauf sichtbar gemacht werden (Bild c). Die Subtraktionsmethode stellt den gegenwärtigen Goldstandard dieser Art von Daten dar, erlaubt jedoch keine Trennung der Veränderungen in Volumenverkleinerungen bzw. -ver-

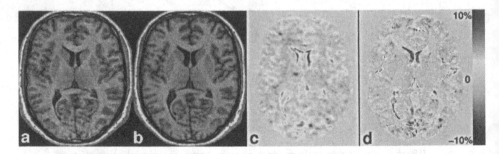

Abb. 7. Longitudinale Analyse mit DBM. Bild (a) zeigt ein ausgewähltes axiales Schnittbild eines schizophrenen Patienten, der nach 7 Monaten erneut gemessen wurde (b). Das Subtraktionsbild (c) zeigt Unterschiede v.a. in den Seitenventrikeln, die sich jedoch nur visualisieren, aber nicht messen lassen. Das Ergebnis der DBM (d) ermöglicht hingegen die Analyse der Volumenänderungen durch eine direkte Quantifizierung dieser Änderungen in jedem Bildpunkt des Gehirns

größerungen. Die direkte Quantifizierung dieser Volumenänderungen wird jedoch bei Anwendung der DBM möglich (Bild d). Die prozentualen Volumenänderungen lassen sich in jedem Bildpunkt des Gehirns angeben und analysieren. Die hohe Sensitivität der DBM bei der Analyse dieser subtilen Änderungen eröffnet ein großes Potential bei der Untersuchung z.B. von Medikamenteinflüssen (typische vs. atypische Neroleptika) oder der Analyse des Outcomes von schizophrenen Patienten.

Zusammenfassung

Die Magnetresonanztomographie hat als in-vivo-Methode wichtige Einblicke in die Neuroanatomie bzw. makroskopische Neuropathologie der schizophrenen Psychosen erbracht. Methodische Beschränkungen führten jedoch auch zu widersprüchlichen oder schwer replizierbaren Befunden. Neue Methoden der digitalen Bildverarbeitung – wie die hier vorgestellte Deformationsbasierte Morphometrie – haben das Potential, mit hoher Reliabilität und Sensitivität hirnstrukturelle Defizite zu detektieren und somit diesen Zweig der Schizophrenieforschung entscheidend zu bereichern. Erste Befunde zeigen die komplexe räumliche Verteilung struktureller Defizite in frontalen, temporalen, thalamischen und zerebellären Hirnregionen. Ferner weisen vorläufige Daten darauf hin, dass sich im Verlauf der Erkrankung mit der DBM auch diskrete Veränderungen nachweisen lassen, die sowohl mit Effekten von Medikation als auch hirnstruktureller Plastizität erklärt werden könnten.

Literatur

Ashburner J, Hutton C, Frackowiak R, Johnsrude I, Price C, Friston K (1998) Identifying global anatomical differences: deformation-based morphometry. Hum Brain Mapp 6: 348–357

Bookstein FL (1989) Principle warps: thin-plate splines and the decomposition of deformations. IEEE Trans Patt Anal Machine Intell 11: 567–585

Buchsbaum MS, Yang S, Hazlett E, Siegel BV, Germans M, Haznedar M, O'Flaithbheartaigh S, Wei T, Silverman J, Siever LJ (1997) Ventricular volume and asymmetry in schizotypal personality disorder and schizophrenia assessed with magnetic resonance imaging. Schizophr Res 27: 45–53

Casti JL (1995) The simply complex: if D'Arcy only had a computer. Complexity 1

Davatzikos C, Vaillant M, Resnick SM, Prince JL, Letovsky S, Bryan RN (1996) A computerized approach for morphological analysis of the corpus callosum. J Comput Assist Tomogr 20: 88–97

DeQuardo JR, Bookstein FL, Green WD, Brunberg JA, Tandon R (1996) Spatial relationships of neuroanatomic landmarks in schizophrenia. Psychiatry Res 67: 81–95

Gaser C, Nenadic I, Buchsbaum B, Hazlett E, Buchsbaum MS (2001) Deformation-based morphometry and its relation to conventional volumetry of brain lateral ventricles in MRI. Neuroimage 13: 1140–1145

Gaser C, Volz H-P, Kiebel S, Riehemann S, Sauer H (1999) Detecting structural changes in whole brain based on nonlinear deformations – application to schizophrenia research. Neuroimage 10: 107–113

Gurtin ME (1981) An introduction to continuums mechanics. Academic Press, San Diego

Lawrie SM, Abukmeil SS (1998) Brain abnormality in schizophrenia. A systematic and quantitative review of volumetric magnetic resonance imaging studies. Br J Psychiatry 172: 110–120

Thompson DW (1917) On growth and form. Cambridge University Press, Cambridge

Thompson PM, MacDonald D, Mega MS, Holmes CJ, Evans AC, Toga AW (1997) Detection and mapping of abnormal brain structure with a probabilistic atlas of cortical surfaces. J Comput Assist Tomogr 21: 567–581

Wright IC, Rabe-Hesketh S, Woodruff PWR, David AS, Murray RM, Bullmore ET (2000) Meta-analysis of regional brain volumes in schizophrenia. Am J Psychiatry 157: 16–25

Neurophysiologische Verfahren zu Verlauf und Therapieprädiktion bei Schizophrenie

U. Hegerl und C. Mulert

EEG und Ereignis-korrelierte Potentiale (EKP): Melodie der Hirnrinde

EEG und Ereignis-korrelierte Potentiale (EKP) sind die empfindlichsten Verfahren, um Hirnfunktionsänderungen beim Menschen abzubilden. Für bestimmte Ereignis-korrelierte Potentiale konnte in Längsschnittuntersuchungen eine stabile und für jedes Individuum charakteristische Kurvenform nachgewiesen werden. Besonders frappierend sind die oft bis ins kleinste Detail übereinstimmenden Kurvenverläufe der P300 bei eineiigen Zwillingen (Polich und Burns, 1987). Diese und andere Befunde belegen den hohen Informationsgehalt, der in diesen Potentialen steckt. Lange Zeit war die Interpretation des EEGs und der Ereignis-korrelierten Potentiale durch fehlende Kenntnisse über die Elektrogenese und durch methodische Probleme behindert. Hier sind in den letzten Jahren entscheidende Fortschritte gemacht worden. So ist heute gesichert, dass das EEG und die Ereignis-korrelierten Potentiale sich aus synchronisierter, postsynaptischer Aktivität des Kortex ergeben und damit unmittelbar postsynaptische Effekte von kortikal freigesetzten Neurotransmittern abbilden. Auch auf makroanatomischer Ebene sind durch intrakranielle Ableitungen, Läsionsstudien oder moderne Verfahren der Quellenlokalisation Fortschritte erzielt und für zahlreiche EKPs die wesentlichen generierenden kortikalen Areale identifiziert worden.

Entscheidend für die Anwendung in der Psychiatrie ist nun einerseits, dass viele kognitive Prozesse wie z.B. bei die Aufmerksamkeit oder das Kurzzeitgedächtnis, sehr gut durch ereigniskorrelierte Potentiale charakterisierbar sind und andererseits typische Veränderungen ereigniskorrelierter Potentiale nicht nur im Rahmen bestimmter diagnostischer Gruppen, sondern auch im Bezug auf bestimmte Subgruppen (entsprechend der Psychopathologie oder der Prognose) vorhanden sind. Besonderes gut untersucht sind die späten akustisch evozierten Potentiale (siehe Abb. 1).

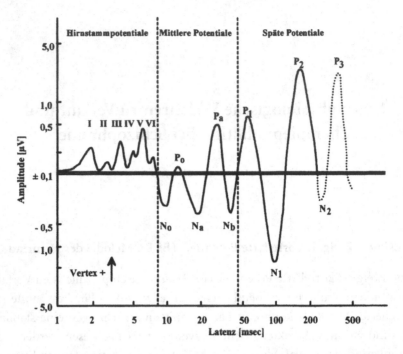

Abb. 1. Schema der akustisch evozierten Potentiale in logarithmischer Darstellung. Psychiatrisch
relevant sind vor allem die späten Komponenten (nach ca. 50 ms)

N1-Potential

Ungefähr hundert Millisekunden nach akustischer Stimulation kann bei Gesunden
auf dem Skalp eine negativ geladene Potentialwelle gemessen werden. Diese wird als
N100- oder N1-Komponente der akustisch evozierten Potentiale bezeichnet und
kann bereits den späten Potentialen zugeordnet werden (Scherg und Picton, 1991).
Neben den häufig beschriebenen temporalen Quellen der N1 fanden verschiedene
Autoren auch frontale bzw. zinguläre Generatoren. Hillyard et al konnten erstmals
klar nachweisen, dass selektive Aufmerksamkeit die Amplitude der N1 erhöht (Hillyard et al, 1973). Dies wurde von den Autoren als „N1-Effekt" beschrieben. In den
letzten Jahren häuften sich nun die Befunde aus der funktionellen Bildgebung, die
eine Beteiligung des anterioren zingulären Kortex (ACC) bei Aufmerksamkeitspro-
zessen zeigten, so z.B. mittels Positronen-Emissions-Tomographie (PET) (Holcomb
et al, 1998). Schließlich konnten auch die neuroanatomischen Grundlagen der
aufmerksamkeitsabhängigen N1-Amplitudenerhöhung weiter erhellt werden. Offenbar trägt insbesondere eine starke hirnelektrische Aktivität im Bereich des anterioren zingulären Kortex zu diesem N1-Effekt bei (Mulert et al, 2001).

N1 und Schizophrenie

Verminderte N1-Amplituden bei Patienten mit Schizophrenie konnten vielfach beobachtet werden (O'Donnell et al, 1994; Kessler und Steinberg, 1989; Potts et al, 1998; Roth et al, 1980; Saletu et al, 1971). Konsistente Befunde erniedrigter Amplituden der akustisch evozierten N1 bei Patienten mit Schizophrenie im Vergleich zu gesunden Kontrollen wurden insbesondere beschrieben, wenn auf bestimmte Töne Aufmerksamkeit gerichtet werden musste. Baribeau-Braun untersuchten mit einem Paradigma zur selektiven Aufmerksamkeit eine Gruppe von 20 Patienten mit Schizophrenie, behandelt mit Phenothiazinen, im Vergleich zu einer Kontrollgruppe von 20 gesunden Probanden (Baribeau-Braun et al, 1983). Die Patienten zeigten dabei längere Reaktionszeiten und eine erhöhte Fehlerquote. Die N1- und P3-Amplituden waren bei den Patienten erniedrigt, insbesondere während der Testsituation mit geteilter Aufmerksamkeit. Spätere Studien kamen zu vergleichbaren Ergebnissen (Ward et al, 1991; Michie et al, 1990). Tatsächlich ist eine verminderte N1-Amplitude bei schizophren Erkrankten in erster Linie Folge einer verminderten Aktivität dieses zingulären Generators (Mulert et al, 2001; Gallinat et al, 2002), siehe Abb. 2, wenn auch ein gewisser Beitrag des Temporallappens vorhanden ist. Interessant ist der Befund aus Läsionsstudien, bei denen der anteriore zinguläre Kortex zerstört ist: Hier zeigen Patienten häufig Aufmerksamkeitsstörungen bzw. auch Störungen der sog. „cognitive motivation" und Interessensverlust (Mega und Cummings, 1997). Dies und erste Befunde bei schizophren

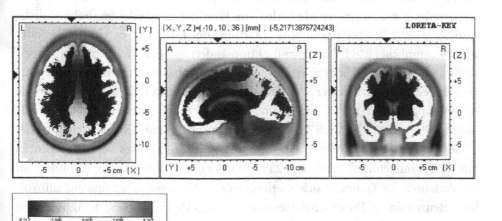

Abb. 2. Eine verminderte N1-Amplitude bei schizophren Erkrankten ist vor allem Folge einer verminderten Aktivierung im anterioren zingulären Kortex

Erkrankten (Mulert et al, 2001) würden es nahe legen, dass insbesondere Patienten mit Negativsymptomatik eine verminderte N1-Amplitude bzw. eine verminderte zinguläre Aktivität zeigen. Allerdings konnte in einer kürzlich publizierten Untersuchung kein klarer Zusammenhang zwischen ACC-Aktivität und Psychopathologie (gemessen mit der PANSS-Skala) gezeigt werden (Gallinat et al, 2002). Von Interesse sind schließlich auch Untersuchungen aus dem Bereich der funktionellen Bildgebung, die einen Zusammenhang zwischen dem dopaminergen System und der ACC-Aktivität herstellen (Dolan et al, 1995). Hier stehen entsprechende elektrophysiologische Untersuchungen noch aus. Ob es bei schizophren Erkrankten einen Zusammenhang zwischen ACC-Aktivität und Therapie-Response gibt, so wie dies bei depressiven Patienten gezeigt werden konnte (Pizzagalli et al, 1995), ist bisher noch ungeklärt.

P300

Für die P300, einer positiven Komponente mit einer Latenz von 300 Millisekunden, die nach seltenen Aufgaben relevanten Ereignissen auftritt (siehe Abb. 3), wurden der temporo-praietale Übergangsbereich, der Gyrus cinguli, der supplementär motorische Kortex, der dorsolaterale präfrontale Kortex und die Insel-Region als wichtige generierende Strukturen erkannt (Halgren et al, 1995; 1998; Linden et al, 1999). In unserem Labor wurden diese Befunde durch simultane Ableitungen der P300 und Anwendung der funktionellen Magnetresonanztomografie (fMRT) die Beteiligung dieser Strukturen an der Elektrogenese der P300 gestützt. Ziel dieser Kombination von zu einander komplementären Methoden, um Hirnfuktion zu erfassen (hohe zeitliche Auflösung des EEG, hohe räumliche Auflösung der fMRT) ist es, ein umfassendes zeitlich-räumliches Modell der Hirnfunktionsänderungen im Rahmen des auditorischen „oddball"-Paradigmas zu ermöglichen (siehe Abb. 4). Methodische Weiterentwicklungen in der Analyse der P300 sind die Voraussetzungen für die breite klinische Anwendung. Deshalb wurde ein Dipolmodell der P300 entwickelt (Hegerl und Frodl-Bauch, 1997) (Abb. 5). Durch 2 Dipole pro Hemisphäre lässt sich die Verteilung der an der Kopfhaut mit 32 Kanälen gemessenen P300 erklären. Dieses Verfahren dient in diesem Zusammenhang nicht zur Lokalisation der Generatoren der P300, sondern als ein Verfahren zur Trennung sich überlappender Subkomponenten und zur sinnvollen Datenreduktion. Die durch die temporo-basalen Dipole abgebildete Aktivität vor allem im parietalen Bereich entspricht der klassischen P300 (P3b), während die durch die tempofrontalen Dipole abgebildete P300 weitgehend der als P3a beschriebenen frontalen Komponente entspricht. Entscheidend ist nun, dass durch dieses Verfahren eine deutliche Verbesserung der Retestreliabilität gegenüber anderen Verfahren er-

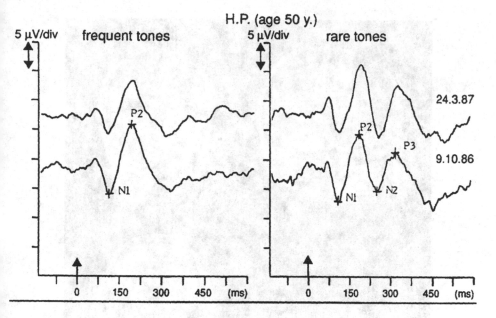

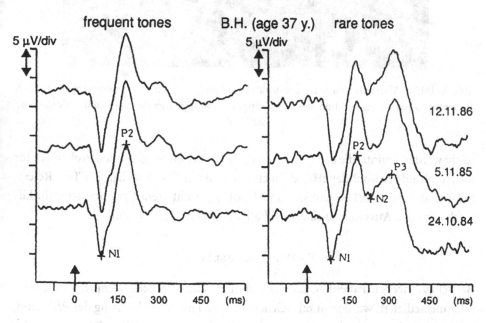

Abb. 3. Die P300-Komponente tritt ca. 300 ms nach einem seltenen, handlungsrelevanten Ton auf

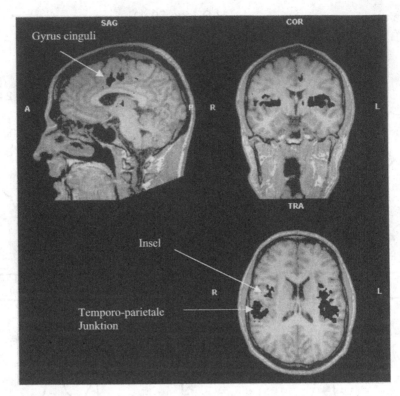

Abb. 4. fMRT-Aktivierungen beim „oddball"-Paradigma: Typische Aktivierungen im Bereich der temporo-parietalen Junktion, des Gyrus cinguli, des supplementär motorischen Kortex und der Insel

reicht werden konnte, die bei Test-Retest nach 3 Wochen bei gesunden Probanden für die Amplitude sowohl der P3A als auch der P3B bei R = 0,88 lag. Bei Test-Retest-Relabilitäten unter 0,8 besteht kaum mehr die Aussicht, derartige Parameter für klinisch relevante Aussagen zu einzelnen Patienten verwenden zu können.

P300 und Schizophrenie

Bei schizophrenen Patienten, seien sie akut psychotisch oder remitiert, mediziert oder unmediziert, wurden in zahlreichen Studien eine Verkleinerung der P300 und, weniger konsistent, eine Verlängerung der P300 Latenz beschrieben. Dies ist eines der robustesten biologischen Befunde bei schizophrenen Patienten. Die Reduktion der P300 ist jedoch nicht bei allen schizophrenen Patienten zu finden. Besonders bemerkenswert ist, dass bei der Untergruppe der Patienten mit zykloiden Psychosen sogar gegenüber gesunden Kontrollen vergrößerte P300-Amplituden beschrieben worden

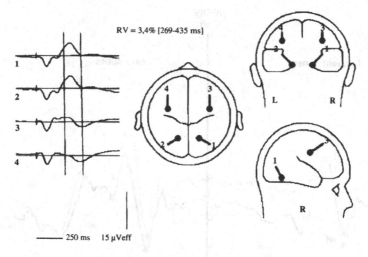

Abb. 5. Das Dipolmodell der P300 dient nicht der genauen neuroanatomischen Zuordnung sondern einer Datenreduktion mit verbesserter Test-Retest-Reliabilität

sind (Strik et al, 1997). Dies lässt vermuten, dass die P300-Amplitude geeignet sein könnte, um Untergruppen schizophrener Patienten abzugrenzen.

P300 und Schizophrenie bei Hirnentwicklungsstörungen

Da die regelrechte kolumnäre und laminäre kortikale Struktur entscheidend für die Elektrogenese der P300 ist, liegt die Vermutung nahe, dass kortikale Fehlanlagen zu einer Amplitudenreduktion dieser Komponente führen müsste. Vor diesem Hintergrund ist die Hypothese bedeutsam, dass es eine Untergruppe schizophrener Patienten gibt, bei denen es durch eine pränatale Hirnentwicklungsstörung zu kortikalen Fehlanlagen kommt. Diskutiert wurde, ob diese Untergruppe schizophrener Patienten der schizophrenen Kerngruppe entsprechen könnte, die durch ein Überwiegen männlicher Patienten, eine schlechte prämorbide Anpassung, vermehrte Residualsymptomatik und eine schlechte Prognose gekennzeichnet sind.

In einer großangelegten Studie wurde der Frage nachgegangen, ob schizophrene Patienten mit verkleinerter P300 klinisch dieser Kerngruppe entsprechen. Eingeschlossen wurden 109 schizophrene Patienten nach einer dreimonatigen Stabilisierungsphase im Anschluss an die stationäre Entlassung. 20 Patienten mussten wegen erhöhter okulärer Artefaktrate, Hörstörungen oder fehlender Kooperationsfähigkeit ausgeschlossen werden. Die restlichen Patienten wurden am Median in 44 Patienten mit großer und 44 Patienten mit kleiner P300-Amplitude eingeteilt. In der Gruppe

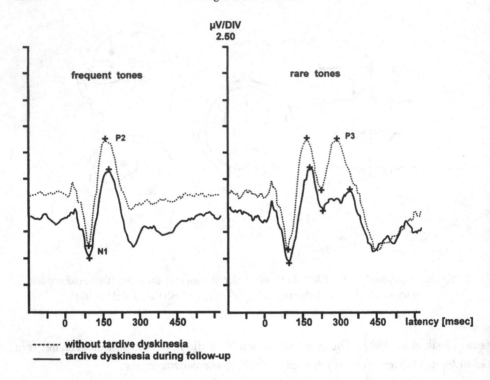

Abb. 6. Schizophren erkrankte Patienten der sogenannten „Kerngruppe" mit schlechter Prognose und erhöhtem Risiko für tardive Dyskinesien zeigen eine erniedrigte P300-Amplitude

mit kleiner P300 überwiegen männliche Patienten, Patienten mit verstärkter Residualsymptomatik, Patienten mit schlechterer prämorbider Anpassung (Phillips-Skala) und Patienten, die zum Untersuchungszeitpunkt oder während des sechsmonatigen Follow-up tardive Dykinesien aufwiesen. Letzteres war bei 8 Patienten der Fall. Bemerkenswerterweise wiesen die Patienten, die während der sechsmonatigen Verlaufsuntersuchung, nicht jedoch zum Zeitpunkt der P300-Untersuchung eine tardive Dyskinesie entwickelten, eine signifikant verkleinerte P300 auf (Abb. 6). Die Ergebnisse dieser Studie stimmten mit der Hypothese überein, dass schizophrene Patienten mit kleiner P300 der oben definierten Kerngruppe schizophrener Patienten entsprechen und möglicherweise ein erhöhtes Spätdyskinesie-Risiko aufweisen (Hegerl et al, 1995).

P300 und MRT-Volumetrie bei schizophrenen Patienten

In einem nächsten Schritt wurde nun die sich aus diesen Ergebnissen stellende Frage untersucht, ob Patienten mit kleiner P300 auch vermehrt Zeichen einer kortikalen

Fehlanlage aufweisen. Dass dies in der Tat der Fall sein könnte, wurde durch Publikationen nahegelegt, die Volumenreduktionen im temporalen Kortex und entsprechende Amplitudenreduktionen der P300 bei kleineren Gruppen von schizophrenen Patienten gefunden hatten (McCarley et al, 1993). Untersucht wurden 50 männliche, rechtshändige schizophrene Patienten im Alter zwischen 20 und 55 Jahren und als Kontrollgruppe hinsichtlich Alter, Händigkeit und Ausbildung gematchte gesunde Kontrollen. Die P300 wurde im Rahmen eines akustischen Oddball-Paradigmas und Ableitung mit 32 Kanälen untersucht und im Rahmen des oben skizzierten Dipolmodells ausgewertet. Die Hypothese, dass Patienten mit kleiner P3b eine Reduktion des Volumens des temporalen Kortex oder anderer Kortexareale aufweisen, konnte von uns nicht bestätigt werden. Auch wurde keine Korrelation zwischen dem Kortexvolumen und der P300-Amplitude gefunden. Erneut ergaben sich jedoch Hinweise dafür, dass schizophrene Patienten mit kleiner P300 mehr Restsymptomatik als Patienten mit größerer P300 aufwiesen, und zudem einen früheren Erkrankungsbeginn bzw. längeren Krankheitsverlauf.

P300 und Schizophrenie: Trait- und State-Aspekte

P300 bildet mit großer Empfindlichkeit Hirnfunktionsänderungen bei schizophrenen Patienten ab und es ist deshalb nicht verwunderlich, dass sowohl State- als auch

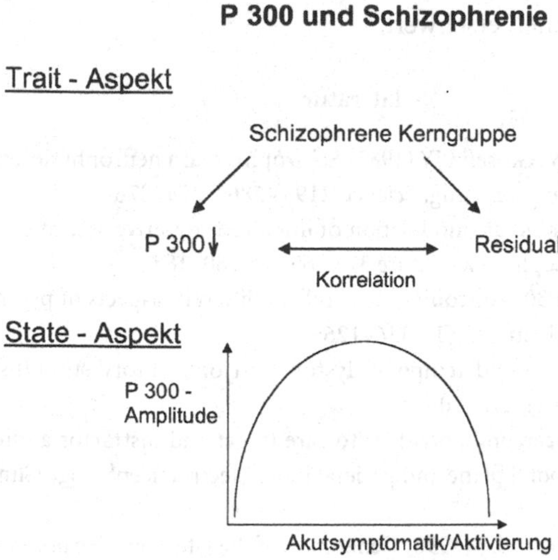

Abb. 7. Der Zusammenhang zwischen der P300-Amplitude und State-Aspekten einerseits und Trait-Aspekten andererseits ist komplex (siehe Text)

Trait-Aspekte hier Eingang finden. In Abb. 7 sind diese beiden sich überlappenden Aspekte modellhaft dargestellt. Die wiederholt bei stabilisierten und teilremittierten Patienten beschriebenen negativen Korrelationen zwischen P300-Amplitude und Residualsymptomatik dürften über einen Trait-Faktor bedingt sein. Anzunehmen ist, dass durch die kleine P300 eine schizophrene Kerngruppe mit schlechter Prognose und vermehrter Residualsymptomatik charakterisiert wird und so negativ mit der Residualsymptomatik in Verbindung steht. Die bei einem Teil der akut psychotischen Patienten gefundene positive Korrelation zwischen schizophrener Symptomatik und P300-Amplitude könnte über eine mit der psychotischen Symptomatik einhergehende verstärkte Aktivierung („Arousal") zu erklären sein, wobei hier vermutlich eine umgekehrte U-Funktion vorliegt. Bei starker psychotischer Symptomatik dürfte es über die verstärkten kognitiven Störungen und die verminderte Kooperationsfähigkeit wiederum zu einem negativen Zusammenhang zwischen der Schwere der klinischen Symptomatik und der P300-Amplitude kommen. Kompliziert wird die Situation durch differentielle Effekte der Positiv- versus Negativsymptomatik auf die P300-Subkomponente. Unter Einsatz des oben beschriebenen Dipol-Modells wurde gefunden, dass Positivsymptomatik positiv mit der Amplitude der temporo-basalen Dipole korreliert, Negativsymptomatik dagegen positiv mit der P300-Amplitude der temporo-superioren Dipole korreliert (Frodl-Bauch et al, 1999). Diese Ergebnisse weisen darauf hin, dass Positiv- und Negativsymptomatik unterschiedliche neurophysiologische Dysfunktionen zugrunde liegen. Insgesamt ergibt sich ein recht komplexes Bild, was die klinische Anwendung der P300 bei schizophrenen Patienten erschwert.

Literatur

Baribeau-Braun J, Picton TW, Gosselin JY (1983) Schizophrenia: a neurophysiological evaluation of abnormal information processing. Science 219 (4586): 874–876

Dolan RJ et al (1995) Dopaminergic modulation of impaired cognitive activation in the anterior cingulate cortex in schizophrenia. Nature 378 (6553): 180–182

Frodl-Bauch T et al (1999) P300 subcomponents reflect different aspects of psychopathology in schizophrenia. Biol Psychiatry 45 (1): 116–126

Gallinat J et al (2002) Frontal and temporal dysfunction of auditory stimulus processing in schizophrenia. Neuroimage 17: 110–127

Halgren E et al (1995) Intracerebral potentials to rare target and distractor auditory and visual stimuli. I. Superior temporal plane and parietal lobe. Electroencephalogr Clin Neurophysiol 94 (3): 191–220

Halgren E, Marinkovic K, Chauvel P (1998) Generators of the late cognitive potentials in auditory and visual oddball tasks. Electroencephalogr Clin Neurophysiol 106 (2): 156–164

Hegerl U et al (1995) Schizophrenics with small P300: a subgroup with a neurodevelopmental disturbance and a high risk for tardive dyskinesia? Acta Psychiatr Scand 91 (2): 120–125

Hegerl U, Frodl-Bauch T (1997) Dipole source analysis of P300 component of the auditory evoked potential: a methodological advance? Psychiatry Res 74 (2): 109–118

Hillyard SA et al (1973) Electrical signs of selective attention in the human brain. Science 182 (108): 177–180

Holcomb HH et al (1998) Cerebral blood flow relationships associated with a difficult tone recognition task in trained normal volunteers. Cereb Cortex 8 (6): 534–542

Kessler CA, Steinberg A (1989) Evoked potential variation in schizophrenic subgroups. Biol Psychiatry 26 (4): 372–380

Linden DE et al (1999) The functional neuroanatomy of target detection: an fMRI study of visual and auditory oddball tasks. Cereb Cortex 9 (8): 815–823

McCarley RW et al (1993) Auditory P300 abnormalities and left posterior superior temporal gyrus volume reduction in schizophrenia. Arch Gen Psychiatry 50 (3): 190–197

Mega MS, Cummings JL (1997) The cingulate and cingulate syndomes. In: Trimble MR, Cummings JL (eds) Contemporary behavioral neurology. Butterworth-Heinemann, Boston, pp 189–214

Michie PT et al (1990) Event-related potential indices of selective attention and cortical lateralization in schizophrenia. Psychophysiology 27 (2): 209–227

Mulert C et al (2001) Reduced event-related current density in the anterior cingulate cortex in schizophrenia. Neuroimage 13 (4): 589–600

O'Donnel BF et al (1994) Auditory ERPs to non-target stimuli in schizophrenia: relationship to probability, task-demands, and target ERPs. Int J Psychophysiol 17 (3): 219–231

Pizzagall, D et al (2001) Anterior cingulate activity as a predictor of degree of treatment response in major depression: evidence from brain electrical tomography analysis. Am J Psychiatry 158 (3): 405–415

Polich J, Burns T (1987) P300 from identical twins. Neuropsychologia 25 (1B): 299–304

Potts GF et al (1998) High-density recording and topographic analysis of the auditory oddball event-related potential in patients with schizophrenia. Biol Psychiatry 44 (10): 982–989

Roth WT et al (1980) Event-related potentials in schizophrenics. Electroencephalogr Clin Neurophysiol 48 (2): 127–139

Saletu B, Itil TM, Saletu M (1971) Auditory evoked response, EEG, and thought process in schizophrenics. Am J Psychiatry 128 (3): 336–344

Scherg M, Picton TW (1991) Separation and identification of event-related potential components by brain electric source analysis. Electroencephalogr Clin Neurophysiol [Suppl] 42: 24–37

Strik WK et al (1997) Specific P300 features in patients with cycloid psychosis. Acta Psychiatr Scand 95 (1): 67–72

Ward PB et al (1991) Auditory selective attention and event-related potentials in schizophrenia. Br J Psychiatry 158: 534–539

Verlauf kognitiver Störungen bei schizophrenen Patienten

M. Albus, W. Hubmann, P. Hinterberger-Weber und S. Hecht

Neurokognitive Defizite wurden bereits von Kraepelin als eine zentrale Beeinträchtigung schizophrener Patienten angesehen. Diese Einschätzung schlug sich in der Bezeichnung der Schizophrenie als „Dementia praecox" nieder. Frühe Studien, die hauptsächlich als Querschnittsvergleiche von ersterkrankten und chronisch schizophrenen Patienten angelegt waren, schienen eine Verschlechterung kognitiver Funktionen im Krankheitsverlauf zu bestätigen. Somit war über längere Zeit die Hypothese einer sich im Krankheitsverlauf entwickelnden, progressiven kognitiven Beeinträchtigung bei Schizophrenien favorisiert, d.h., der Kraepelin'sche Ansatz einer sich vorzeitig entwickelnden Demenz schien bestätigt.

Diese Betrachtungsweise konnte aber seit Mitte der Neunziger Jahre nicht mehr aufrechterhalten werden, da die ersten publizierten Verlaufsuntersuchungen von früh- oder ersterkrankten schizophrenen Patienten eine Stabilität der neurokognitiven Störungen andeutete (Hoff et al, 1992). Dieser Befund konnte in neueren Studien bestätigt werden (Gold et al, 1999; Hoff et al, 1999). Somit wurden neurokognitive Beeinträchtigungen zunehmend mehr im Rahmen einer neuronalen Entwicklungsstörung und nicht mehr im Rahmen eines neurodegenerativen Modells angesehen.

Weitere Unterstützung erfuhr diese Hypothese durch Untersuchungen, die zeigten, dass Defizite in den kognitiven Funktionen bei später an Schizophrenie Erkrankten bereits im Kindesalter vorlagen (Kremen et al, 1998). Noch neuere Daten zeigen, dass eine Verschlechterung kognitiver Funktionen dem akuten Ausbruch der Erkrankungen um Monate vorausgeht (Cosway et al, 2000).

Wichtig ist allerdings in diesem Zusammenhang darauf hinzuweisen, dass Ausmaß und Art kognitiver Funktionsstörungen auch zustandsabhängige Schwankungen aufweisen: Eine Reihe von Untersuchungen konnte aufzeigen, dass nach Abklingen der akuten Symptomatik eine globale Verbesserung im Funktionsniveau zu verzeichnen ist (siehe Rund et al, 1997).

Die Untersuchung neuropsychologischer Funktionen erfolgt in der Regel durch eine Testbatterie bestehend aus Tests, von denen angenommen wird, dass sie bestimmte Funktionsbereiche abbilden. Hierzu ist bereits kritisch anzumerken, dass die Mehrzahl der Test unterschiedliche Trennschärfe hat, deren Spezifität nicht ausreichend untersucht ist, und die Tests in aller Regel nicht an psychiatrischen Populationen validiert worden sind.

Lange Zeit wurde kontrovers diskutiert, ob neurokognitive Funktionsstörungen generalisiert, d.h. in den einzelnen Funktionsbereichen gleich stark ausgeprägt sind, wie von der Gruppe um Braff (Blanchard und Neele, 1994) postuliert oder ob es sich um vorwiegend selektive Störungen handelt, wie von der Gruppe um Saykin (Saykin et al, 1994) für die Bereiche verbales Lernen und Gedächtnis dargelegt.

Zwischenzeitlich bildet sich eine mehrheitliche Befundlage dahingehend aus, dass neurokognitive Funktionsstörungen selektive Störungen in den exekutiven Funktionen (Albus et al, 1996a; Bilder et al, 2000) und im verbalen Lernen und Gedächtnis (Albus et al, 1996a; Hoff et al, 1999; Bilder et al, 2000) auf dem Hintergrund eines generalisierten neuropsychologischen Defizits anzusehen sind.

Bei der Untersuchung neuropsychologischer Beeinträchtigungen müssen eine Reihe von Faktoren, von denen ein direkter Einfluss auf die verwendeten Tests bzw. auf die neurokognitiven Funktionsbereiche gezeigt werden konnte, berücksichtigt werden:

Einflussfaktoren	Einfluss auf Testleistung bei
Alter	Wisconsin Card Sorting Test (WCST), Wechsler Memory Scale (WMS-R), Stroop Test
Geschlecht	California Verbal Learning Test (CVLT) Hamburg-Wechsler-Intelligenztest (HAWIE) – Mosaiktest
Schulbildung/Sozioökonomischer Status	WCST, WMS-R, Stroop Test, Trailmaking Test (TMT)

Neben diesen Einflussfaktoren auf neuropsychologische Testleistungen müssen noch weitere Störvariablen berücksichtigt werden. Diese sind:

(1) Zustandsabhängige Faktoren (z.B. akute psychotische Desorganisation);
(2) Unterschiedliche Effekte der verschiedenen Neuroleptika auf kognitive Funktionen;
(3) Ermüdungseffekte;
(4) Lerneffekte.

Obwohl eine Reihe von Verlaufsuntersuchungen an ersterkrankten schizophrenen Patienten vorliegen, berücksichtigt bisher lediglich lediglich die Studie von Hoff et al (1999) annähernd die oben aufgeführten Einflussfaktoren bzw. Störvariablen.

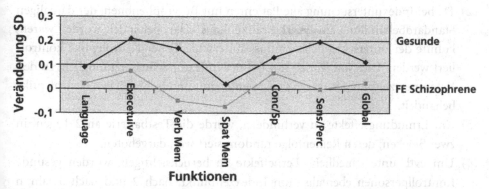

Abb. 1. Veränderungen NP scores modifiziert nach Hoff et al, 1999

Hoff et al untersuchten 42 Patienten nach Ersthospitalisierung aufgrund einer schizophrenen Erkrankung und 16 Kontrollpersonen in einjährigen Abständen über einen Zeitraum von 2 bis 5 Jahren (siehe Abb. 1).

Die Autoren berichten, dass im gesamten Verlauf der Untersuchung, schizophrene Patienten in ihren neuropsychologischen Testleistungen insgesamt 1–2 Standardabweichungen unterhalb der Leistungen der Kontrollpersonen lagen. Im Katamnesezeitraum zeigten schizophrene Patienten weniger Verbesserung im verbalen Gedächtnis im Vergleich zu den Kontrollpersonen. Die Autoren schlussfolgern, dass die bereits zum Zeitpunkt der Indexuntersuchung gefundene erhebliche kognitive Dysfunktion über den Beobachtungszeitraum von 4 bis 5 Jahren stabil ist, d.h. dass es keinen Beleg für eine Verschlechterung kognitiver Funktionen in diesem Zeitraum gibt. Die relative Verschlechterung im Vergleich zu den Kontrollpersonen im Bereich „verbales Gedächtnis" zeigt, dass Patienten offensichtlich nicht von einer mehrmaligen Testvorlage profitieren konnten. Dieser Befund ist v.a. dahingehend interessant, da die Gruppe um Saykin (1994) ein selektives Defizit im Bereich „verbales Gedächtnis" berichtete. Somit scheint, dass sich hier eine Unfähigkeit, neue Informationen aufzunehmen abbildet. Des weiteren berichten Hoff et al (1999), dass die Nicht-Verbesserung in diesem Funktionsbereich nicht mit Medikamenteneffekten in Zusammenhang steht.

In unserer eigenen 5-Jahres-Verlaufsuntersuchungen versuchten wir die oben skizzierten Einflussgrößen und Störvariablen durch folgendes Untersuchungsdesign zu kontrollieren.

(1) Die neuropsychologische Untersuchung erfolgte zum Zeitpunkt der bestmöglichen Remission, um den Einfluss akuter psychotischer Desorganisation gering zu halten.

(2) Da bei Indexuntersuchung alle Patienten mit Butyrophenonen, der damaligen Standardbehandlung am Bezirkskrankenhaus Haar, behandelt worden waren, konnte der unterschiedliche Einfluss unterschiedlicher Neuroleptika kontrolliert werden. Dies war jedoch nur bei der Indexuntersuchung möglich, zu den Katamnesezeitpunkten waren die Patienten mit unterschiedlichen Neuroleptika behandelt.

(3) Um Ermüdungseffekte zu verhindern, wurde die Testbatterie an 2 Tagen, in zwei Blöcken, deren Reihenfolge randomisiert war, dargeboten.

(4) Um evtl. unterschiedliche Lerneffekte zu berücksichtigen, wurden gesunde Kontrollpersonen ebenfalls zum Indexzeitpunkt, nach 2 und nach 5 Jahren untersucht.

(5) Um dem Einfluss demographischer Variablen Rechnung zu tragen, wurden Patienten und Kontrollpersonen paarweise in Bezug auf Alter, Geschlecht, Ausbildung und sozioökonomischem Status des Elternhauses gematcht.

Nach Einholung des informierten Einverständnisses wurden konsekutiv erstmals an einer schizophrenen Spektrumerkrankung oder an einer affektiven Störung erkrankte Patienten, die erstmals stationär am BKH Haar aufgenommen wurden, untersucht. Als Kontrollstichproben diente eine Gruppe von gesunden Kontrollpersonen und von chronisch schizophrenen Patienten.

Bei der Indexuntersuchung konnten wir – in Übereinstimmung mit anderen Studien (Hoff et al, 1999; Gold et al, 1999; Bilder et al, 2000) zeigen, dass die schizophrenen Patienten in allen Funktionsbereichen schlechter abschnitten als gesunde Kontrollpersonen. In unserer Studie ergab sich die relativ stärksten Beeinträchtigung in den exekutiven Funktionen (VSM) und im semantischen Gedächtnis. Zum 2-Jahres-Zeitraum zeigte sich in unserer Untersuchung eine Verbesserung im verbalen Lernen (VBL), keine Veränderung im verbalen Gedächtnis (SEM), den exekutiven Funktionen (VSM) und im Bereich Abstraktionsfähigkeit/Flexibilität (ABS) und eine geringfügige Verschlechterung im visuellen Gedächtnis (VIM) im Vergleich zu den gesunden Kontrollpersonen.

Zwischenzeitlich konnten die Verlaufsuntersuchungen auf einen Zeitraum von fünf Jahren ausgeweitet werden. An dieser Stelle muss jedoch darauf hingewiesen werden, dass die Auswertung der 5-Jahres-Daten eine vorläufige ist (so sind die Probanden und Patienten noch nicht nach den demographischen Kriterien gematcht, die Testleistungen zum 5-Jahres-Zeitpunkt sind noch nicht auf die Testleistung zum Indexzeitpunkt standardisiert). Bei bisher 58 Patienten mit einer schizophrenen Erkrankung, 32 Patienten mit affektiven Störungen und 50 gesunden Kontrollpersonen ergibt sich folgender Befund (siehe Abb. 2).

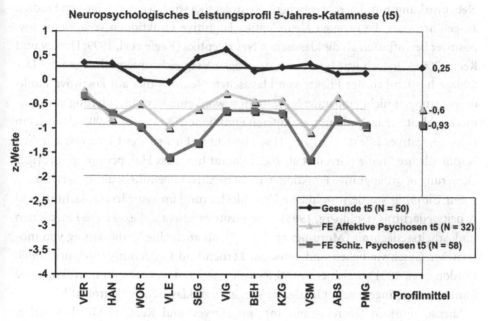

Abb. 2. Neuropsychologisches Leistungsprofil 5-Jahres-Katamnese (t5). *VER* Verb. Intelligenz; *HAN* Handlungsint.; *WOR* Wortflüssigkeit; *VLE* Verb. Lernen; *SEG* Semant. Gedächtnis; *VIG* Visuelles Ged.; *BEH* Behaltensrate; *KZG* Kurzzeitged.; *VSM* Visuomot./Aufmerks.; *ABS* Abstr./ Flexib.; *PMG* Psychomot. Geschw.

Patienten mit schizophrener Psychose zeigen insgesamt eine um ca. 1 Standardabweichung schlechtere Testleistung als gesunde Kontrollpersonen mit den ausgeprägtesten Defiziten im Verbalen Lernen (VLE = Wechsler Memory Scale (WMS-R): Verbale Paarassoziation + Münchner Lern- und Gedächtnistest: Mittelwert trials 1–5) semantischen Gedächtnis (SEG = Semantisches Gedächtnis (WMS-R: Logisches Gedächtnis, unmittelbare und verzögerte Reproduktion) und den exekutiven Funktionen (VSM = Visuomotorische Prozesse und Aufmerksamkeit: (Trail-Making Test B, HAWIE-R-Zahlen-Symbol-Test + Farb-Wort-Interferenz-Test (FWIT) – Interferenzbedingung).

Bezüglich des Einflusses von Medikamenten zeichnen die bisher vorliegenden Untersuchungen kein eindeutiges Bild. Übereinstimmung herrscht darüber, dass Anticholinergika sowie klassische Neuroleptika und Antidepressiva mit starkem anticholinergen Effekt zu einer Verschlechterung von Gedächtnisfunktonen führen.

Es ist nicht zuletzt den Vergleichsstudien von klassischen und atypischen Neuroleptika zu danken, dass neurokognitive Störungen wieder in den Brennpunkt des Interesses bei schizophrenen Erkrankungen gerückt sind. Als Beleg für das geringere

Nebenwirkungsprofil der „atypischen" Neuroleptika wird in einer Reihe von Studien ausgeführt, dass die neueren Neuroleptika kognitive Funktionen verbessern bzw. positiver beeinflussen als die klassischen Neuroleptika (Keefe et al, 1999; Harvey und Keefe, 2001). Jedoch war bereits vor derartigen Vergleichsuntersuchungen die Datenlage hinsichtlich der Effekte von klassischen Neuroleptika auf kognitive Funktionsstörungen nicht eindeutig: So wurden sowohl eine Verschlechterung von Aufmerksamkeit, Gedächtnis, und exekutiven Funktionen (King et al, 1990), als auch ein Fehlen negativer Effekte (Epstein, 1996) berichtet. Ebenso weist eine erst kürzlich veröffentlichte Studie (Green et al, 2002) darauf hin, dass Haloperidol in niedriger Dosierung neurokognitive Funktionen nicht negativer beeinflusst als Risperidon.

Für Clozapin wurde sowohl eine Verschlechterung im visuellen Gedächtnis und Arbeitsgedächtnis (Goldberg, 1993), kein positiver Effekt auf exekutive Funktionen und Arbeitsgedächtnis (Mortimer et al, 1995), als auch eine Verbesserung von motorischer Geschwindigkeit und verbalem Lernen und Gedächtnis (McGurk, 1999; Purdon et al, 2001) berichtet, wobei festzuhalten ist, dass Clozapin neurokognitive Funktionen geringer beeinträchtigt im Vergleich zu klassischen Neuroleptika.

Ebenso muss in Übereinstimmung mit Harvey und Keefe (2001) konstatiert werden, dass Vergleichsstudien zwischen neueren und klassischen Neuroleptika größtenteils erhebliche methodologische Mängel aufweisen, v.a. wurde in der Mehrzahl der Vergleichsstudien Haloperidol in hoher bis extrem hoher Dosierung mit einem atypischen Neuroleptikum verglichen.

Hierzu möchte ich Daten aus unserer 2-Jahres-Katamnese an 50 schizophrenen Patienten vorlegen. Zur Indexuntersuchung wurden alle Patienten mit Butyrophenonen behandelt, zum damaligen Zeitpunkt Standardbehandlung am Bezirkskrankenhaus Haar. Zum Zeitpunkt der 2-Jahres-Katamnese waren 9 Patienten ohne Medikation, 23 Patienten waren mit klassischen Neuroleptika (mittlere Tagesdosis CPE 375 + 396 mg) und 18 Patienten mit atypischen Neuroleptika (mittlere Tagesdosis CPE 148 + 86 mg) behandelt (siehe Abb. 3).

Varianz- und Kovarianzanalysen zeigten, dass neben der Testleistung zum Indexzeitpunkt und der Schulbildung die Zugehörigkeit zu einer Medikamentengruppe signifikanten Einfluss auf die NP Testleistung in den Bereichen VIM VBL, VSM und ABS zum 2-Jahreszeitpunkt hatte. In einer sich anschließenden Regressionsanalyse konnte gezeigt werden, dass dieser Einfluss dosisabhängig ist (dF1,49; VIM: $F = 8.97$, $p < .05$: VSM: $F = 11.27$, $p < .01$; ABS: $F = 6.64$; $p < .05$).

Wie aus Abb. 3 zu ersehen ist, ergab sich eine deutliche Verbesserung in allen Funktionen außer dem semantischen Gedächtnis in der Gruppe, die zum 2-Jahres-Zeitraum medikamentenfrei war. In beiden Medikamentengruppen ergab sich eine Verbesserung in verbalem Lernen, keine Veränderung im semantischen Gedächtnis

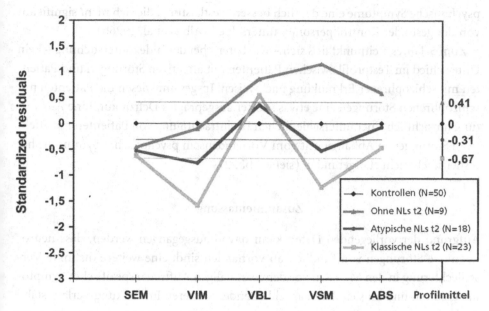

Abb. 3. Veränderung in den Bereichen semantisches Gedächtnis (SEM), visuelles Gedächtnis (VIM), verbales Lernen (VBL), exekutive Funktionen (VSM), Abstraktion/Flexibilität (ABS) zwischen Indexuntersuchung und 2-Jahres-Katamnese

und eine Verschlechterung im Bereich visuelles Gedächtnis und exekutiven Funktionen (VSM). Atypische Neuroleptika zeigten keine Überlegenheit gegenüber den klassischen Neuroleptika in den Bereichen SEM, VBL und ABS, einen günstigeren – allerdings wohl aufgrund der geringen Fallzahl und der großen Streuung nicht statistisch signifikanten – Effekt in den Bereichen VIM und den exekutiven Funktionen (VSM).

Spezifität

Nur einige wenige Untersuchungen haben sich bisher mit der Frage, ob die immer wieder bei schizophrenen Erkrankungen propagierten Denkstörungen tatsächlich „schizophreniespezifisch" sind, befasst. Ein Vergleich ersterkrankter schizophrener und an einer affektiven Störung erkrankter Patienten zum Zeitpunkt der Indexuntersuchung ergab, dass Patienten mit affektiven Störungen mit psychotischen Symptomen, vergleichbar ausgeprägte Beeinträchtigungen wie schizophrene Patienten aufweisen. Noch wichtiger, es ließ sich kein Unterschied im Testprofil zwischen den beiden Gruppen auffinden. Andererseits zeigten affektive Patienten ohne psychotische Symptome eine deutlich bessere Testleistung, die sich nicht signifikant von der gesunder Kontrollpersonen unterschied (Albus et al, 1996b).

Zum 5-Jahres-Zeitpunkt ließ sich – wie bereits bei der Indexuntersuchung – kein Unterschied im Testprofil zwischen Patienten mit affektiven Störungen und Patienten mit schizophrener Erkrankung nachweisen. Insgesamt wiesen die Patienten mit schizophrenen Störungen eine etwas stärker ausgeprägtes Defizit auf. Eine Auswertung hinsichtlich einer unterschiedlichen Beeinträchtigung von Patienten mit affektiven Störungen in Abhängigkeit vom Vorhandensein psychotischer Symptome hat bisher noch nicht stattgefunden (siehe Abb. 2).

Zusammenfassung

Aufgrund der vorliegenden Daten kann davon ausgegangen werden, dass neurokognitive Störungen von Kindheit an vorhanden sind, eine weitere distinkte Verschlechterung in den Monaten vor dem erstmaligen Auftreten spezifischer Symptome erfahren und im sich daran anschließenden weiteren Erkrankungsverlauf stabil sind.

Neben einem generalisierten Defizit, das sich in allen Untersuchungen in einer insgesamt deutlich schlechteren Testleistung im Vergleich zu gesunden Kontrollpersonen nachweisen lässt, weisen schizophrene Patienten ein selektives Defizit in den exekutiven Funktionen (VSM) und im verbalen Gedächtnis auf.

Neuroleptika beeinflussen Testleistungen in den Bereichen VEM, VIM, VSM und ABS, jedoch nicht im Bereich des semantischen Gedächtnisses. Diese Effekte sind dosisabhängig. Atypische und typische Neuroleptika zeigen keine unterschiedlichen Effekte in den Bereichen SEM, VBL und ABS, atypische Neuroleptika weisen etwas günstigere Effekte in den Bereichen VIM und VSM auf.

Die kognitiven Funktionsstörungen sind nicht spezifisch für schizophrene Patienten, sie sind auch bei Patienten mit affektiven Erkrankungen mit psychotischen Symptomen vorzufinden. Zu diskutieren ist, ob die aufgefundenen kognitiven Störungen einen Vulnerabilitätsindikator für das gesamte Spektrum psychotischer Störungen darstellen.

Diese Untersuchungen wurden von der Deutschen Forschungsgemeinschaft gefördert (Al 230/3-1, 3-2).

Literatur

Albus M, Hubmann W, Ehrenberg C, Forcht U, Mohr F, Sobizack N, Wahlheim C, Hecht S (1996a) Neuropsychological impairment in first-episode and chronic schizophrenic patients. Eur Arch Psychiatr Clin Neurosci 246: 249–255

Albus M, Hubmann W, Wahlheim C, Sobizack N, Franz U, Mohr F (1996b) Contrasts in neuropsychological test profile between patients with first-episode schizophrenia and first-episode affective disorders. Acta Psychiatr Scand 94: 97–93

Bilder RM, Goldman RS, Robinson D, Reiter G, Bell L, Bates JA, Pappadopulos E, Willson DF, Alvir JMJ, Woerner MG, Geisler S, Kane JM, Liebermann JA (2000) Neuropsychology of first-episode schizophrenia: initial characterization and clinical correlates. Am J Psychiatry 157: 549–559

Blanchard JJ, Neale JM (1994) The neuropsychological signature of schizophrenia: generalized or differential deficit? Am J Psychiatry 151: 40–48

Cosway R, Byrne M, Clafferty R, Hodges A, Grant E, Abukmeil SS, Lawrie SM, Miller P, Johnstone EC (2000) Neuropsychological change in young people at high risk for schizophrenia: results from the first two neuropsychological assessments of the Edinburgh High Risk Study. Psychol Med 30: 1111–1121

Epstein JI, Keefe RSE, Roitman SL, Harvey PD, Mohs RC (1996) Impact of neuroleptic medications on Continuous Performance Test measures in schizophrenia. Biol Psychiatry 39: 902–905

Gold S, Arndt S, Nopoulos P, O'Leary DS, Andreasen NC (1999) Longitudinal study of cognitive function in first-episode and recent-onset schizophrenia. Am J Psychiatry 156: 1342–1348

Goldberg TE, Hyde TM, Kleinmann JE, Weinberger DR (1993) Course of schizophrenia: neuropsychological evidence for a static encephalopathy. Schizophr Bull 19: 797–804

Green MF, Marder SR, Glynn SM, McGurk SR, Wirshing WC, Wirshing DA, Liberman RP, Mintz J (2002) The neurocognitive effects of low-dose haloperidol: a two-year comparison with risperidone. Biol Psychiatry 51: 969–971

Harvey PD, Keefe RS (2001) Studies of cognitive change in patients with schizophrenia following novel antipsychotic treatment. Am J Psychiatry 158: 176 – 184

Hoff AL, Riordan H, O'Donnell DW, Stritzke P, Neale C, Boccio A, Anand AK, DeLisi LE (1992) Anomalous lateral sulcus asymmetry and cognitive function in first-episode schizophrenia. Schizophr Bull 18: 257–272

Hoff AL, Sakuma M, Wieneke M, Horon R, Kushner M, DeLisi LE (1999) Longitudinal neuropsychological follow-up study of patients with first-episode. Am J Psychiatry 156: 1336–1341

Keefe RSE, Silva SG, Perkins DO, Lieberman JA (1999) The effects of atypical antipsychotic drugs on neurocognitive impairment in schizphrenia: a review and meta-analysis. Schizophr Bull 25: 201–222

King DJ (1990) The effect of neuroleptics on cognitive and psychomotor function. Br J Psychiatry 157: 799–811

Kremen WS, Buka SL, Seidman LJ, Goldstein JM, Koren D, Tsuang MT (1998) IQ decline during childhood and adult psychotic symptoms in a community sample: a 19-year longitudinal study. Am J Psychiatry 155: 672–677

Mc Gurk SR (1999) The effects of clozapine on cognitive functioning in schizophrenia. J Clin Psychiatry 60 [Suppl 12]: 24–29

Mortimer AM, Smith A, Lock M, Lelkh S, Rooke-Ley S (1995) Clozapine and neuropsychological function – preliminary report of a controlled study. Human Psychopharmacol 10: 157–159

Purdon SE, Labelle A, Boulay L (2001) Neuropsychological change in schizophrenia after 6 weeks of clozapine. Schizophr Res 48: 57–67

Rund BR, Landro NI, Orbeck AI (1997) Stability in cognitive dysfunctions in schizophrenic patients. Psychiatry Res 69: 131–141

Saykin AJ, Shtasel DL, Gur RE, Kester DB, Mozley LH, Stafini AK, Gur RC (1994) Neuropsychological deficits in neuroleptic naive patients with first-episode schizophrenia. Arch Gen Psychiatry 51: 124–131

Bewältigungsorientierte Therapie im stationären Bereich: Implikationen für die Langzeitbehandlung der Schizophrenie

A. Schaub, P. Kümmler, L. Gauck und S. Amann

Einleitung

Wenngleich die Psychopharmakotherapie seit über 30 Jahren den wichtigsten Behandlungspfeiler bei schizophrenen Störungen darstellt, gilt es die Behandlung durch ergänzende psychotherapeutische Interventionen zu optimieren. Dieser Beitrag stellt derartige Ansätze vor und beschreibt die Inhalte einer bewältigungsorientierten Gruppenintervention, die seit 1995 an der Psychiatrischen Klinik der LMU München durchgeführt wird. 196 Patienten nahmen an einer kontrolliert randomisierten Studie teil und ihr weiterer Krankheitsverlauf wurde über zwei Jahre dokumentiert. Abschließend werden mögliche Implikationen für die Langzeitbehandlung der Schizophrenie diskutiert und an einem Fallbeispiel veranschaulicht.

Krankheitsverläufe unter naturalistischen Bedingungen

Schizophrene Erkrankungen zählen trotz immenser psychopharmakologischer Forschritte weiterhin zu den Erkrankungen, die die Lebensqualität der Betroffenen und ihrer Angehörigen stark beeinträchtigen und das Gesundheitssystem finanziell stark belasten (Rund et al, 1994, Kissling et al, 1999). Eine Metaanalyse (Hegarty et al, 1994) untersuchte 320 Verlaufsstudien der letzten zehn Jahre, wobei der kürzeste Katamnesezeitraum ein Jahr betrug. Das Ergebnis deckt sich mit dem früherer (z.B. Bleuler, 1972; Huber et al, 1979) sowie aktueller Untersuchungen (z.B. Bailer und Rey, 2001; Möller et al, 2002): Etwa 20–30% der Erkrankten remittieren vollständig, 30–40% leiden unter Residualzuständen leichten bis mittleren Grades und das letzte Drittel unter schweren psychischen Behinderungen. In den letzten 20 Jahren haben sich psychotherapeutische Interventionen als wesentliche Ergänzung einer pharmakologischen Behandlung bewährt, wobei sich psychoedukative (Pekkala und

Merinder, 2002) und insbesondere familienbezogene Ansätze (Pitschel-Walz et al, 2001; Pharaoh et al, 2003) als rezidivprophylaktisch erwiesen. Wichtige Ansatzpunkte bei der Behandlung an Schizophrenie erkrankter Patienten sind die Verarbeitung der oft als traumatisch erlebten Diagnose und der Erlebnisse während der akuten Phase. Psychoedukative bzw. bewältigungsorientierte Ansätze helfen diese Erfahrungen in das Selbstbild zu integrieren („Reframing") und ein funktionales Krankheitsmodell zu entwickeln, dass dem Patienten die jeweiligen Anforderungen (z.B. Compliance, Stressreduktion) plausibel macht. Sie vermitteln Strategien zur Verbesserung der Medikamenten-Compliance und zum Umgang mit Krankheitssymptomen wie Frühwarnzeichen, chronischer Plus- und Negativsymptomatik sowie Stress- und Krisenmanagement. Die Förderung positiver sozialer Interaktionen und der sozialen Integration sowie die Verbesserung der Lebensqualität sind weitere wichtige Therapieziele.

Die unterschiedlichen Krankheitsverläufe zeigen, dass den Patienten trotz Erkrankung und ihrer Residuen eine Eigenaktivität verbleibt, deren therapeutische Förderung vordringlich ist. Die eigene Längsschnittstudie (Schaub, 1993; 1994) belegte, dass spezifische Bewältigungsstrategien wie Aufrechterhalten von Hoffnung, Korrektur früherer Erwartungen sowie Mitarbeitsbereitschaft mit der pharmakologischen Behandlung den Krankheitsverlauf mit beeinflussen können. Somit bietet sich die Möglichkeit, über die Vermittlung effektiver Bewältigungsstrategien den Verlauf und den Ausgang schizophrener Erkrankungen zu beeinflussen (Schaub, 2002). Aufgrund einer zu negativen Einschätzung der Bewältigungsbemühungen und -kompetenz der Erkrankten und eines mangelnden Einbezugs der Angehörigen waren derartige Konzepte lange Zeit vernachlässigt worden.

Das Vulnerabilitäts-Stress-Modell und seine therapeutischen Implikationen

Mehrere Studien konnten belegen, dass persönliche Ressourcen wie eine gute prämorbide Anpassung, ein positives Selbstkonzept, Kompetenzen des sozialen Netzes sowie eine kontinuierliche Psychopharmakotherapie sich positiv auf den Krankheitsverlauf auswirken können (Bailer et al, 1994; Schaub, 1994). Familiäre Belastungsfaktoren wie sehr kritische oder überfürsorgliche Einstellungen der Familienmitglieder (High Expressed Emotion, HEE) erhöhen demgegenüber die Rückfallgefährdung um mehr als das $2^1/_2$-fache (Bebbington und Kuipers, 1994; Schaub, 2002). In der Längsschnittuntersuchung der Arbeitsgruppe von Nuechterlein (1998), in der die Patienten pharmakologisch und psychosozial behandelt wurden, waren HEE und das Auftreten belastender Lebensereignisse gravierende Prädiktoren für den Krankheitsverlauf, die unabhängig von genetischen Faktoren (Familiengeschichte, neuropsychologische Vulnerabilität) bestanden. Mögliche negative Wechselwirkungsprozesse zwischen ungünstigen Familieninteraktionen und dem Krankheitsverlauf zeigen sich weniger im Schweregrad der Erkrankung als vielmehr in subklinischen verbalen und nonverbalen Verhaltensauffälligkeiten, die durch neuropsychologische Defizite modifiziert werden (Woo et al, 1997; Rosenfarb et al, 2000). Der Zusammenhang zwischen HEE und Rückfallgefährdung ist nicht schizophreniespezifisch, sondern tritt auch bei anderen z.B. depressiven Erkrankungen auf (Butzlaff und Hooley, 1998).

Das Vulnerabilitäts-Stress-Bewältigungsmodell der Schizophrenie (Zubin und Spring, 1977; Nuechterlein und Dawson, 1984; Nuechterlein et al, 1994) wertet die Bewältigungsressourcen des Patienten und seines Umfeldes sowie die Behandlungsbereitschaft mit der Pharmakotherapie als wichtige Einflussfaktoren auf den Krankheitsverlauf und bietet somit wesentliche Ansatzpunkte für kombiniert pharmakologisch-psychotherapeutische Interventionen. Ansätze zur Modifikation der Vulnerabilitätsmarker nach eingetretener Erkrankung klingen vielversprechend, bleiben aber noch hinter ihren Ansprüchen zurück. Die Veränderung biologischer Prozesse über Neuroleptikatherapie im Sinne einer Symptomsuppression scheint eher gewährleistet, wenngleich die diesen Prozessen zugrundeliegende Vulnerabilität nur bedingt beeinflussbar erscheint. Reduktion der Belastungen bzw. die Förderung eines konstruktiven Umgangs mit Belastungen ist ein wichtiger Ansatzpunkt psychotherapeutischen Handelns. Der Patient lernt zunächst Belastungen als solche zu erkennen, um dann Problemlösestrategien anzuwenden, die zum Aufbau alternativer Bewältigungsstrategien führen. Das soziale Umfeld wird einbezogen, um positive soziale Interaktionen zu fördern und konkrete Stressoren im Alltag der Patienten zu bearbeiten. Als wichtige Therapieverfahren gelten psychoedukative Ansätze (Vermittlung von Wissen über die Erkrankung und ihre Behandlungsmöglichkeiten), familientherapeutische Interventionen (Psychoedukation, Kommunikations- und Problemlösetraining) und die kognitive Verhaltenstherapie, die Verhalten, Fühlen und Kognitionen als sich wechselseitig beeinflussende Prozesse versteht, und verschiedene Strategien wie Problemlösen, kognitive Umstrukturierung dysfunktionaler Krankheits- und Selbstkonzepte, Selbstkontrolle (z.B. Symptom- und Krisenmanagement) sowie das Training sozialer Kompetenzen abdeckt.

Bewältigungsorientierte Therapie (BOT) an der LMU München

Während sich der Begriff Psychoedukation auf eine didaktisch angelegte Aufklärung über die Krankheit und ihre Behandlungsmöglichkeiten bezieht, die eine Verbesserung des Krankheitsverständnisses intendiert, berücksichtigt ein „bewältigungsorientiertes" Vorgehen stärker die Belastungen, Ressourcen und spezifischen Aspekte der Krankheitsbewältigung sowie das Einüben konkreter Verhaltensmuster. Der Unterschied ist jedoch eher gradueller als prinzipieller Natur. An der Münchner Universitätsklinik wurde 1995 die bewältigungsorientierte Gruppentherapie (Schaub, 1997; Schaub et al, 1999) eingeführt. Patienten, die hinlänglich belastbar erscheinen, können an 12 stationären Gruppensitzungen (zwei Mal pro Woche) sowie an vier ambulanten Auffrischsitzungen teilnehmen. Tabelle 1 (Schaub, 2002) gibt einen Überblick über die bewältigungsorientierte Therapie (BOT). Der erste Teil ist informativ und leiterzentriert, wobei Bedürfnisse der Teilnehmer und ihre Erfahrungen interaktiv aufgegriffen werden. Der zweite stressorientierte Teil bezieht sich weitgehend auf Belastungen der Teilnehmer und wird daher stärker von ihnen gestaltet. Belastende und ressourcenorientierte Themen wechseln sich ab, um Überforderungen zu vermeiden. Dieses Gruppenangebot wird mit einer psychoedukativen Angehörigengruppe (sechs bis acht Sitzungen) kombiniert, die Wissensvermittlung, emotionale Entlastung, Kommunikations- und Stressmanagement zum Inhalt hat.

Nach einem anfänglichen kurzen Kennenlernen und dem Abklären der Bedürfnisse und Erwartungen der Teilnehmer wird über die Inhalte der Gruppentherapie, ihre Ziele und Vorgehensweise informiert. Gemeinsam werden Regeln erarbeitet, die der Einzelne als wesentlich erachtet, um sich in der Gruppe wohl zu fühlen (z.B.

Tab. 1. Bewältigungsorientierte Therapie für schizophren und schizoaffektiv Erkrankte (mpd. Schaub, 1997)

---

1. Aufklärung über die Krankheit und die Behandlung auf der Grundlage des Vulnerabilität-Stress-Bewältigungsmodells
   - Informationen zu Ätiologie, Symptomatik und Verlauf schizophrener Erkrankungen
   - Informationen zur Behandlung (Psychopharmakotherapie, Psychotherapie und psychosoziale Interventionen)
   - Rezidivprophylaxe: Identifizieren, Monitoring und Umgang mit Früh- und Warnsymptomen
   - Auswirkungen von Stress auf die Erkrankung

---

2. Stress- und Symptommanagement sowie Rezidivprophylaxe
   - Erkennen belastender Situationen und individueller Stressreaktionen im Hinblick auf psychophysiologische, kognitive, emotionale und verhaltensbezogene Parameter
   - Stressmanagement: Entspannungstraining, Problemlösen, kognitive Umstrukturierung, Verbesserung der Bewältigungskompetenz
   - Training der soziale Kompetenz,
   - Symptommanagement
   - Gesundheitsverhalten (Förderung von Ressourcen, Freizeitgestaltung)
   - Krisenmanagement (Erarbeiten eines individuellen Krisenplans)

Schweigepflicht gegenüber Dritten, das Recht sich mitzuteilen und zu schweigen; Einführen des „Ruhestuhls" für wenig belastbare Patienten, der symbolisiert, dass die Teilnahme des Patienten honoriert wird und es keiner aktiven Teilnahme bedarf). Am Ende der ersten Sitzung wird die aktuelle Befindlichkeit („Blitzlicht") der Teilnehmer erfragt. Die folgenden Sitzungen verlaufen nach der gleichen Struktur: Kurze interaktive Zusammenfassung der letzten Stunde und Klärung offener Fragen; Ausblick auf die aktuelle Stunde z.B. „Krankheitszeichen einer Psychose"; gemeinsames Erarbeiten der Inhalte; Vergabe von Hausaufgaben; „Blitzlicht" zur aktuellen Befindlichkeit nach der Stunde.

Im Folgenden werden die weiteren Sitzungen, die je nach Bedürfnissen der Gruppe in ihrer Reihenfolge und ihrem Verlauf modifiziert werden können, stichwortartig skizziert (Schaub, 2003).

Zweite Sitzung: Krankheitszeichen einer Psychose: Sammeln, Durchsprechen, Erklären und Kategorisieren (z.B. Plus- und Negativsymptomatik; Einteilung nach spezifischen Modalitäten), Definition des Begriffs Psychose, Erarbeiten von Selbsthilfestrategien und hilfreichen Erfahrungen im Umgang mit der Erkrankung.

Dritte Sitzung: Verletzlichkeits-Stress-Bewältigungsmodell (VSBM): Frage nach Krankheitskonzepten (Auslöser und Einflussfaktoren in bezug auf die jetzige Krankheitsepisode bzw. den letzten Rückfall), Erklären der relevanten Begriffe, Verlaufsformen der Erkrankung und persönliche Möglichkeiten der Einflussnahme.

Vierte Sitzung: Hypothese der Gehirnstoffwechselstörung und die Wirkung der Neuroleptika: „Erklären" des Stoffwechselgeschehens im Gehirn, Definition von Psychopharmaka, Erläutern ihrer biochemischen Wirkmechanismen bei Einnahme, mögliche Klassifikationen, persönlicher Medikamentenüberblick und Befindlichkeit nach Einnahme.

Fünfte Sitzung: Medikamentöse Behandlung (Wirkungen und Nebenwirkungen): Kompetenter Umgang mit Neuroleptika, Klassifikation der Nebenwirkungen von Neuroleptika und mögliche Hilfsmaßnahmen, Rückfallschutz durch Neuroleptika und Selbstmanagement.

Sechste Sitzung: Umgang mit Frühwarnzeichen und Krisenplan: Definition, Sammeln, Herausarbeiten individueller Anzeichen und ihrer Bedeutung, Erarbeiten hilfreicher Bewältigungsstrategien und eines individuellen Krisenplans, Einbindung einer Vertrauensperson, Beantworten medizinischer Fragen der Patienten durch einen Arzt in der zweiten Hälfte der Sitzung.

Siebte Sitzung: Auswirkungen von Stress auf die Befindlichkeit und die Erkrankung (erneutes Anknüpfen an das VSBM): Erkennen persönlicher Stresssituationen, Identifikation von Belastungen in verschiedenen Lebensbereichen, Hierarchie der Belastungen, hilfreiche Strategien im Umgang mit Belastungen, Durchführen einer verkürzten Progressiven Muskelentspannung oder Atemübung (mit positiver Selbstinstruktion).

Achte Sitzung: Analyse belastender Situationen: Sammeln von Begriffen, die mit Stress verknüpft sind, Herausarbeiten der Kriterien: situativer Auslöser (A), Bewertung (B), Konsequenzen (C) auf körperlicher, emotionaler, kognitiver und Verhaltensebene, Erkennen des persönlichen „Stressprofils", Bedeutung der Bewertung für das Stresserleben, Einführen des Arbeitsblattes „Analyse belastender Situationen" (siehe Tab. 2), Entspannungsübung mit positiver Selbstinstruktion.

Tab. 2. Analyse einer belastenden Situation (Schaub, 2003)

Ort, Zeitpunkt, Handlung

„Selbstgespräche", Einschätzung der Situation

Veränderungen der Gefühle *(z.B. Angst, Niedergeschlagenheit)*

Veränderungen der Körperempfindungen *(z.B. Schwitzen, Herzklopfen)*

Veränderungen im Denken *(z.B. Blockierungen, Konzentrationsschwierigkeiten, Grübeln)*

Bewältigungsversuche/eigenes Verhalten

Ausgang der Situation *(Vergessen Sie nicht, Ihre eigenen Anstrengungen, die Situation zu meistern, positiv zu werten!)*

Neunte bis elfte Sitzung: Spezifische individuelle Belastungssituationen und Stressmanagement-Strategien: Aufgreifen von persönlichen Belastungen, Herausarbeiten der obengenannten Kriterien, Stressmanagement: Problemlösestrategien, Entspannung mit positiver Selbstinstruktion, Gesundheitsverhalten (Fördern von Ressourcen), Einstellungsänderung (z.B. Erkennen und Modifizieren dysfunktionaler Kognitionen wie „wenn man eine Psychose hat, ist man ein Mensch zweiter Klasse"), Rollenspiel.

Zwölfte Sitzung und Abschlusssitzung im stationären Kontext: Rückblick auf die Themen der Gruppe, Hinweis auf Möglichkeiten der ambulanten Versorgung, Wertschätzung der Teilnahme des Einzelnen und persönliche Rückmeldung durch Haupt- und Cotherapeuten. Bei Bedarf können sich weitere vier ambulante Gruppensitzungen (ein Mal monatlich) anschließen.

Nachdem sich dieser kognitiv-behaviorale Ansatz, der Psychoedukation und Stressmanagement kombiniert, bei 94 Patienten als gut umsetzbar erwies, wurde von 1997 bis 2002 eine randomisierte kontrollierte Studie mit 196 Patienten durchgeführt, in der die bewältigungsorientierte Therapie mit einer supportiven Gesprächsgruppe verglichen wurde. Patienten mit Komorbidität sowie eingeschränkten Deutschkenntnissen wurden aus der Studie ausgeschlossen. Es wurden psychopathologische Symptome, psychosoziale Anpassung, kognitive Funktionen, Compliance, Bewältigungsstrategien, Aspekte des Selbstkonzepts und der Lebensqualität sowie subjektiv erlebte Nebenwirkungen erhoben. Der Krankheitsverlauf wurde über zwei Jahre verfolgt. Die Patienten, die an der bewältigungsorientierten Therapie teilnahmen, werteten diese Gruppe als sehr positiv und fühlten sich im Vergleich zur Kontrollgruppe besser über ihre Erkrankung informiert (Schaub, 2002). Im längeren Krankheitsverlauf ergab sich eine Verbesserung der psychopathologischen Symptomatik, insbesondere der depressiven sowie tendenziell der negativen Symptome.

Implikationen für die Langzeitbehandlung schizophrener Störungen anhand der BOT-Studie

Im Rahmen der Zwei-Jahres-Katamnese der BOT-Studie wurde deutlich, dass insbesondere Patienten mit episodischen Krankheitsverläufen von der bewältigungsorientierten Therapie profitieren (Schaub, 2002). Patienten mit persistierender ausgeprägter Negativsymptomatik, sozialen und kognitiven Defiziten, chronischer Plussymptomatik sowie dysfunktionalen Familienmustern bedürfen unserer Einschätzung nach zusätzlich zur bewältigungsorientierten Therapie weiterer Interventionen.

Patienten mit Doppeldiagnosen, die per se von der BOT-Studie ausgeschlossen wurden, profitieren von integrativen Behandlungskonzepten, die verschiedene Phasen wie Aufbau einer Behandlungsallianz und Überzeugungsarbeit sowie kognitiv-verhaltenstherapeutische und pharmakologische Interventionen zur Stabilisierung und Rezidivprophylaxe (z.B. Mueser et al, 1999) abdecken. Bei Patienten mit deutlicher Negativsymptomatik und sozialer Behinderung (Bailer et al, 2001; Kopelowicz et al, 1997) oder chronischer Plussymptomatik (z.B. Garety et al, 1994; Tarrier et al, 1998, 2000) haben sich symptomspezifische kognitiv-verhaltenstherapeutische und/oder familientherapeutische Interventionen (Dyck et al, 2000) bewährt. In diesem Zusammenhang fiel uns auf, dass die Symptome mancher Patienten zu einem „Aufschaukelungsprozess" und hoch emotionalem Verhalten im therapeutischen Team führen können, das der kontinuierlichen Supervision bedarf (Stark und Siol, 1994).

Wir wählten daher bei diesen Patienten ein kombiniert Einzelfall- sowie gegebenenfalls familientherapeutisches Vorgehen für den weiteren Verlauf. Dieses möchten wir an einem Fallbeispiel veranschaulichen. Dieser Patient litt unter einem Defizitsyndrom (Carpenter et al, 1988), das heißt über einen Zeitraum von mindestens 12 Monaten persistierten Negativsymptome wie Abnahme an Zielgerichtetheit und soziales Interesse, die nicht sekundär auf andere Symptome (z.B. Angst, Depression), Nebenwirkungen oder soziale Deprivation zurückzuführen waren.

Herr K. kommt mit seiner Mutter zur Zwei-Jahres-Katamnese in die Psychiatrische Klinik. Frau K. wirkt depressiv und überfordert durch die häusliche Situation. Sie bittet eindringlich um Hilfe für ihren Sohn und sich, da sie sich nicht mehr der Situation gewachsen fühle. Herr K., der nicht bereit ist sich erneut stationär aufnehmen zu lassen, stimmt einer ambulanten Verhaltenstherapie mit zusätzlichen Familiengesprächen zu.

Der 36-jährige berufs- und arbeitslose Herr K. berichtet zögerlich, dass er aufgrund der Erkrankung und der wiederholten stationären Aufenthalte sich nichts mehr zutraue und kein Selbstwertgefühl mehr habe. Als besonders belastend empfinde er die „krankmachende Familienstruktur" sowie „permanente quälende Zwangsgedanken". Seit elf Jahren lebe er bei den Eltern sehr zurückgezogen, ohne soziale Kontakte außerhalb der Familie und er verlasse das Haus nur noch selten. Aufgrund seiner sozialen Ängste halte er eine Berufsausbildung oder Arbeit außerhalb der elterlichen Wohnung für unmöglich, gleichzeitig leide er sehr unter der sozialen Isolation, dem unbefriedigenden Alltag, sowie den täglichen Auseinandersetzungen.

Die Mutter, eine älter wirkende 63-jährige Frau, klagt darüber, dass der „tägliche Trott" sie am meisten belaste, vor allem die Pflege des Sohnes. Sie beklagt Erschöpfungszustände, Schlaf- und Konzentrationsstörungen. Seit ihrer Berentung vor zwei Jahren sei sie „nervlich sehr gereizt", weine manchmal stundenlang. Im Laufe des Gesprächs wird ihr kritisches, überbehütendes Verhalten offensichtlich.

Aus der Anamnese ist bedeutsam, dass der Vater vier Jahre nach der Geburt des Sohnes an einer schweren paranoid-halluzinatorischen Psychose erkrankte, die durch fehlende Krankheitseinsicht und fremdgefährdende Verhaltensweisen gekennzeichnet war. Die Mutter sorgte für den

Lebensunterhalt der Familie. Schon mit 15 Jahren wurde der Patient psychiatrisch behandelt, es folgten mehrere stationäre Aufenthalte, zuletzt mit der Diagnose einer Schizophrenia simplex. Frau K. leidet an Schuldgefühlen wegen der Erkrankung ihres Sohns und ihrem ablehnenden Verhalten gegenüber ihrem Mann.

Beschreibung der Einzeltherapie von Herrn K.: Die Einzeltherapie fand über einen Zeitraum von 15 Monaten in Form von 43 wöchentlichen 50-minütigen Sitzungen statt. Nach dem stationären Aufenthalt im Hause hatte Herr K. einen Gesamtwert auf der Brief Psychiatric Rating Scale Expanded (Ventura et al, 1993) von 54, in der Skala zur Einschätzung der negativen Symptomatik (SANS; Andreason et al, 1989) erreichte er einen Wert von 87, der auf eine sehr ausgeprägte Negativsymptomatik verweist. In den Bereichen „affektive Verminderung", „Alogie" und „Abulie" wurde diese als „deutlich" beurteilt sowie im Bereich „sozialer Rückzug" als „schwer" eingestuft. In den neuropsychologischen Testverfahren Wisconsin Card Sorting Test (WCST) und Verbaler Lern- und Merkfähigkeits-Test (VLMT) lagen seine Leistungen im Normbereich und gaben damit keine Anhaltspunkte für Defizite in den getesteten Funktionsbereichen. Der Wisconsin Card Sorting Test (WCST) prüft die Umstellfähigkeit zwischen verschiedenen Kategorien, also auch Flexibilität im Denken, der Verbale Lern- und Merkfähigkeits-Test (VLMT) gibt ein Maß an für verbales Lernen und Gedächtnis. Dieses Ergebnis bestätigte sich auch in der Nachuntersuchung nach Abschluss der Therapie.

Um die Einsicht in die Erkrankung und ihre lebensgeschichtlichen Zusammenhänge zu erleichtern, wird in den ersten Sitzungen anhand des Vulnerabilitäts-Stress-Modells ein individuelles Erklärungsmodell entwickelt. Durch psychoedukative Maßnahmen und bedingungsanalytische Gespräche gelingt es Herrn K., auslösende Situationen für seine aktuelle Befindlichkeit (Überforderung durch die Mutter, depressive Überzeugung, die Eltern seien an seinem schlechten Befinden schuld) zu verstehen und prädisponierende Ereignisse (Erkrankung des Vaters) aus der Lebensgeschichte zu erkennen. Es fällt ihm schwer, sich von seinen Schuldzuweisungen gegenüber den Eltern zu distanzieren, da hierdurch eine Entlastung und Ablenkung von der Eigenverantwortlichkeit erreicht wird. Um neue Fertigkeiten im Umgang mit der als äußerst problematisch erlebten familiären Situation zu erwerben, wird im Rollenspiel eine Modifikation des Kommunikationsstils eingeübt. Eine zum herkömmlichen Alltag konträre Lebensgestaltung (z.B. regelmäßige sportliche Betätigung, wöchentliche Unternehmungen mit einer Sozialarbeiterin, therapeutische Gespräche), führt zu einer Verbesserung seiner extremen Antriebsminderung. Zur Ablenkung von quälenden Zwangsgedanken werden gegensteuernde Gedanken erarbeitet („Ich habe es nicht nötig, jemand anderes sein zu müssen", „Ich bin cool genug, wenn ich ich selber bin") und Gedankenstopp eingeübt. Im weiteren wird der Zusammenhang zwischen dem Wunsch nach sozialer Eingebundenheit bei gleichzeitiger Angst vor Ausgrenzung sowie selbstwertschützenden Vermeidungsstrategien erarbeitet. Mit Hilfe von gezielten Interaktionen (u.a. Imaginationsübungen, Spaltentechnik, Rollenspiele, Bewältigung der Alltagsanforderungen mit Hilfe der Sozialarbeiterin) werden alternative Verhaltensweisen und Einstellungen erarbeitet und eingeübt, Ängste vor Veränderung gewohnter Lebensumstände abgebaut, und ein effizienteres Sozialverhalten eingeübt, was zu einer Verbesserung des Selbstwertgefühls beiträgt. Nach Abschluss der Therapie hatte Herr K. einen BPRSE-Summenwert von 49, zeigte jedoch im Bereich der Negativsymptomatik deutliche Verbesserungen. Im Bereich „affektive Verminderung" wurde er lediglich als „normal bis leicht" eingestuft, der Bereich „Alogie" verbesserte sich auf „leicht". Lediglich „Abulie" und „sozialer Rückzug" wurden weiterhin als „deutlich" beurteilt. Der Summewert der SANS verbesserte sich um nahezu die Hälfte auf 47.

Beschreibung der Einzeltherapie von Fr. K.: Es fanden 32 wöchentliche 50-minütige einzeltherapeutische Sitzungen statt. Als Therapieziele werden mit Frau K. eine Reduktion der depressiven Symptomatik und das Zulassen einer größeren Selbstständigkeit des Sohnes vereinbart. Trotz des hohen Leidensdrucks steht Frau K. einer Veränderung der Situation ambivalent gegenüber: Einerseits hält sie die Belastung kaum noch aus, andererseits befürchtet sie den Verlust ihres wichtigsten Ansprechpartners. Die intensive Beschäftigung mit dem Sohn hat auch die Funktion, sie davon abzulenken über ihre eigene Situation nachzudenken und sich mit negativen Gefühlen zu konfrontieren. Zum Aufbau einer Veränderungsmotivation werden mit Frau K. ihre jetzige Situation und mögliche alternative Verhaltensweisen mit ihren Vor- und Nachteilen erarbeitet sowie mit dem Aufbau weiterer sozialer Anreize begonnen (Besuch von Tanz- und Englisch-Kursen). Ein Entspannungstraining (Atementspannung) wird eingeführt, um das allmähliche Heranführen an negative Gefühle wie Schuldgefühle, Angst und Trauer zu erleichtern. Mit zunehmender Fähigkeit, unangenehme Gefühle zuzulassen, wird es Frau K. möglich, über ihre dysfunktionalen Kognitionen zu sprechen und diese zu hinterfragen (z.B. „Nur ich kann meinem Sohn helfen", „Mein Mann und ich sind an der Erkrankung des Sohnes schuld"). Mit Hilfe psychoedukativer Elemente (Vulnerabilitäts-Stress-Modell) sowie der Spalten-Technik gelingt dies ihr allmählich. Als Frau K. auf kognitiver Ebene ihre Ambivalenz hinsichtlich der Selbstständigkeit des Sohnes überwunden hat, aber ihr Verhalten nicht ändert, macht ihr eine paradoxe Intervention (sie soll eine Woche lang alles dafür tun, dass alles so bleibt, wie es ist) diese Diskrepanz deutlich. Weiterhin veränderte sich im Verlauf der Therapie auch ihr Verhalten gegenüber ihrem Ehemann merklich: sie wurde freundlicher und zugewandter.

Beschreibung der Familiengespräche, die sich an den Leitlinien der Familienbetreuung schizophrener Patienten (Hahlweg et al, 1995) orientierten: Es fanden 14 gemeinsame familientherapeutische Doppelsitzungen (100 Minuten) statt, die in 14tägigem Rhythmus angesetzt wurden. Nach einem psychoedukativen Teil bildet das Kommunikationstraining den ersten Schwerpunkt der Sitzungen. Frau K. fällt es schwer, zuzuhören, Herrn K. sich überhaupt am Gespräch zu beteiligen. Nachdem dies eingeübt wurde, fällt es zu Beginn beiden schwer, dem anderen eine positive Rückmeldung über sein Verhalten zu geben. Auf beiden Seiten beherrschen Vorwürfe die Kommunikation und erst nach mehrmaliger Wiederholung gelingt es den Familienmitgliedern anschließend, ihre negativen Gefühle auszudrücken und mit einem Veränderungswunsch zu verbinden. Viel Zeit wird auf die Motivation des Sohnes zu den Gesprächen und auf die Reflexion der Erwartungen Frau K.s verwandt. Das funktionale Bedingungsmodell der Beziehungsprobleme ist hierbei von Bedeutung.

Im zweiten Teil der Familiengespräche werden Problemlösefähigkeiten vermittelt und trainiert, die mit der Familie schließlich auch bei einem Hausbesuch und in Anwesenheit des Vaters eingeübt werden. Nach mehrfachem Fokussieren auf überschaubare Probleme (z.B. Aktivitätenaufbau des Sohnes) gelingt eine gemeinsame Problemdefinition für die aktuelle Situation und eine Einigung auf folgende Lösungsvorschläge: Herr K. plant einen Verein aufzusuchen und (später) eine stationäre Betreuung in Anspruch zu nehmen. Bei der Evaluation der ersten Schritte im Hinblick auf diese Ziele sprach Herr K. zum ersten Mal offen über seine Ängste vor der Unterbringung in einer Einrichtung. Gemeinsam wird überlegt, welche Möglichkeiten es gibt, diese Ängste zu verringern. Im Folgenden werden konkrete Schritte überlegt und realisiert. Die Konfrontation mit dem eigenen Kommunikationsmuster anhand der Video-Aufnahmen zu Beginn und am Ende der Therapie und daran anknüpfende Reflexionen zur Veränderung dieser Muster sind für beide sehr aufschlussreich.

Im letzten Familiengespräch äußern beide Zufriedenheit mit den Gesprächen und ihren Fortschritten. Sie freuen sich sehr über Urkunden, auf denen ihre Anstrengungen und ihre konkreten Erfolge im Sinne einer Verstärkung aufgelistet sind. Der Unterschied in der Kommunikation, auf Video dokumentiert, ist offensichtlich. Frau K. spricht sehr viel leiser und langsamer, macht Vorschläge und hört sich die Entgegnungen Herrn K.s ruhig an. Sie reagiert nur noch sehr selten vorwurfsvoll. Herr K. beteiligt sich aktiv am Gespräch, fragt bei Unklarheiten nach und äußert seine Meinung. Beide sprechen nun offen über ihre Gefühle hinsichtlich einer möglichen Unterbringung in einer Einrichtung. Auch subjektiv geht es beiden besser, obwohl sich die aktuelle Wohnsituation noch nicht verändert hat.

Im Laufe der Therapie gelang es, eine Betreuung von Herrn K. zu etablieren. Der Besuch einer Tagesstätte konnte aufgrund seiner Antriebsarmut noch nicht kontinuierlich realisiert werden. Zusammen mit seiner Betreuerin wird Herr K. sich im kommenden Monat eine stationäre Einrichtung ansehen. Nach neun Monaten Therapie fährt Frau K. mit ihrem Bruder in Urlaub, von dem sie sehr positiv berichtet. Sie nimmt mittlerweile begeistert am dritten Tanzkurs teil, fährt mit der Kirchengemeinde bei Tagesausflügen mit und geht häufig mit ihrem Mann spazieren. Sie bewertet die ersten Schritte in Richtung einer Annäherung an ihren Mann positiv und hofft auf eine weitere Stabilisierung der häuslichen Situation.

Zusammenfassung und Diskussion

Die Neuroleptikatherapie stellt seit über 30 Jahren den wichtigsten Therapiepfeiler in der Behandlung schizophrener Erkrankungen dar. Dies gilt sowohl für die Behandlung der akuten Krankheitsphase als auch für die Rezidivprophylaxe. Richtlinien zur Psychopharmakotherapie empfehlen bei Ersterkrankten eine einjährige Neuroleptikatherapie, bei mehrfachen Rezidiven eine drei- bis fünfjährige Behandlung (Möller et al, 2000). Die Rezidivrate ist dadurch erheblich niedriger (im ersten Jahr: 15%, im zweiten Jahr: 40%) als ohne Neuroleptika (1. Jahr: 75%, 2. Jahr: 85%). Eine Kombination aus psychopharmakologischen und umfangreichen kognitiv-verhaltenstherapeutischen Behandlungsstrategien kann die Rückfallrate um weitere 10–15% senken (Buchkremer et al, 1997).

In der Behandlung mit traditionellen und atypischen Neuroleptika zeichnet sich jedoch eine hohe Non-Compliance ab, die zwischen 41,2% und 49,5% liegt (Übersicht: Lacro et al, 2002). Mögliche Gründe sind eine negative Haltung gegenüber den Medikamenten, zumeist aufgrund von Nebenwirkungen und mangelnder Krankheitseinsicht, aber auch die Krankheitsdauer, eine inadäquate Planung der Entlassung und Nachsorge sowie ein schlechtes therapeutisches Bündnis (Lacro et al, 2002). Holzinger und ihre Kollegen (2002) fanden, dass die subjektive Krankheitstheorie (Definition als geistige Krankheit, angenommene Ätiologie und Prognose) nicht mit der Compliance zusammenhing. Interventionen zur Verbesserung der Medikamentencompliance stellen ein wichtiges Behandlungsziel zur Senkung der Rezidivrate dar. Erfolgreich sind Strategien, die sich spezifisch auf die Medikamenteneinnahme beziehen, wie „motivational interviewing", konkrete Instruktionen und Problem-Lösestrategien, Anleitungen zur Selbstkontrolle inkl. Hinweisreizen, Gedächtnisstützen und Verstärkungen. Ein rein psychoedukatives Vorgehen scheint für die Verbesserung der Medikamentencompliance nicht ausreichend zu sein (Zygmunt et al, 2002). Die Studie von Bäuml und Mitarbeitern (1998) belegten, dass eine kurzfristige psychoedukative Intervention für Patienten sowie ihre Angehörigen im Vergleich zur Standardversorgung die Compliance und den rezidivprophylaktischen Schutz (Differenz jeweils 17%) in der Ein- und Zwei-Jahres-Katamnese signifikant verbesserten. Dieses positive Ergebnis konnte in einer Folgestudie (Merinder et al, 1999) nicht bestätigt werden, da vermutlich die ambulante Einbindung in der Bäuml-Studie eine nicht zu vernachlässigende Einflussgröße darstellt.

Umfangreiche und längerandauernde Therapieansätze (z.B. Herz et al, 2000; Hogarty et al, 1997a, b; Buchkremer et al, 1997), die Psychoedukation, die Schulung der Selbstwahrnehmung im Hinblick auf Frühwarnzeichen (z.B. internale Hinweisreize der affektiven Dysregulation), das Training sozialer Fertigkeiten, kognitive Therapie und den Einbezug der Angehörigen umfassen, bestätigten die Effizienz eines derartigen Vorgehens gegenüber der Standardbehandlung oder kurzfristigen Interventionen.

Für die Therapie schizophrener Patienten werden im Allgemeinen häufig recht allgemeine Empfehlungen formuliert wie Vermittlung eines klaren Settings, eindeutiger Kommunikationsstil, strukturierte Vorgehensweise, die den Informationsverarbeitungsstörungen der Patienten Rechnung tragen sowie positive Verstärkung und Ermutigung. Wing (1978) prägte in diesem Zusammenhang das eindrückliche Bild eines Seiltanzes zwischen Über- und Unterforderung. Zu Beginn der Therapie ist es wesentlich eine Vertrauensbasis aufzubauen und eine gemeinsame Zielsetzung zu erarbeiten, die in kleinen Schritten kontinuierlich angegangen werden kann. Die in Tab. 3 aufgelisteten Problembereiche können durch entsprechende psychosoziale Interventionen angegangen werden.

Hinsichtlich der verschiedenen Therapiemöglichkeiten erscheint die Frage zentral, welche Therapie für welchen Patienten am besten geeignet ist. Jedoch ist die Frage der Prädiktoren derzeit noch ungeklärt, d.h. welcher Patient profitiert von welcher Therapie am meisten?

Es liegen keine Studien vor, die eine klare Indikationsstellung erleichtern. Bestimmte kognitive Funktionen (z.B. Gedächtnisleistung) erwiesen sich in einigen Studien als prädiktiv für Therapieerfolge beim Training sozialer Fertigkeiten (Mueser et al, 1991; Kern et al, 1992). Das Vorliegen positiver und negativer Symptome zeigte keinen Einfluss auf den Erwerb sozialer Kompetenzen (Mueser et al, 1992; Schaub et al, 1998), jedoch im Hinblick auf die Aufrechterhaltung der Fertigkeiten

Tab. 3. Zielsetzungen psychosozialer Interventionen

Mangel an Krankheitsverständnis, Compliance und Bewältigungskompetenz	Psychoedukative Verfahren bzw. bewältigungsorientierte Therapie
Minussymptomatik, Antriebslosigkeit	Strukturierung des Tagesablaufs und Aufbau positiver Aktivitäten
Soziale Defizite und eingeschränkte Fähigkeit zu selbständiger Lebensführung	Training sozialer Fertigkeiten kognitiv-behaviorale Therapie
Selbstwertproblematik	Kognitive Therapie
Chronisch-produktive Symptome	Kognitive Therapie oder Aufbau von Bewältigungskompetenzen
Rezidivprophylaxe	Psychoedukative bzw. bewältigungs-orientierte Ansätze: Umgang mit Frühwarnsymptomen Erarbeiten von Krisenplänen
Einbezug der Angehörigen	Familientherapie, Angehörigenarbeit

(Mueser et al, 1992). Solange die Frage der differentiellen Indikatoren nicht ab-schließend geklärt ist, sollte auch die Psychotherapie symptom- bzw. syndromgelei-tet vorgehen. Studien von drei unabhängigen Arbeitsgruppen in Großbritannien zeigten die Effektivität von kognitiv-verhaltenstherapeutischen Interventionen zur Verbesserung von chronischer Positivsymptomatik (Tarrier et al, 1993; 1998; 1999; 2000; Garety et al, 1994; Sensky et al, 2000). Im Bereich der Negativsymptomatik bzw. der Basisstörungen wurden erste Studien vorgelegt (z.B. Bailer et al, 2001), jedoch stehen die Entwicklung gezielter Interventionen und ihre Evaluation anhand kontrolliert randomisierter Studien noch aus. Als Groborientierung bietet sich an: je kognitiv gestörter der Patient und je ausgeprägter die Negativsymptomatik, desto stärker sollten strukturierte Programme im Vordergrund stehen, die eher auf der Verhaltensebene ansetzen (z.B. Tagesstrukturierung, Aufbau positiver Aktivitäten, Balance zwischen angenehmen und eher als Anstrengung erlebten Aktivitäten) um so den Aktivitätsradius des Patienten erhöhen. Die zeitliche Dauer der einzelnen Therapiestunden sollte sich an der Belastbarkeit der Patienten orientieren.

Da noch keine eindeutige Zuordnung getroffen werden kann, welcher Patient von welchem Vorgehen am meisten profitiert, sollte die differentielle individuelle Indi-kationsstellung daher in enger Absprache mit Patienten und Angehörigen erfolgen und auf die individuellen Probleme des schizophren erkrankten Menschen ab-gestimmt sein. Es erscheint wesentlich, dem Patienten Einblick in die jeweiligen Therapiekonzepte zu vermitteln, seine Krankheitstheorien und Zielvorstellungen aufzugreifen sowie sich um eine Annäherung der Patienten- und Therapeutenziele zu bemühen. Im Hinblick auf die Therapieinhalte sind die Patienten besser motiviert, wenn sie die Relevanz zu ihren Leistungseinbußen bzw. zu ihrer eigenen Lebenssituation erkennen.

Daher empfiehlt es sich, den psychoedukativen Ansatz im Umgang mit psychisch Kranken und ihren Angehörigen mit einzubeziehen, da sich daraus eine kooperative Behandlungspartnerschaft ergeben kann, in der sich die Patienten als Coexperten ihrer Erkrankung und sich auch die Angehörigen ernst genommen fühlen. Der Einbezug der Angehörigen hat in den letzten Jahren an Bedeutung gewonnen (z.B. Buchkremer und Rath, 1989; Hahlweg et al, 1995). Die Familienbetreuung zählt zu den sehr effektiven therapeutischen Interventionen für die Rehabilitation schizophren Erkrankter. Als positive Therapieeffekte sind insbesondere die Rückfallprophylaxe zu nennen. Weitere Aspekte beziehen sich auf die Verbesserung der psychosozialen Anpassung, die Reduktion von „High Expressed Emotion" sowie der familiären Belastung, den Wissenszuwachs über die Erkrankung bei Patienten und Angehörigen, die Verbesserung der Compliance sowie die Kostenersparnis im Gesundheitswesen. Hinsichtlich des „Expressed Emotion"-Konzeptes sind die Faktoren, die zu einem hohen emotionalen Engagement führen, nach wie vor noch nicht geklärt. In weiteren Studien gilt es abzuklären, welche Elemente, ob psychoedukativ oder kognitiv-behavioral und welche Behandlungsdauer für die Effizienz derartiger Interventionen wesentlich sind.

Neben der Rezidivrate als Outcome- und Qualitäts-Kriterium sollten vermehrt andere Variablen berücksichtigt werden, die zum einen die Lebensqualität und die soziale Integration der Betroffenen berücksichtigen, zum anderen aber auch die steigenden Kosten der Erkrankung. Therapeutische Interventionen sollten die Lebenssituation der Betroffenen verbessern, aber auch die materiellen Ressourcen des Gesundheitswesens ökonomisch und effektiv verwenden. Das psychosoziale Funktionsniveau hat von jeher eine große Bedeutung (Engelhardt und Rosen, 1976; Strauss und Carpenter, 1974). Da die prämorbide psychosoziale Anpassung als Prädiktor für den weiteren Krankheitsverlauf dient (Bailer et al, 1996), erhofft man sich von einer Förderung in diesem Bereich vice versa auch positive Wirkungen auf den weiteren Verlauf. Vom gesundheitspolitischen Standpunkt ist die Anzahl der Rezidive und die stationäre Verweildauer von großer Bedeutung, da hauptsächlich sie die Kosten für die Erkrankung verursachen. Eine möglichst niedrige neuroleptische Dosis ermöglicht den Betroffenen eine höhere Lebensqualität. Weitere wichtige Outcome-Maße, die die Lebensqualität der Betroffenen verbessern, sind die Schwere der Symptome, die Beeinträchtigung durch die Restsymptomatik sowie die subjektiv empfundene Lebensqualität.

Der gegenwärtige Wissensstand in der psychiatrischen Rehabilitation legt nahe, dass kognitiv-behaviorale, psychoedukative oder bewältigungsorientierte Trainingsprogramme in Kombination mit einer umsichtig nebenwirkungsorientierten angewandten neuroleptischen Therapie, einer unterstützenden Umgebung und einer effizienten Patientenbetreuung den Patienten mit einer schweren und langdauernden psychischen Krankheit die größtmögliche Chance für eine soziale Integration sowie Schutz vor einem Rückfall bieten und zugleich eine optimale Lebensqualität fördern (Liberman et al, 1986). Das heterogene Krankheitsbild der Schizophrenie, die intraindividuellen Fluktuationen, motivationale und kognitive Defizite, aber auch die z.t. schwankende Krankheitseinsicht erschweren die Psychotherapie bei Patienten mit schizophrenen Störungen. Dennoch sollte es eine vorrangige Aufgabe sein, gerade für diese Patienten gute Rehabilitations- und Therapiemöglichkeiten zu gewährleisten. Die Möglichkeit einer umfassenden und ggfs. längerfristigen Behandlung, die die Koordination und Kontinuität von stationären, teilstationären und ambulanten Diensten sowie komplementären Einrichtungen gewährleistet, sollte angestrebt werden.

Literatur

Andreason NC (1989) Scale for the assessment of negative symptoms (SANS). Br J Psychiatry 155 [Suppl 7]: 53–58

Bailer J, Rist F, Brauer W, Rey ER (1994) Patient Rejection Scale: correlations with symptoms, social disability and number of rehospitalizations. Eur Arch Psychiatry Clin Neurosci 244: 45–48

Bailer J, Brauer W, Rey ER (1996) Premorbid adjustment as predictor of outcome in schizophrenia: results of a prospective study. Acta Psychiatr Scand 93 (5): 368–377

Bailer J, Rey ER (2001) Prospektive Studie zum Krankheitsverlauf schizophrener Psychosen: Ergebnisse der 5-Jahres-Katamnese. Z Klin Psychol Psychother 30 (4): 229–240

Bailer J, Takats I, Westermeier C (2001) Die Wirksamkeit individualisierter kognitiver Verhaltenstherapie bei schizophrener Negativsymptomatik und sozialer Behinderung: Eine kontrollierte Studie. Z Klin Psychol Psychother 30 (4): 268–278

Bäuml J, Pitschel-Walz G, Kissling W (1998) Psychoedukative Gruppen bei schizophrenen Psychosen unter stationären Behandlungsbedingungen. Ergebnisse der Münchner PIP-Studie, Aktueller Stand, Ausblick. In: Binder W, Bender W (Hrsg) Angehörigenarbeit in der Psychiatrie. Standardbestimmung und Ausblick. Claus Richter Verlag, Köln, S 123–172

Bebbington P, Kuipers L (1994) The predictive utility of expressed emotion in schizophrenia: an aggregate analysis. Psychol Med 24 (3): 707–718

Bleuler M (1972) Die schizophrenen Geistesstörungen im Lichte langjähriger Kranken- und Familiengeschichten. Thieme, Stuttgart

Buchkremer G, Klingberg S, Holle R, Schulze Monking H, Hornung WP (1997) Psychoeducational psychotherapy for schizophrenic patients and their key relatives or care-givers: results of a 2-year follow-up. Acta Psychiatr Scand 96 (6): 483–491

Buchkremer G, Rath I (1989) Therapeutische Arbeit mit Angehörigen schizophrener Patienten. Meßinstrumente, Methoden, Konzepte. Huber, Bern

Butzlaff RL, Hooley JM (1998) Expressed emotion and psychiatric relapse: a meta-analysis. Arch Gen Psychiatry 55 (6): 547–552

Carpenter WT jr, Heinrichs DW, Wagman AM (1988) Deficit and nondeficit forms of schizophrenia: the concept. Am J Psychiatry 145: 578–583

Dyck DG, Short RA, Hendryx MS, Norell D, Myers M, Patterson T, McDonell MG, Voss WD, McFarlane WR (2000) Management of negative symptoms among patients with schizophrenia attending multiple-family groups. Psychiatr Serv 51 (4): 513–519

Engelhardt DM, Rosen B (1976) Implications of drug treatment for the social rehabilitation of schizophrenic patients. Schizophr Bull 2: 454–462

Garety PA, Kuipers L, Fowler D, Chamberlain F, Dunn G (1994) Cognitive behavioural therapy for drug-resistant psychosis. Br J Med Psychol 67 (3): 259–271

Hahlweg K, Dürr H, Müller U (1995) Familienbetreuung schizophrener Patienten. Psychologie Verlags Union, Weinheim

Hegarty JD, Baldessarini JB, Tohen M, Waternaux C, Oepen G (1994) One hundred years of schizophrenia: a meta-analysis on the outcome literature. Am J Psychiatry 151: 1409–1416

Herz MI, Lamberti JS, Mintz J, Scott R, O'Dell SP, McCartan L, Nix G (2000) A program for relapse prevention in schizophrenia: a controlled study. Arch Gen Psychiatry 57 (3): 277–283

Holzinger A, Löffler W, Müller P, Priebe S, Angermeyer MC (2002) Subjective illness theory and antipsychotic medication compliance by patients with schizophrenia. J Nerv Ment Dis 190 (9): 597–603

Hogarty GE, Kornblith SJ, Greenwald D, DiBarry AL, Cooley S, Ulrich RF, Carter M, Flesher S (1997a) Three-year trials of personal therapy among schizophrenic patients living with or independent of family. I: Description of study and effects on relapse rates. Am J Psychiatry 154: 1504–1513

Hogarty GE, Greenwald D, Ulrich RF, Kornblith SJ, DiBarry AL, Cooley S, Carter M, Flesher S (1997b) Three-year trials of personal therapy among schizophrenic patients living with or independent of family. II. Effects on adjustment of patients. Am J Pychiatry 154: 1514–1524

Huber G, Gross G, Schüttler R (1979) Schizophrenie. Verlaufs- und sozialpsychiatrische Untersuchungen an den 1945–1959 in Bonn hospitalisierten schizophrenen Kranken. Schattauer, Berlin Heidelberg New York

Kern RS, Green MF, Satz P (1992) Neuropsychological predictors of skills training for chronic psychiatric patients. Psychiatry Res 43 (3): 223–230

Kissling W, Höffler J, Seemann U, Müller P, Rüther E, Trenckmann U, Uber A, Graf v d Schulenburg, Glaser JM, Glaser T, Mast O, Schmidt D (1999) Die direkten und indirekten Kosten der Schizophrenie. Fortschr Neurol Psychiatr 67: 29–36

Kopelowicz A, Liberman RP, Mintz J, Zarate R (1997) Comparison of efficacy of social skills training for deficit and nondeficit negative symptoms in schizophrenia. Am J Psychiatry 154: 424–425

Lacro JP, Dunn LB, Dolder CR, Leckband SG, Jeste DV (2002) Prevalence of and risk factors for medication nonadherence in patients with schizophrenia: a comprehensive review of recent literature. J Clin Psychiatry 63 (10): 892–909

Liberman RP, Mueser KT, Wallace CJ (1986) Social skills training for schizophrenic individuals at risk for relapse. Am J Psychiatry 143 (4): 523–536

Merinder LB, Viuff AG, Langesen HD, Clemmensen K; Misfelt S, Espensen B (1999) Patient and relative education in community psychiatry: a randomized controlled trial regarding its effectiveness. Soc Psychiatry Psychiatr Epidemiol 34: 287–294

Mueser KT, Bellack AS, Douglas MS, Wade JH (1991) Prediction of social skill acquisition in schizophrenic and major affective disorder patients from memory and symptomatology. Psychiatry Res 37 (3): 281–296

Mueser KT, Kosmidis MH, Sayers MD (1992) Symptomatology and the prediction of social skills acquisition in schizophrenia. Schizophr Res 8 (1): 59–68

Mueser KT, Drake RE, Schaub A, Noordsy DL (1999) Integrative Behandlung von Patienten mit Doppeldiagnosen. Psychotherapie 4 (1): 84–97

Möller HJ, Müller WE, Volz HP (2000) Psychopharmakotherapie. Kohlhammer, Stuttgart

Möller HJ, Bottlender R, Gross A, Hoff P, Wittmann J, Wegner U, Strauss A (2002) The Kraepelinian dichotomy: preliminary results of a 15-year follow-up study on functional psychoses: focus on negative symptoms. Schizophr Res 56 (1): 87–94

Nuechterlein KH, Dawson ME (1984) A heuristic vulnerability/stress model of schizophrenic episodes. Schizophr Bull 10 (2): 300–312

Nuechterlein KH, Dawson ME, Ventura J, Gitlin M, Subotnik KL, Snyder KS, Mintz J, Bartzokis G (1994) The vulnerability/stress model of schizophrenic relapse: a longitudinal study. Acta Psychiatr Scand [Suppl 382]: 58–64

Nuechterlein KH, Ventura J, Snyder K, Gitlin M, Subotnik K, Dawson M, Mintz J (1998) The role of stressors in schizophrenic relapse: Longitudinal evidence and implications for psychosocial interventions. VI World Congress. Proc World Association for Psychosocial Rehabilitation, Hamburg, p 114

Pekkala E, Merinder L (2002) Psychoeducation for schizophrenia. Cochrane Database Syst Rev CD002831 (Review)

Pharoah FM, Mari JJ, Streiner DL (2003) Family intervention for schizophrenia (Cochrane Review). The Cochrane Library, Oxford, Issue 1, Update Software

Pitschel-Walz G, Leucht S, Bauml J, Kissling W, Engel RR (2001) The effect of family interventions on relapse and rehospitalization in schizophrenia – a meta-analysis. Schizophr Bull 27 (1): 73–92

Rosenfarb IS, Nuechterlein KH, Goldstein MJ, Subotnik KL (2000) Neurocognitive vulnerability, interpersonal criticism, and the emergence of unusual thinking by schizophrenic patients during family transactions. Arch Gen Psychiatry 57 (12): 1174–1179

Rund BR, Moe L, Sollien T, Fjell A, Borchgrevink T, Hallert M, Naess PO (1994) The Psychosis Project: outcome and cost-effectiveness of a psychoeducational treatment programme for schizophrenic adolescents. Acta Psychiatr Scand 89 (3): 211–218

Schaub A (1993) Formen der Auseinandersetzung bei schizophrener Erkrankung. Eine Längsschnittstudie. Europäische Hochschulschriften. Peter Lang, Frankfurt a.M. Berlin

Schaub A (1994) Relapse and coping behaviour in schizophrenia. Schizophr Res 11 (2): 188

Schaub A (1997) Bewältigungsorientierte Gruppentherapie bei schizophren und schizoaffektiv Erkrankten und ihren Angehörigen. In: Trenckmann U, Lasar M (Hrsg) Psychotherapeutische Strategien der Schizophreniebehandlung. Pabst Science Publishers, Lengerich Berlin, S 95–120

Schaub A, Behrendt B, Brenner HD, Mueser KT, Liberman RP (1998) Training schizophrenic patients to manage their symptoms: predictors of treatment response to the german version of the symptom management module. Schizophr Res 31: 121–130

Schaub A, Wolf B, Gartenmaier A, Froschmayr S (1999) Coping-orientated therapy in schizophrenia: implementation and first results. XI World Congress of Psychiatry, Hamburg, p 169

Schaub A (2002) New family interventions and associated research in psychiatric disorders. Springer, Wien New York

Schaub A (2003) Coping-Forschung und bewältigungsorientierte Therapien bei schizophrenen Störungen. In: Bäuml J, Pitschel-Walz G (Hrsg) Psychoedukation bei schizophrenen Erkrankungen. Schattauer, Stuttgart New York, S 173–191

Sensky T, Turkington D, Kingdon D, Scott JL, Scott J, Siddle R, O'Carroll M, Barnes TR (2000) A randomised controlled trial of cognitive-behavioral therapy for persistent symptoms in schizophrenia resistant to medication. Arch Gen Psychiatry 57 (2): 165–172

Stark FM, Siol T (1994) Expressed Emotion in the therapeutic relationship with schizophrenic patients. Eur Psychiatry 9: 299–303

Strauss JS, Carpenter WT (1974) The prediction of outcome in schizophrenia. II. Relationship between predictor and outcome variables: a report from the WHO International Pilot Study of Schizophrenia. Arch Gen Psychiatry 31: 37–42

Tarrier N, Beckett R, Harwood S, Baker A, Yusupoff L, Ugarteburu I (1993) A trial of two cognitive-behavioral methods of treating drug-resistant residual psychotic symptoms in schizophrenic patients. I. Outcome. Br J Psychiatry 162: 524–532

Tarrier N, Yusupoff L, Kinney C, McCarthy E, Gledhill A, Haddock G, Morris J (1998) Randomized controlled trial of intensive cognitive behavior therapy for patients with chronic schizophrenia. BMJ 317: 303–307

Tarrier N, Wittkowski A, Kinney C, McCarthy E, Morris J, Humphreys L (1999) Durability of the effects of cognitive-behavioral therapy in the treatment of chronic schizophrenia: 12-month follow-up. Br J Psychiatry 174: 500–504

Tarrier N, Kinney C, McCarthy E, Hunphreys L, Wittkowski A, Morris J (2000) Two-year follow-up of cognitive-behavioral therapy and supportive counselling in the treatment of persistent symptoms in chronic schizophrenia. J Consult Clin Psychol 68 (5): 917–922

Ventura J, Green M, Shaner A, Liberman RP (1993) Training and quality assurance with the brief psychiatric rating scale: „the drift busters". Int J Meth Psychiatr Res 3: 221–244

Wing JK (1978) Clinical concepts of schizophrenia. In: Wing JK (ed) Schizophrenia: towards a new synthesis. Academic Press, New York, pp 1–30

Woo SM, Goldstein MJ, Nuechterlein KH (1997) Relatives' expressed emotion and non-verbal signs of subclinical psychopathology in schizophrenic patients. Br J Psychiatry 170: 58–61

Zubin J, Spring B (1977) Vulnerability – a new view of schizophrenia. J Abnorm Psychol 86 (2): 103–126

Zygmunt A, Olfson M, Boyer CA, Mechanic D (2002) Interventions to improve medication adherence in schizophrenia. Am J Psychiatry 159 (10): 1653–1664

Stationäre Krisenintervention bei Schizophrenie im Atriumhaus: Ergebnisse der Begleitforschung

G. Schleuning

Psychose als Krise

Eine Krise bedeutet das akute und überraschende Zusammenbrechen eines bis dahin stabilen Systems. Gewohnte und verfügbare Bewältigungsmechanismen zur Kompensation sind nicht mehr ausreichend oder unangemessen. Auslöser und Folgen können sowohl im „Mikrokosmos" des Einzelnen liegen als auch in seinem sozialen Gefüge und stehen in Wechselwirkungen miteinander. Welcher Stressor bei wem wann ein „Aus-den-Fugen-Geraten" bedingt, hängt von der spezifischen und individuellen Vulnerabilität ab.

Das Vulnerabilitäts-Streß-Modell (Zubin und Spring 1977; 1988) zugrundegelegt, betrachten wir die Erst- oder Wieder-Exazerbationen einer Psychose als streßausgelöste Reaktion auf ein instabil gewordenes bio-psycho-soziales System, d.h. als Krise. Und wenden bei schizophrenen Patienten ein Konzept der stationären Krisenintervention an, das auf dieser Grundlage beruht.

Der Begriff der seelischen Krise, theoretisch ausgestaltet von Caplan, Erikson u.a., bezog sich im Wesentlichen auf Krisen bei traumatischen Ereignissen wie Verlust oder Trennung sowie auf Lebenskrisen im Rahmen von Entwicklungs- und Reifungsprozessen.

Insbesondere verbunden mit der Vorstellung, dass die Überwindung einer Krise zur Reifung verhilft – „Krise als Chance" – lag eine Anwendung auf psychotische Erkrankungen zunächst nicht unbedingt nahe, zumal nach traditioneller psychiatrischer Lehrmeinung eine psychotische Erkrankung eher den Verlust individueller Entfaltungsmöglichkeiten bedeutet, als einen krisenhaft ausgelösten Aufbruch zu neuer Ich-Stabilität.

Erst neuere Auffassungen von Ätiologie und Verlauf der Schizophrenie, insbesondere das Vulnerabilitäts-Stress-Coping-Modell (Zubin und Spring, 1977) eröffneten die Möglichkeit, psychotische Erkrankungen als Krise zu verstehen und wichtige

Elemente der Krisenintervention in die Behandlung von schizophrenen Kranken einzuführen.

Struktur und Konzept der Krisenstation

Flankiert von diesen theoretischen Konzepten, praktisch allerdings mehr geleitet von den Vorstellungen einer wohnortnahen, gemeindeintegrierten, an den Bedürfnissen der psychisch schwer Kranken orientierten Versorgungspsychiatrie, haben wir die 1994 eröffnete Krisenstation des Atriumhauses so ausgerichtet, dass sie insbesondere auch für Menschen mit schizophrenen Erkrankungen geeignet ist. Dieser Gruppe von Patienten v. a. wollten wir eine Alternative anbieten zu den bisher meist Wohnort-fernen, langen und wenig persönlichen Behandlungen im Bezirkskrankenhaus Haar.

So statteten wir unsere Krisenstation mit folgenden *Strukturmerkmalen* aus:

- zentrale Lage im Stadtgebiet,
- organisatorisch und atmosphärisch offen,
- klein, überschaubar, freundlich,
- wenig institutionell,
- Rund-um-die-Uhr-Aufnahme,
- rascher Behandlungsbeginn,
- kurze Behandlungszeiten,
- überdurchschnittliche Personalausstattung,
- Einbindung in das ambulant-teilstationär-stationäre Gefüge des Atriumhauses,
- Einbindung in die psychiatrische Gesamtversorgung.

Ein *mulitprofessionelles Team*, bestehend aus drei Ärzten, einem Arzt im Praktikum, einer Psychologin, einer Sozialpädagogin, einem Kunsttherapeuten (0,5 VK), einer Tanztherapeutin (0,25 VK) und neun psychiatrischen (Fach-)Pflegekräften sollte es ermöglichen, innerhalb der vereinbarten Rahmenbedingungen – 15 Betten, maximale Behandlungsdauer von zehn Tagen, ca. 550 Aufnahmen pro Jahr – eine hohe Behandlungsintensität an sieben Tagen pro Woche zu gewährleisten. Unterstützende Besonderheit ist dabei eine hierarchisch flache, die verschiedenen Berufsgruppen in den therapeutischen Kernprozess einbeziehende Teamorganisation, die sich dadurch auszeichnet, dass auch die Pflegekräfte als stärkste Berufsgruppe überwiegend co-therapeutisch, weniger traditionell-pflegerisch arbeiten, dass auch Sozialpädagogen und Psychologen nachts und an den Wochenenden Dienst leisten, dass alle Berufsgruppen einen Regeldienst haben, der täglich bis 21.00 Uhr geht.

Schließlich wurde das mittlerweile an ca. 4000 stationären Patienten erprobte therapeutische Konzept so gestaltet, dass es sich als Baustein der psychiatrischen Regelversorgung eignet, was sich an den folgenden *inhaltlichen Merkmalen* festmacht:

– Eingrenzung der Krisenintervention auf den aktuellen Fokus,
– Integration der Krisenbehandlung in die Gesamtbehandlung,
– Lösungsorientiertes Vorgehen,
– Nutzung von persönlichen, sozialen und therapeutischen Ressourcen der Patienten,
– enge Abstimmung mit Vor- und Nachbehandlern.

Die dem Atriumhaus bei Eröffnung vor 7 Jahren zugedachte Aufgabe sollte es ja sein, modellhaft im Rahmen eines stationären Verbundes mit den am Bezirkskrankenhaus Haar verbliebenen Stationen eine allgemein-psychiatrische Regelversorgung für München Süd (340 000 Einwohnern) zu erproben, die sich an der Leitlinie „ambulant vor stationär" orientiert und auch der Kerngruppe der psychisch Kranken eine Gemeinde-nahe niedrigschwellige Anlaufstelle anbietet, welche durch ein breitgefächertes, flexibel und individuell gestaltbares Spektrum ambulanter, teilstationärer und kuzzeitstationärer Möglichkeiten dazu beiträgt, lange Krankenhausbehandlungen zu vermeiden.

Die Abteilungsstruktur des Atriumhauses: ein großer ambulanter Bereich, ein relativ großer teilstationärer Bereich und eine kleine vollstationäre Einheit wurde nach diesen inhaltlichen Zielvorgaben ausgerichtet.

Um eine möglichst hohe Behandlungskontinuität im Einzelfall zu erreichen, war eine enge Abstimmung zwischen den einzelnen Behandlungsphasen und -abschnitte mit verbindlichen Absprachen zwischen den Behandlern bezüglich ihres Auftrages und ihrer jeweiligen Rolle im Gesamtbehandlungsgeschehen erforderlich. Die Bemühungen um eine effiziente hausinterne Verzahnung sowie um enge Kooperation und Vernetzung mit den zahlreichen ambulanten und komplementären Anbietern außerhalb des Atriumhauses, die ihren Niederschlag fanden in der Einrichtung des Gemeinde-Psychiatrischen Verbundes München-Süd (1999) galten diesem Anliegen.

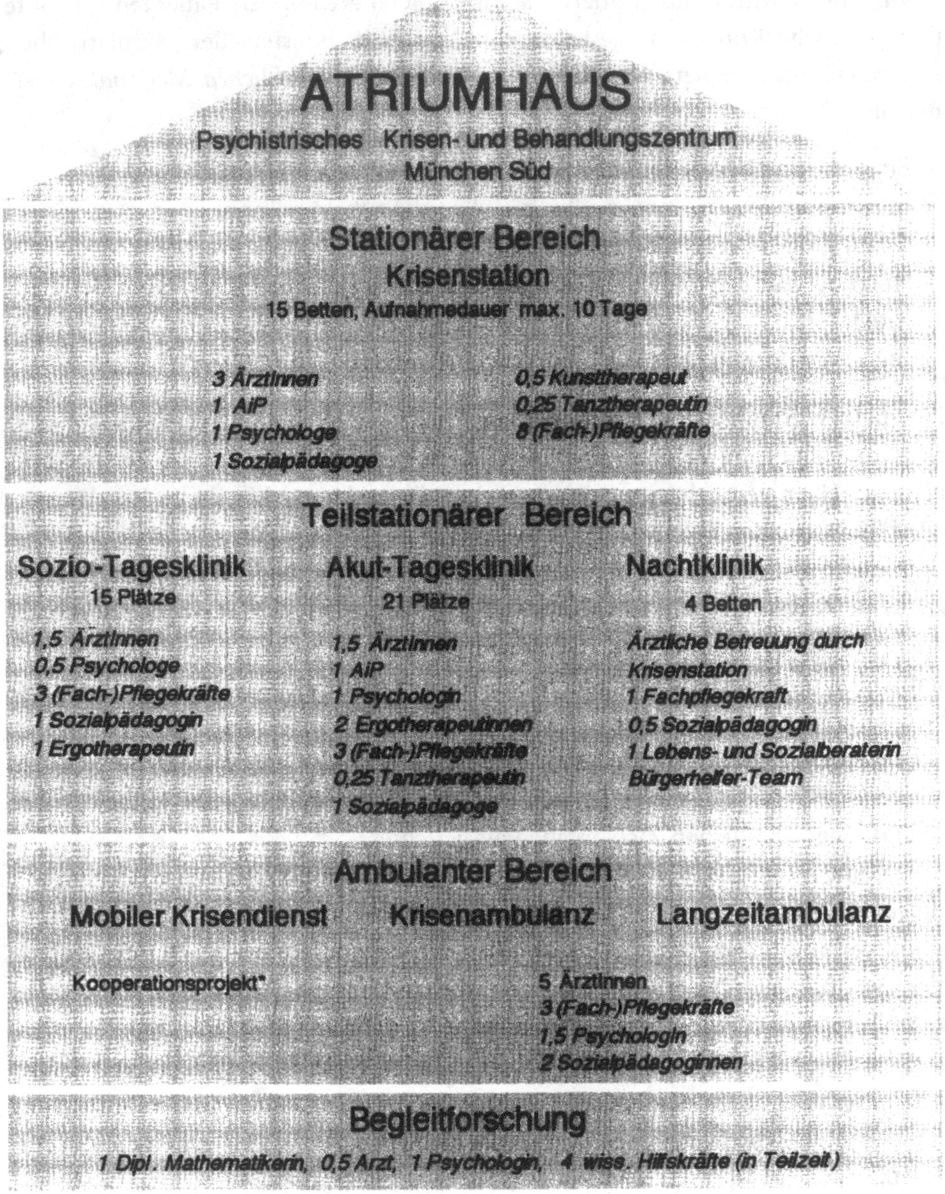

ATRIUMHAUS
Psychiatrisches Krisen- und Behandlungszentrum
München Süd

Stationärer Bereich
Krisenstation
15 Betten, Aufnahmedauer max. 10 Tage

3 Ärztinnen	0,5 Kunsttherapeut
1 AiP	0,25 Tanztherapeutin
1 Psychologe	8 (Fach-)Pflegekräfte
1 Sozialpädagoge	

Teilstationärer Bereich

Sozio-Tagesklinik	Akut-Tagesklinik	Nachtklinik
15 Plätze	21 Plätze	4 Betten
1,5 Ärztinnen	1,5 Ärztinnen	Ärztliche Betreuung durch
0,5 Psychologe	1 AiP	Krisenstation
3 (Fach-)Pflegekräfte	1 Psychologin	1 Fachpflegekraft
1 Sozialpädagogin	2 Ergotherapeutinnen	0,5 Sozialpädagogin
1 Ergotherapeutin	3 (Fach-)Pflegekräfte	1 Lebens- und Sozialberaterin
	0,25 Tanztherapeutin	Bürgerhelfer-Team
	1 Sozialpädagoge	

Ambulanter Bereich

Mobiler Krisendienst	Krisenambulanz	Langzeitambulanz
Kooperationsprojekt*		5 Ärztinnen
		3 (Fach-)Pflegekräfte
		1,5 Psychologin
		2 Sozialpädagoginnen

Begleitforschung
1 Dipl. Mathematikerin, 0,5 Arzt, 1 Psychologin, 4 wiss. Hilfskräfte (in Teilzeit)

Abb. 1. * Der Mobile Krisendienst ist ein Kooperationsprojekt zwischen Atriumhaus und Ambulant-Komplementärem Verbund München Süd

Ergebnisse der Begleitforschung

An den folgenden Auswertungen der Begleitforschung soll nun die grundsätzliche Machbarkeit dieses Versorgungskonzeptes aufgezeigt und sollen einige Aspekte, insbesondere bezüglich der Behandlung schizophrener Patienten, beleuchtet werden.

Die Zuweisung ans Atriumhaus

Die Krisenambulanz des Atriumhauses wird pro Jahr von ca. 800 Akut-Patienten aufgesucht. Zu etwa 50% erfolgen die Zuweisungen von professioneller Seite – durch niedergelassene Fach- und Hausärzte, andere Kliniken, Notdienste, komplementäre Einrichtungen –, die übrigen 50% der Patienten kommen von selbst.

Bei knapp 40% dieser Akut-Patienten ist es möglich, die Krise ambulant zu behandeln, sei es im eigenen Haus, mit einem oder mehreren Kontakten in unserer Krisenambulanz, sei es an anderer Stelle. Knapp 5% der Patienten benötigen keine Weiterbehandlung.

Bei etwas mehr als die Hälfte der Patienten stellen wir die Indikation zu einer stationären Behandlung. Innerhalb dieser Gruppe halten wir beim größten Teil (41,1%) die Rahmenbedingungen unserer Krisenstation für geeignet, nur 7,5% aller Patienten verweisen wir unmittelbar nach dem Krisenerstkontakt in vollsta-

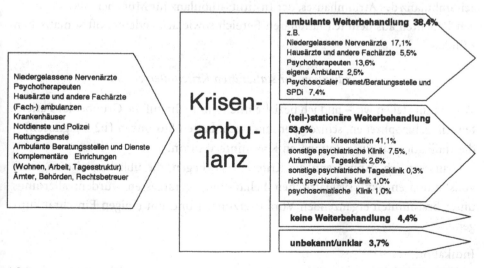

Abb. 2. Zuweisung und Weiterverweisung (Prozentwerte)

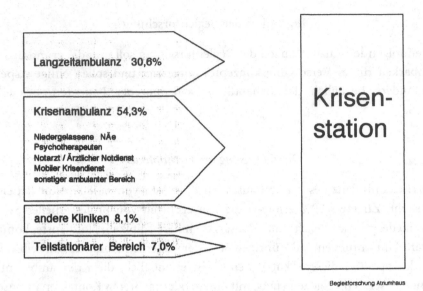

Abb. 3. Zuweisung (Prozentwerte)

tionäre Behandlung einer „klassischen" psychiatrischen Aufnahmestation, früher ins BKH Haar, seit Anfang 2002 überwiegend in die Psychiatrische Klinik der LMU.

Für die Krisenstation bedeutet dies umgekehrt, dass sie ca. 300 Patienten pro Jahr über die Krisenambulanz zugewiesen bekommt, ca. 150 Patienten aus der Langzeitambulanz des Atriumhauses, der Institutsambulanz für München Süd, die übrigen Patienten aus dem teilstationären Bereich sowie aus anderen, oft somatischen Kliniken.

Die Indikation zur stationären Krisenintervention

Wann nun stellen wir – und ich beziehe mich nunmehr auf die Gruppe der Patienten mit schizophrenen, schizotypen und wahnhaften Störungen (F2-Diagnosen) – die Indikation zu einer stationären Krisenintervention?

Grundsätzlich dann, wenn die Kriterien Vorliegen, die üblicherweise zu einer vollstationären akutpsychiatrischen Behandlung veranlassen würden; allerdings unter bestimmten ergänzenden Voraussetzungen und mit einigen Einschränkungen.

Indikation
– Notwendigkeit eines stationären Schutzes aufgrund erheblicher psychotischer Produktiv- oder Negativsymptomatik: *z.B. Angst, Erregung, Unruhe, Desorgani-*

sation, Kommunikation- und Kontaktstörung, Unfähigkeit zur Selbstversorgung, Irritation des Umfeldes,
- „Weicher Behandlungseinstieg" bei mangelnder Krankheitseinsicht,
- Motivation zur längerfristigen Behandlung.

Ergänzende Voraussetzungen
- Minimale Kommunikationsfähigkeit,
- Minimale Bündnisfähigkeit,
- Eingrenzbarkeit eines Auftrages/Fokus: z.B. Angstreduktion, medikamentöse Umstellung, Wiederherstellung von Arbeitsfähigkeit,
- Stationär notwendige Behandlungszeit voraussichtlich nicht mehr als 10 Tage.

Ausschlusskriterien
- Erhebliche Erregung mit akuter Fremdgefährdung,
- Durch Absprache nicht beherrschbare Suizidalität,
- Gravierende körperliche Begleiterkrankung.

Daten zu Patienten und Behandlung

Im Jahresdurchschnitt sind es ca. 200 Patienten mit F2-Diagnosen, die auf der Krisenstation behandelt werden. Diese bilden dort mit einem Anteil von etwa 35% die größte Gruppe. Gefolgt von Patienten mit neurotischen Störungen, mit Persönlichkeitsstörungen und mit affektiven Störungen.

Entsprechend den beiden Zuweisungsquellen – einerseits die Krisenambulanz mit vorwiegend Akut-Patienten, darunter viele Erstkontakte, andererseits die Langzeitambulanz mit überwiegend chronisch Kranken – stellt sich die Gruppe der F2-Patienten auf der Krisenstation heterogen dar:

- *Alter und Geschlecht:* Bei etwa gleicher Verteilung zwischen Frauen und Männern sind etwa die Hälfte der Patienten zwischen 20 und 40 Jahre alt, die andere Hälfte zwischen 40 und 60 Jahren.
- *Stationäre Vorbehandlungen:* 10% der Patienten waren noch nie zuvor in stationärer psychiatrischer Behandlung, 40% ein bis fünf Mal, etwa die Hälfte mehr als sechs Mal.
- *Erkrankungsbeginn:* Der Erkrankungsbeginn liegt bei fast 2 Drittel vor dem 30. Lebensjahr.
- *Berufliche Situation:* Nur 20% der F2-Patienten sind Voll- oder Teilzeit berufstätig. 80% leben von Rente, von der Unterstützung ihrer Angehörigen, von Sozialhilfe oder Arbeitslosenunterstützung.

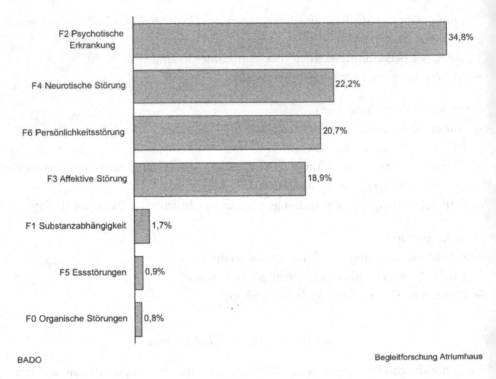

Abb. 4. Hauptdiagnose bei Entlassung aus der Krisenstation (Prozentwerte)

- *CGI bei Aufnahme:* 21% gehören zu den schwer oder extrem starken Kranken, fast 70% sind deutlich krank.
- *Verweildauer:* Bei einer durchschnittlichen Verweildauer von 7,2 Tagen werden mehr als die Hälfte der Patienten zwischen 3 und 10 Tagen behandelt, 21% ein bis zwei Tage, 23% bis zu 15 Tagen.
- *Weiterbehandlung:* Etwa 55% der Patienten werden im Anschluss an die stationäre Krisenintervention in ambulante Behandlung entlassen, ca. 20% in teilstationärer Behandlung, 22% in vollstationärer Behandlung: Einige wenige in psychosomatische oder somatische Krankenhäusern, die meisten in psychiatrischen Stationen (Gründe: mehr Zeit nötig, akute Fremd- und Selbstgefährdung, körperliche Erkrankung).

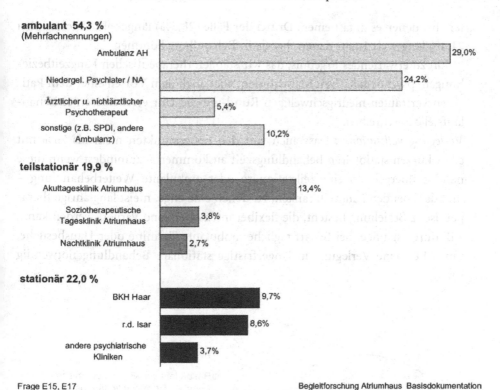

ambulant 54,3 %
(Mehrfachnennungen)

Ambulanz AH — 29,0%

Niedergel. Psychiater / NA — 24,2%

Ärztlicher u. nichtärztlicher Psychotherapeut — 5,4%

sonstige (z.B. SPDI, andere Ambulanz) — 10,2%

teilstationär 19,9 %

Akuttagesklinik Atriumhaus — 13,4%

Soziotherapeutische Tagesklinik Atriumhaus — 3,8%

Nachtklinik Atriumhaus — 2,7%

stationär 22,0 %

BKH Haar — 9,7%

r.d. Isar — 8,6%

andere psychiatrische Kliniken — 3,7%

Frage E15, E17   Begleitforschung Atriumhaus Basisdokumentation

Abb. 5. Weiterverweisung/Nachbehandlung (Entlassungen 2001 n = 186 Fälle mit Entlassdiagnose F2) (Prozentwerte)

Unterschiede von Ersterkrankten und längerfristig kranken F2-Patienten

Nicht zuletzt um die Eignung unseres Konzeptes der stationären Krisenintervention für die unterschiedlichen Zielgruppen zu überprüfen, haben wir 2 Untergruppen der F2-Patienten genauer untersucht:

(a) die Ersterkrankten und

(b) die schwer und chronisch Kranken.

Dabei sind wir auf Gemeinsamkeiten sowie Unterschiede gestoßen. Zwei Ergebnisse möchte ich erwähnen:

– *Zeitraum seit Beginn der Krise:* Dass die schwer und chronisch Kranken, die überwiegend in unserer eigenen Langzeitambulanz behandelt werden den Weg in die Krisenstation deutlich schneller finden – 32,7% in weniger als einer Woche nach Beginn der Krise, 38,8% in weniger als einem Monat – als die Ersterkrankten, bei denen es in fast einem Drittel der Fälle (28,6%) länger als 6 Monate, bei 21,4% länger als 1 Jahr dauert, bis sie in Behandlung kommen.

Ein zu erwartendes Ergebnis, das wir stabilen therapeutischen Langzeitbeziehungen, psychoedukativen Maßnahmen, aber auch dem Vorteil einer dem Patienten vertrauten niedrigschwelligen Rund-um-die-Uhr erreichbaren Krisenanlaufstelle zuschreiben.

– *Verlegung vollstationär:* Dass auch von den Ersterkrankten mehr als 70% mit einer kurzen stationären Behandlungszeit auskommen – zumindest wenn diese nahtlos übergeht in eine teilstationäre oder ambulante Weiterbehandlung – und dass bei den Langzeitkranken, zu denen eine enge, meist langjährige therapeutische Beziehung besteht, die flexibel intensiviert und variiert werden kann, z.B. durch häufige, bei Bedarf tägliche ambulante Termine oder Hausbesuche, nur selten eine Verlegung in längerfristige stationäre Behandlung notwendig ist.

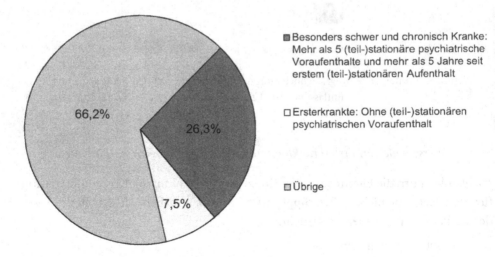

Abb. 6. Ersterkrankte/besonders schwer und chronisch Kranke und übrige (Entlassungen 2001 n = 186 Patienten mit Entlassdiagnose F2)

Tab. 1. Entlassungen Krisenstation 2001; n = 186 Fälle mit Entlassdiagnose F2

Zeitraum seit Beginn der Krise	Ersterkrankte n = 14	Schwer und chronisch Kranke n = 49
Weniger als 1 Woche	14,2%	32,7%
1 bis 4 Wochen	21,4%	38,8%
1 bis 6 Monate	14,2%	14,2%
Mehr als 6 Monate	28,6%	2,0%
Mehr als 1 Jahr	21,4%	2,0%
Unbekannt/unklar	–	10,2%
Verweildauer	∅ 5,4 Tage	∅ 7,2 Tage
Stationäre Weiterverweisungen	28,6%	8,2%

Begleitforschung Atriumhaus Basisdokumentation

Tab. 2. Psychiatrisches Krisenzentrum Atriumhaus – Krisenstation Entlassungen 2001 n = 186 Fälle mit Entlassdiagnose F2

Weiterverweisung	Ersterkrankte n = 14	Alle n = 186	Bes. schwer und chronisch Kranke n = 49
Stationär	28,6%	22,0%	8,2%
Teilstationär	7,1%	19,9%	16,3%
Ambulant	50,0%	54,3%	73,5%
Keine	–	2,2%	2,0%
Unbekannt/unklar	14,3%	1,6%	–

Begleitforschung Atriumhaus Basisdokumentation

Programm, Wirkfaktoren und Milieu

Abschließend soll beschrieben werden, welches Therapieprogramm wir unseren stationären Patienten – und dabei unterscheiden sich die schizophrenen Patienten bezüglich der Angebote grundsätzlich nicht von den übrigen – während der 10 Tage Krisenintervention anbieten, auf welche therapeutischen Inhalte wir unser besonderes Augenmerk richten, wie wir Milieu und therapeutisches Setting gestalten.

Das *Therapieangebot* umfasst im Wesentlichen folgenden Maßnahmen:

– Einzelgespräche und -maßnahmen (psychiatrisch, psychotherapeutisch, sozialpädagogisch, lebenspraktisch),

- spezifische Einzeltherapie (z.B. Tanztherapie),
- Paar- und Familiengespräche,
- Morgenrunde (7x/Woche),
- therapeutische Gesprächsgruppe (3x/Woche),
- Tanz- und Bewegungstherapie (2x/Woche),
- Gymnastik und Entspannung (2x/Woche),
- Kunsttherapie (5x/Woche).

Grundsätzlich gehen wir bei der Behandlung auf unserer Krisenstation von folgenden Elementen als eigenständigen *Wirkfaktoren* aus:

- Medikamente,
- Einzeltherapie,
- Gruppe(n),
- Milieu.

Die Medikamente

Medikamente werden, von gezielten Ausnahmen abgesehen, bei allen F2-Patienten eingesetzt. Vorsichtig dosiert, die Vorerfahrungen, Ängste und Wünsche der Patienten berücksichtigend, oft „ausgehandelt". Sie sind Teil der Behandlung.

Die Einzeltherapie

Immer ist die medikamentöse Behandlung eingebettet in ein Programm einzeltherapeutischer Maßnahmen, das sich von dem psychiatrischer Akut-Stationen unter anderem dadurch unterscheidet, dass kreative, körperorientierte und lebenspraktische Maßnahmen in hohem Maße das therapeutische Gespräch ergänzen.

Desweiteren werden die einzelnen Therapiebausteine zeitlich dichter und häufiger eingesetzt, sind flexibler abrufbar und bei Bedarf von hoher Intensität und zeitlicher Dauer. Vorrangig werden diese Interventionen von den beiden Bezugstherapeuten die jedem Patienten zugeordnet sind – einem ärztlichen und einem nicht-ärztlichen – durchgeführt; letztlich werden jedoch das Know-how, die fachliche Kompetenz und die Erfahrungen aller Berufsgruppen und Teammitglieder eingeholt.

Die Gruppe

Wichtige Anteile der Behandlung finden in den *Gruppen* statt. In den einzelnen *Therapiegruppen* mit ihren jeweils besonderen Möglichkeiten der Problemdarstellung, -bearbeitung, -bewältigung – Gesprächsgruppe, Psychose-Infogruppe, Tanztherapiegruppe, Kunsttherapiegruppe –, aber auch in der *Patientengruppe* an sich: Einer therapeutischen Gemeinschaft auf kurzer Zeit, die durch die Heterogenität ihrer Mitglieder viele Aspekte von Alltag und Realität abbildet und sich so eignet als praktisches Übungsfeld für:

– Strukturierung,
– Integration, Kommunikation, sozialem Vergleich,
– Krisenverständnis,
– Reattribution und Rekontextualisierung,
– Selbstwahrnehmung, Selbstausdruck,
– Ressourcensuche,
– Selbsterprobung,
– Spaß, Aktivierung.

Die Behandlung, das Zusammenleben und der zwischenmenschliche Austausch in der Gruppe prägen den Charakter der Station. Sind neben der partnerschaftlichen Grundhaltung der Mitarbeiter und der wenig klinischen Atmosphäre der wichtigste Faktor, der das spezifische Milieu der Station ausmacht.

Das Milieu

Wir werten das durch die genannten Behandlungselemente und ihr Zusammenspiel erzielte Milieu als eigenständigen therapeutischen Faktor:

Ein geschützter und beschützender Rahmen, in dem zunächst als widersprüchlich wahrgenommene Eigenschaften, Situationen und Wünsche als miteinander vereinbar erfahren werden können:

– Schutz(raum) *und* Aktivierung,
– Geborgenheit *und* Struktur,
– Distanzierung, Entlastung *und* Normalisierung, Alltagsnähe,
– Kontakt, Beziehung, Nähe *und* Abschied, Trennung,
– Partnerschaftlichkeit *und* Transparenz,
– Fokussierung *und* Vernetzung,

und der die Chance bietet für eine Auseinandersetzung mit der Erkrankung, in der das psychiatrische Hilfesystem als unterstützend erlebt wird.

Inhalte der stationären Krisenintervention

So geschieht bei den meisten Patienten trotz zeitlicher Begrenzung während der stationären Krisenintervention viel und in verschiedenen Bereichen:

- Diagnostik und (An-)Behandlung,
- Entlastung, Distanzierung, Entspannung,
- Reflexion des Krisenanlasses,
- Integration der Krise in den Lebenskontext,
- (Neu-)Bewertung und (Neu-)Orientierung,
- Copingmodifikation,
- Realitätstraining im Schutz der Station,
- Förderung einer „Behandlungspartnerschaft",
- Etablieren eines „Frühwarnsystems",
- Erarbeiten eines Krisenplanes.

Der Verständigung über Auslöser und Ursachen der jeweiligen Krise, dem Aufspüren von Ressourcen, dem Erkennen und Benennen von Frühwarnzeichen und der Erarbeitung eines Krisenplanes als individueller Strategie zur Sekundär-Prävention, messen wird dabei die größte Bedeutung zu.

Belastungen und Bewältigungstile von Angehörigen schizophrener und depressiver Patienten

Vorläufige Ergebnisse der Münchener Angehörigenverlaufsstudie

A. M. Möller-Leimkühler und E. Buchner

Die insbesondere im Rahmen der Psychiatriereform erfolgte Deinstitutionalisierung psychisch Kranker hat dazu geführt, dass deren Familienangehörige trotz moderner Psychopharmakotherapie mit erheblichen und langfristigen Betreuungsaufgaben konfrontiert sind. Damit können sie entscheidenden Einfluss auf den Verlauf der Schizophrenie und anderer schwerer psychischer Erkrankungen nehmen, nicht nur in ihrer Rolle als Rehabilitationsinstanz, sondern gleichzeitig als Mitbetroffene und potentiell eigene Risikogruppe.

Im Unterschied zu den USA und anderen Ländern (Kanada, England, Niederlande) findet sich in Deutschland bis Ende der 1990er Jahre keine systematische Angehörigenforschung.

Trotz der gestiegenen Verantwortlichkeit der Angehörigen wurden ihre daraus resultierenden Belastungen und Probleme nur wenig beachtet. Stattdessen zielte das Forschungsinteresse vornehmlich auf die Identifizierung diesbezüglicher Bedingungen der Entstehung und Chronifizierung psychischer Erkrankungen. So standen zunächst mit den vielfältigen Untersuchungen zum Konzept der Expressed Emotion die Auswirkungen des Verhaltens der Angehörigen auf den Patienten und den Verlauf seiner Erkrankung im Vordergrund. Erst in den letzten 10–15 Jahren hat ein gewisser Perspektivwechsel stattgefunden zugunsten der Auswirkungen schwerer psychischer Erkrankungen auf die Angehörigen, insbesondere der Schizophrenie, wobei Belastungen in unterschiedlichen Lebensbereichen und erhebliche Belastungsfolgen für die Angehörigen nachgewiesen werden konnten, vor allem gesundheitliche Beeinträchtigungen (Vaddadi et al, 1997; Angermeyer et al, 1997; Wittmund et al, 2002), aber auch Einschränkungen in der Freizeit, in der Alltagsroutine sowie in den sozialen Kontakten der Angehörigen, finanzielle, berufliche und emotionale Probleme sowie Probleme im Umgang mit Symptomen des Patienten (Kuipers, 1993; Provencher, 1996).

Seit der ersten Konzeptualisierung von Angehörigenbelastungen als objektive und subjektive Belastungen durch Hoenig und Hamilton (1966), die bis heute Bestand hat, sind weitere theoretische Differenzierungen erfolgt, deren wichtigste in der Einbeziehung stresstheoretischer Modelle besteht, d.h. in der Berücksichtigung von Risikofaktoren und psychosozialen Ressourcen, die über den unmittelbaren Krankheitsbezug hinausgehen und das krankheitsbezogene Belastungserleben und Copingverhalten des Angehörigen beeinflussen (vgl. als Übersicht Jungbauer et al, 2001). So wird in neueren Untersuchungen mit unterschiedlicher Fokussierung der Zusammenhang von Belastungen, Copingstrategien, Ressourcen und Expressed Emotion sowie Erkrankungsvariablen der Patienten analysiert.

Die meisten Studien beziehen sich dabei auf Angehörige schizophrener Patienten, während erst in den letzten Jahren die Situation der Angehörigen Depressiver untersucht wird. Bisher fehlen jedoch systematische Vergleiche zwischen den beiden Angehörigengruppen, insbesondere zum Belastungs-Bewältigungszusammenhang. Generell finden Studien zur Bedeutung von Erkrankungsvariablen für Angehörigenbelastungen keinen Einfluss der Diagnose, häufiger jedoch eine signifikante Korrelation mit der Symptomatik, die in manchen Studien den besten Prädiktor für Angehörigenbelastungen darstellt (vgl. zusammenfassend Baronet, 1999), in anderen Studien dagegen keinen Einfluss hat (Solomon und Draine, 1995 a, b; Magliano et al, 1998; Scazufca und Kuipers, 1999; Harvey et al, 2001; Boye et al, 2001). Insgesamt sind die Befunde zu Einflussfaktoren von Angehörigenbelastungen inkonsistent; es ist jedoch zu vermuten, dass die den Stressprozess moderierenden Faktoren einen erheblichen Beitrag zur Aufklärung der Belastungsvarianz leisten.

Da die Mehrzahl der Forschungsergebnisse auf Querschnittsdaten basiert, besteht weitgehend Unklarheit über zeitliche Entwicklungen des Belastungs-Bewältigungszusammenhangs und deren Bedingungen. Die wenigen Studien an Angehörigen schizophrener Patienten mit einem Katamnesezeitraum von 6 bis 12 Monaten (Cornwall und Scott, 1996; Boye et al, 2001, Scazufca und Kuipers, 1998; Magliano et al, 2000) weisen darauf hin, dass eine Verbesserung der Symptomatik des Patienten nicht notwendigerweise zu einer Reduktion von Belastungen führt, sondern dass diese ebenso wie Copingstrategien der Angehörigen insgesamt relativ stabil erscheinen; zwei seltene 5 Jahres- und 15-Jahres-Follow-up-Studien (The Scottish Schizophrenia Research Group, 1992; Brown und Birtwistle, 1998) finden ebenfalls eine hohe Belastungskonstanz, wobei hier allerdings keine potentiellen Einflussfaktoren erhoben wurden.

Trotz zunehmender methodischer und theoretischer Differenzierung der Forschungsansätze ist der gegenwärtige Stand der Angehörigenforschung gekennzeichnet durch eine Reihe offener Fragen, die vor allem auf folgende methodologische Probleme zurückzuführen sind:

- Definitionen und Operationalisierungen des Konzepts der Angehörigenbelastung sind heterogen.
- Sofern standardisierte Untersuchungsinstrumente zur Erfassung von Belastung einbezogen wurden, ist die Mehrzahl dieser Instrumente für Angehörige schizophrener Patienten entwickelt, also störungsspezifisch orientiert, womit vergleichende Untersuchungen erschwert werden.
- Diese Instrumente sind häufig nicht oder nicht ausreichend validiert; ein Standardinstrument ist nicht verfügbar.
- Die Patientenstichproben sind häufig heterogen aufgrund unterschiedlicher Krankheitsdauer, wobei ersterkrankte Patienten unterrepräsentiert sind.
- Die Angehörigenstichproben sind häufig klein und/oder selegiert, z.B. werden sie nicht selten aus Angehörigenverbänden oder -gruppen rekrutiert, die nicht für die Gesamtheit der Angehörigen repräsentativ sind.
- Es gibt kaum mehrdimensionale Studiendesigns, die gleichzeitig Risiko- und Protektivfaktoren untersuchen.
- Es gibt kaum qualitative Studien, die auf die subjektiven Sinnstrukturen der Angehörigen zielen.
- Es liegen kaum Verlaufsstudien vor, die Aufschluss geben über die zeitliche Stabilität der im Querschnitt gefundenen Zusammenhänge.

In der Münchener Angehörigenverlaufsstudie[1] werden o.g. Schwachpunkte weitgehend umgangen, indem ein multifaktorielles Studiendesign sowie kombinierte qualitative und standardisierte Erhebungs- und Auswertungsmethoden zum Einsatz kommen. Das Ziel besteht darin, Risiko- und Protektivfaktoren zu identifizieren, die den Belastungs- und Bewältigungszusammenhang von Angehörigen ersterkrankter schizophrener und depressiver Patienten im Verlauf von 5 Jahren beeinflussen. Dabei geht es neben einem störungsspezifischen Vergleich vor allem um die Analyse der Dynamik des Belastungs- und Bewältigungszusammenhangs im psychosozialen Kontext der Angehörigen. Besonders berücksichtigt werden krankheitsunabhängige, mit der allgemeinen Lebenssituation zusammenhängende Belastungs-

---

[1] Die Studie ist Teil der vom BMBF geförderten Kompetenznetzwerke Schizophrenie und Depression/Suizidalität.

faktoren und Ressourcen, von denen angenommen wird, dass sie Effekte auf das subjektive Belastungserleben der Angehörigen haben.

Methodik und Stichprobe

Angehörigenvariable

Expressed Emotion

Das *Five Minute Speech Sample (FMSS)* (Magana et al, 1986) wird nur bei der Baselineerhebung durchgeführt. Der Angehörige soll 5 Minuten darüber sprechen, was für ein Mensch der Patient ist und wie er mit ihm zurechtkommt. Das auf Tonband aufgenommene Kurzinterview wird anschließend nach spezifischen Kriterien geratet. Da dieses Kurzverfahren wie alle Kurzverfahren des Camberwell Family Interviews trotz hoher Übereinstimmung mit diesem sowie hoher Interraterreliabilität den Anteil von hochemotionalen Angehörigen etwa um 28% unterschätzt, wird es durch den *Familienfragebogen (FFB)* (Wiedemann et al, 2002) ergänzt, der bei jedem Messzeitpunkt eingesetzt wird.

Belastungs-Bewältigungszusammenhang

Es wird ein *semistrukturiertes biographisches Interview* von etwa zweistündiger Dauer durchgeführt zur Lebenssituation, Krankheitsentwicklung, Wahrnehmung des Patientenverhaltens und eigenen Reaktionsmustern, Konflikten, Anpassungsleistungen und Veränderungen.

Belastung

Zur Erfassung der krankheitsbezogenen Belastungen des Angehörigen dient der *Fragebogen zur Belastung von Angehörigen (FBA)*, eine modifizierte Fassung des halbstrukturierten Interviews von Pai und Kapur (1981), welches den Vorteil hat, psychometrisch getestet und sowohl bei Angehörigen schizophrener als auch bei Angehörigen depressiver Patienten einsetzbar zu sein. Objektive und subjektive Belastungen werden im FBA anhand von 29 Items in den Bereichen Familienalltag, Familienatmosphäre, Freizeitverhalten, Finanzen und Wohlbefinden erhoben. Ein 30. Item ist als offene Frage formuliert: „Gibt es Belastungen im Zusammenhang mit der Erkrankung Ihres Angehörigen, die in diesem Fragebogen nicht aufgeführt wurden? Wenn ja, welche Belastungen sind dies?" Items, die objektive Belastungen erfassen, beziehen sich auf beobachtbare Veränderungen und werden vom Angehörigen mit ja oder nein beantwortet, z.B.: „Distanziert er/sie sich von gemeinsamen Aktivitäten?" oder „Werden Alltagsgewohnheiten durch sein/ihr Verhalten gestört?" Nachdem die Angehörigen angegeben haben, ob die beschriebenen Auswirkungen auf sie zutreffen, geben sie auf einer dreistufigen Skala an, wie belastet sie sich dadurch fühlen (gar nicht/mäßig/sehr). Im Unterschied zu Pai und Kapur, die nur einen globalen Wert für die subjektive Belastung über die Gesamtsituation vorsehen, wird hier jeder einzelnen möglichen objektiven Belastung ein möglicher subjektiver Belastungswert zugeordnet. Darüberhinaus können für den FBA folgende Kennwerte berechnet werden: jeweils ein Gesamtscore objektiver wie subjektiver Belastungen sowie 5 bereichsspezifische objektive und subjektive Belastungsscores. Eine vorläufige Reliabilitätsprüfung (n = 66) ergibt für den objektiven Belastungsscore ein Alpha von 0.82, für den subjektiven Belastungsscore ein Alpha von 0.88, was als zufriedenstellend zu bewerten ist.

Bewältigung

Krankheitsunabhängiges Bewältigungsverhalten wird mit dem *Stressverarbeitungsfragebogen (SVF)* von Janke und Erdmann (1997) erhoben, in dem es um die Erfassung habitueller Verarbeitungsmuster geht.

Für krankheitsbezogene Bewältigungsstrategien wird die *Skala zur Erfassung des Bewältigungsverhaltens (SEBV)* von Ferring und Filipp (1989) eingesetzt, eine deutschsprachige Version der Ways of Coping Checklist (Folkman und Lazarus, 1980). Im Unterschied zum SVF werden hier ereignis- und situationsspezifische Bewältigungsformen erfasst, die in zwei Subskalen als problemzentriertes (Änderung des Problems) und emotionszentriertes Coping (Regulation von Distress) differenziert werden. Der Angehörige erhält folgende Instruktion: „Beim vorliegenden Fragebogen geht es darum, sich an typische, wiederkehrende Ereignisse im letzten Monat zu erinnern, die mit der Erkrankung Ihres Angehörigen zusammenhängen und die Sie persönlich als negativ oder unangenehm empfunden haben. Wählen Sie bitte aus diesen für Sie unangenehmen Ereignissen ein häufiger auftretendes Ereignis aus …". Im Hinblick darauf soll der Angehörige angeben, welche der aufgeführten Bewältigungsreaktionen für ihn zutreffend waren.

Internalität/Externalität

Generalisierte Kontrollüberzeugungen stellen eine wichtige personale Ressource da und werden mit dem *Fragebogen zu Kompetenz- und Kontrollüberzeugungen (FKK)* (Krampen, 1991) erhoben. Es handelt es sich dabei um ein Verfahren zur Erfassung von vier handlungstheoretisch definierten, situativ und zeitlich generalisierten Persönlichkeitsvariablen:

(1) „Selbstkonzept eigener Fähigkeiten" als die subjektive Erwartung, dass in problematischen Situationen auch tatsächlich Handlungsmöglichkeiten zur Verfügung stehen;

(2) „Internalität" als die subjektiv wahrgenommene Kontrolle über das eigene Leben;

(3) „sozial bedingte Externalität" als subjektive Erwartung, dass wichtige Ereignisse vom Einfluss anderer abhängen und

(4) „fatalistische Externalität" als subjektive Erwartung, dass das Leben vom Schicksal oder Zufall abhängt. Jede der vier Skalen basiert auf 8 Items, die Einstellungen zu bestimmten Situation beschreiben und die vom Angehörigen auf einer sechsstufigen Skala eingeschätzt werden.

Aus den genannten Primärskalen werden 2 Sekundärskalen und eine Tertiärskala abgeleitet. Die erste Sekundärskala „generalisierte Selbstwirksamkeitsüberzeugung" fasst die beiden Primärskalen „Selbstkonzept eigener Fähigkeiten" und „Internalität" zusammen, die zweite Sekundärskala „generalisierte Externalität in Kontrollüberzeugungen" besteht aus den Skalen „soziale Externalität" und „fatalisische Externalität".

Persönlichkeit

Um den Einfluss weiterer Persönlichkeitsmerkmale auf den Belastungs-Bewältigungsprozess abschätzen zu können, wird einmalig das *NEO-Fünf-Faktoren Inventar (NEO-FFI)* nach Costa und McCrae (Borkenau und Ostendorf, 1993) eingesetzt, das mit 60 Items die Faktoren Neurotizismus, Extraversion, Offenheit für Erfahrung, Verträglichkeit und Gewissenhaftigkeit erfasst. Die Selbsteinschätzung erfolgt auf einer fünfstufigen Skala.

Soziale Unterstützung

Als wichtiger Aspekt sozialer Ressourcen wird die Wahrnehmung sozialer Unterstützung mit der Kurzversion des *Fragebogens zur sozialen Unterstützung (SOZU-K-22)* (Sommer und Frydrich, 1991) erfasst, die 22 Items auf einer fünfstufigen Antwortskala enthält.

Subjektive Befindlichkeit

Um die angegebenen Belastungen in Relation zur subjektiven Befindlichkeit setzen zu können, wurden zwei Selbstbeurteilungsinstrumente ausgewählt, die das Wohl-

befinden der Angehörigen bzw. ihre Beinträchtigungen durch psychische und somatische Symptome messen: die *Befindlichkeitsskala (Bf-S)* (von Zerssen, 1976), die
den gesamten Bereich normaler und pathologischer Befindlichkeits(veränderungen) hinsichtlich aktueller Beeinträchtigungen erfasst und die *Symptom-Check-List-
90-R (SCL-90-R)* (Derogatis, 1977), die einen Überblick über die aktuelle Symptombelastung anhand von neun Skalen gibt.

Potentielle persönliche Reifung

Zur Erfassung möglicher positiver Auswirkungen der psychischen Erkrankung auf
die gesunden Angehörigen wird ab dem 2. Katamnesejahr der Fragebogen *Posttrau-
matische Persönliche Reifung (PPR)* nach Tedeschi und Calhoun (1996) (Maercker,
Langner, 2001) eingesetzt, der mit 21 Items 5 Subskalen umfasst: „neue Möglichkeiten", „Beziehung zu anderen", „persönliche Stärken", „Wertschätzung des Lebens"
und „religiöse Veränderungen".

Lebensqualität und soziale Lage

Zur Erhebung der objektiven Lebensbedingungen und der subjektiven Lebens-
zufriedenheit wird die deutsche Adaptation des Lancashire Quality of Life Profile
(LQLP) (Priebe et al, 1995). Die subjektive Lebensqualität wird sowohl global als
auch in Bezug auf verschiedene Lebensbereiche mit einer siebenstufigen Zufrieden-
heitsskala erfasst.

Zusätzlich wird die ZUMA-Standarddemographie (Ehling et al, 1992) erhoben.

Patientenvariable

Die Diagnosestellung erfolgt nach *ICD-10 (F 20-29 und F 30–39).*

Der Schweregrad der Erkrankung wird erfasst anhand der jeweiligen Gesamtwer-
te der *Hamilton Depression Scale (HAMD)* (Hamilton, 1960) und der *Positive and
Negative Syndrome Scale (PANSS)* (Kay et al, 1987). Zusätzlich gehen bei schizophrenen Patienten die Scores der Positiv- und der Negativ-Subskala in die Analyse
ein.

Das allgemeine Funktionsniveau wird mit der *Global Assessment of Functioning
Scale (GAF)* (APA, 1987) erfasst.[2]

---

[2] Für die Bereitstellung der Patientendaten danke ich den Mitarbeitern der Arbeitsgruppe der
Münchener prospektiven Verlaufsstudie an schizophrenen und depressiven Patienten, insbesondere Herrn Dr. Bottlender.

Um die Selbsteinschätzung der emotionalen Einstellung des Angehörigen gegenüber des Erkrankten mit derjenigen des Patienten zu vergleichen, wird der *Fragebogen zur Erfassung der Familienatmosphäre (FEF)* (Feldmann et al, 1995) eingesetzt, der anhand von 26 Items und einer zweistufigen Antwortskala die Angehörigeneinschätzung durch den Patienten erhebt (z.B. „Er/sie weist mich oft zurecht); das 27. Item erhebt die Häufigkeit des Sichtkontakts zwischen Patient und Angehörigem.

Das theoretische Modell der Datenanalyse, orientiert am transaktionalen Stress-Bewältigungsmodell von Lazarus und Folkman, ist der Abb. 1 zu entnehmen, das zeitliche Ablaufschema der Erhebungen der Tab. 1.

Einschlusskriterien, Durchführung, Stichprobe und aktueller Stand der Studie

Es werden im Rahmen der Basisstudien Schizophrenie und Depression der Kompetenznetzwerke Schizophrenie und Depression Patienten rekrutiert, die bei Erstmanifestation (F 20-29 und F30-39) stationär behandelt werden. Diejenigen Patienten, die mit einem Angehörigen zusammenleben oder einen wöchentlichen Sichtkontakt von mindestens 15 Stunden haben, werden über die Angehörigenstudie informiert und

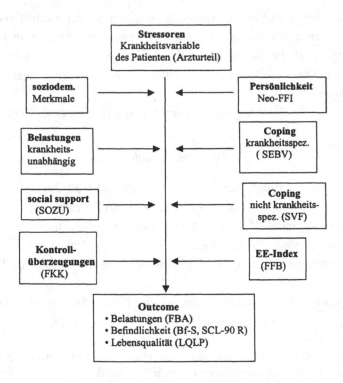

Abb. 1. Theoretisches Modell der Datenanalyse

Tab. 1. Zeitliches Ablaufschema der Erhebungen

	Baseline	1 Jahr	2 Jahre	3 Jahre	4 Jahre	5 Jahre
Interview	X	X	X	X		X
FMSS	X					
FFB/FEB	X	X	X	X		X
FBA	X	X	X	X		X
SVF	X	X	X	X		X
SEBV	X	X	X	X		X
FKK	X	X	X	X		X
NEO-FFI	X					
SOZU	X	X	X	X		X
Bf-S	X	X	X	X		X
SCL-90-R	X	X	X	X		X
PPR			X	X		X
LQLP	X	X	X	X		X

um ihr Einverständnis gebeten, Kontakt mit der von ihnen genannten wichtigsten Bezugsperson aufzunehmen. Die Angehörigenbefragung findet etwa 3 Wochen nach Aufnahme des Patienten bzw. gegen Ende seines stationären Aufenthalts statt und beginnt mit dem FMSS und dem anschließenden qualitativen Interview. Das umfangreiche Fragebogeninstrumentarium wird von den Angehörigen zu Hause bearbeitet.

Die Stichprobe soll die jeweils engste Bezugsperson von 50 depressiven und 50 schizophrenen Patienten umfassen, wobei derzeit noch 15 Angehörige von Schizophrenen rekrutiert werden müssen. Insgesamt konnten bisher 85 Angehörige zum Baseline-Zeitpunkt, 70 nach einem Jahr, 42 nach 2 Jahren und 22 nach 3 Jahren befragt werden.

Vorläufige Ergebnisse

Im Folgenden werden vorläufige Ergebnisse einer Teilauswertung der Daten vom ersten Messzeitpunkt von 54 Angehörigen kurz dargestellt (Tab. 2). Auf die ausführliche und weitergehende Darstellung der Daten sei auf einen anderen Beitrag verwiesen (Möller-Leimkühler und Buchner, im Druck).

Im Zentrum dieser Teilauswertung stehen Belastungen der Angehörigen (objektive und subjektive Belastungen sowie Befindlichkeit und Symptombelastung) in Abhängigkeit von den Stressoren, d.h. den klinischen Parametern des Patienten, den eigenen krankheitsbezogenen Bewältigungsstilen und den eigenen generalisierten Kontrollüberzeugungen.

Tab. 2. Merkmale der Teilstichprobe

Angehörige	n	Elternteil	(Ehe-)Partner
Männer	28	2	26
Frauen	26	8	18

Angehörige schizophrener Patienten:	20
Angehörige depressiver Patienten:	34
Durchschnittsalter:	42,2
Zusammenleben mit Patienten:	49

Angehörige schizophrener und depressiver Patienten unterscheiden sich tendenziell in ihren objektiven und subjektiven Belastungen mit der Tendenz, dass Angehörige Schizophrener sowohl höhere objektive als auch subjektive Belastungen angeben.

Befindlichkeits (Bf-S) – und Symptombelastungswerte (SCL-90-R) der Angehörigen liegen etwa eine Standardabweichung über der jeweiligen Bevölkerungsnormen und verweisen auf eine deutlich erhöhte psychische Beeinträchtigung der Angehörigen, wobei sich keine Unterschiede in Abhängigkeit von der Diagnose des Patienten finden. Zum jetzigen Zeitpunkt muss allerdings unklar bleiben, ob diese Werte auf eine eigene Psychopathologie der Angehörigen zurückzuführen sind oder als Belastungsfolgen der Erkrankung des Partners/Kindes interpretiert werden müssen, dies lässt sich annäherungsweise erst bei den katamnestischen Auswertungen feststellen.

Unabhängig von der Diagnose des Patienten geben die Angehörigen gleichermaßen emotionszentrierte wie problemzentrierte Bewältigungsstrategien an, wobei Angehörige schizophrener Patienten tendenziell häufiger problemzentriertes Coping einsetzen. Alle bisher festgestellten Unterschiede zwischen den Angehörigen beider Diagnosegruppen sind statistisch nicht signifkant, was sich mit zunehmenden Stichprobenumfang möglicherweise ändern kann. Allerdings berichten die meisten Studien, die diesen Zusammenhang untersuchen, ebenfalls nur von geringen Unterschieden.

Die Ausprägungen der generalisierten Kontrollüberzeugungen liegen im Normbereich und differenzieren nicht zwischen den beiden Angehörigengruppen.

Wie Tab. 3 zu entnehmen ist, korrelieren weder der Schweregrad der Erkrankung noch das Funktionsniveau des Patienten mit den Belastungen der Angehörigen. Hier lassen sich also keine linearen und direkten Effekte der Stressoren auf die Outcome-Variablen nachweisen.

Dagegen bestehen signifikante Zusammenhänge zwischen Angehörigenbelastung und emotionszentriertem Coping sowie den generalisierten Kontrollüberzeugun-

Tab. 3. Korrelationen zwischen Belastungen der Angehörigen Patientenvariablen, Bewältigungsstilen und Kontrollüberzeugungen

	FBA-OB[1]	FBA-SB[2]	SCL-90-R (GSI)	Bf-S
GAF	,09	,08	–,02	–,12
HAMD	,08	–,07	,19	,05
PANSS	,12	,13	,30	,20
Coping E[3]	,16	,30*	,48**	,46**
Coping P[4]	–,22	–,13	–,12	–,27*
FKK-SKI[5]	–,21	–,34*	–,41**	–,52**
FKK-PC[6]	,25	,36*	,51**	,39**

[1] Score objektiver Belastungen (FBA), Quotient aus der Summe aller Itemwerte (0–1) und Gesamtzahl der Items; [2] Score subjektiver Belastungen, Quotient aus der Summe aller gewichteten Items (0–2) und Gesamtbelastungsgrad (= 58); [3] emotionszentriertes Coping (SEBV); [4] problemzentriertes Coping (SEBV); [5] internale Kontrollüberzeugungen (FKK); [6] externale Kontrollüberzeugungen (FKK). * $p < 0,05$; ** $p < 0,01$

gen. Ein höheres Maß an subjektiver Belastung und schlechterer Befindlichkeit steht in Zusammenhang (a) mit einem stärker ausgeprägtem emotionszentriertem Coping, (b) mit einer geringer ausgeprägten Selbstwirksamkeit, und (c) mit einer stärker ausgeprägten externalen Kontrollüberzeugung.

Hohe Selbstwirksamkeitsüberzeugungen wiederum sind negativ assoziiert (r = –0,52; p < 0,01), hohe Externalität positiv assoziiert (r = 0,58; p < 0,01) mit emotionszentriertem Coping.

Diese Befunde sind konsistent mit den Ergebnissen der o.g. Studien, die den Zusammenhang zwischen Coping und Angehörigenbelastungen untersucht haben. Sie stehen ebenfalls in Übereinstimmung mit Ergebnissen der allgemeinen Bewältigungsforschung, wonach immer wieder in unterschiedlichen Stichproben ein Zusammenhang zwischen emotionszentriertem Coping und Distress, Depressivität, Angst und schlechterem Gesundheitszustand gefunden wurde.

Eine grundsätzliche methodische Frage bei der Interpretation dieses Zusammenhangs ist die Konfundierung von emotionszentriertem Coping mit Depressivität oder anderen emotionalen bzw. subjektiven Parametern, die mit den späteren katamnestischen Auswertungen beantwortet werden kann.

Die Befunde zum emotionszentriertem Coping lassen nicht den Schluss zu, dass es sich um einen weniger erfolgreichen Bewältigungsstil handelt; emotionszentriertes Coping ist immer im Kontext der Situation (die möglicherweise nicht veränderbar ist) und der Ausprägung der Selbstwirksamkeit zu sehen: nur bei gering ausgeprägter Selbstwirksamkeit ist emotionszentriertes Coping mit einem hohem subjektiven Belastungsgrad assoziiert.

Auf die entscheidende Rolle der Selbstwirksamkeits- oder internalen Kontrollüberzeugungen bei der Belastungswahrnehmung der Angehörigen ist bereits von Noh und Turner (1987) sowie Solomon und Draine (1995b) hingewiesen worden. Hervorzuheben ist, dass es sich hier um generalisierte Einstellungen handelt, wobei die spezifische krankheitsbedingte Belastungssituation subjektiv durchaus als nicht kontrollierbar wahrgenommen werden kann. So geben 48 der 54 Angehörigen im SEBV an, dass sie die spezifische unangenehme Situation, auf die sie ihre Copingstrategien beziehen, nicht hätten kontrollieren können. Trotzdem setzen sie gleichzeitig sowohl emotions- als auch problemzentriertes Coping ein, was einerseits die Annahme einer generell hohen Variablität von Copingstrategien bestätigt und andererseits darauf verweist, dass in einer neuen, wenig kontrollierbaren Situation zunächst habituelle Bewältigungsmuster eingesetzt werden, bis diese nicht mehr funktional sind.

Dieser Prozess zeigt sich auch in den qualitativen Interviews, in denen flexible und starre Bewältigungsstile herausgearbeitet werden können.

Beispiel 1: Ehemann einer Frau mit postpartaler Depression, 35 Jahre

„Ich seh immer das Positive, vielleicht bin ich zu positiv. Ich frage mich immer, wo muss ich hin, damit ich das Problem bewältigen kann, ich bin sehr pragmatisch orientiert, was auch beruflich bedingt ist, und wende eigentlich privat auch dieselben Strategien an: Strategien des klassichen Business Development und Marketingstrategien, das ist typisch amerikanisch, das gegeneinander Abwägen von Stärken und Schwächen eines Gegenstands, einer Situation, sowie die Frage, worin liegen Herausforderungen und worin Gefahren."
(Coping E = 0,06; Coping P = 0,44; FKK-SKI = 58; FKK-PC = 45)

Beispiel 2: Mutter eines schizophren erkrankten Sohnes, 59 Jahre

„Da er jetzt krank ist, braucht er mich ganz besonders. Er war ja immer schon sehr labil und gutmütig, deshalb musste ich mich immer besonders um ihn kümmern. ... Ich muss mich schonen, da ich wenig belastbar bin, ich muss aber auch ihn schonen, da er so sensibel und krank ist. Aber wie kann ich ihn schonen, wenn ich mich schone?"
(Coping E = 0,50; Coping P = 0,64; FKK-SKI = 37; FKK-PC = 57)

Beispiel 3: Ehemann einer schizophren erkrankten Frau, 50 Jahre

„Damals die ersten 2 Tage habe ich es versucht mit spazierengehen, mit viel Bewegung, habe gesagt, fest einatmen und ausatmen... Ich habe die Erfahrung gemacht, Bewegung war immer das beste, hätte sein können, was will. Dann war das auch nichts und irgendwann mal habe ich den Hausarzt angerufen."
(Coping E = 0,07; Coping P = 0,30; FKK-SKI = 58, FKK-PC = 35)

Beispiel 4: Mutter eines schizophren erkrankten Sohnes, 47 Jahre

„Ich gehe mit Stress um, indem ich mich ordne. Also bewusst Ordnung mache. Aber so in diesem ganzheitlichen Sinne. Ja, das ist furchtbar schwer zu erklären, weil ich es nämlich selber an mir beobachtet habe: wie mache ich es? Das habe ich jetzt rausgefunden, weil das wirklich ein maximaler Stress ist im Moment, also für mich, diese Sache. Ich weiß nicht, wie soll ich das beschreiben? Also so, dass ich Dinge logisch tue und dann auch zufrieden bin damit, dass es so fertig geworden ist, wenn es auch ein ganz kleines Ding ist. Wir mussten ein Zimmer umräumen, was ein Arbeitszimmer jetzt geworden ist. Also, wie man, in welcher Form man das gut und richtig hinkriegt in möglichst kurzer Zeit und möglichst wenig Aufwand auch. So was, oder wie ich den Tag auch am besten ordne, welche Dinge wann zu tun sind, oder wie ich mit dem Garten umgehe zum Beispiel auch. Das fiel mir jetzt auf, dass ich mich so im Gleichgewicht halte."
(Coping E = 0,22; Coping P = 0,71; FKK-SKI = 61; FKK-PC = 38)

Beispiel 5: Ehefrau eines depressiv erkrankten Mannes, 34 Jahre

„Das war für mich absolut eigentlich kein Problem. Ich weiß nicht, vielleicht haben andere Ehefrauen eher damit zu knabbern. Ja, ich schätze mal, dass das alles von der Einstellung der Ehefrau abhängig ist. Also wenn ich jetzt nicht so die Einstellung hätte: ‚Es wird schon wieder‘, ja, dann tät es mir vielleicht viel mehr an die Nieren gehen. … Ich sage mir halt: ‚Mei, das hast du halt jetzt, jetzt müssen wir halt schauen, dass wir das irgendwie in den Griff kriegen, jetzt gehst du ins Krankenhaus und lass dich mal einstellen, lass dich einstellen auf deine Tabletten, machst Therapie, wenn nötig ist, und dann, und dann wird das schon wieder.‘ Also so ein Mensch bin ich eigentlich."
(Coping E = 0,11; Coping P = 0,11; FKK-SKI = 43; FKK-PC = 38)

Beispiel 6: Ehemann einer depressiv erkrankten Frau, 61 Jahre

„Das ist schon was (Yoga). Das bringt was. Da kriegt man wieder die innere Ruhe, wird wieder aufgebaut. Weil, sonst sehe ich eigentlich überhaupt nichts, was einem was bringt. Das andere ist ja alles bloß Ablenkung. Wenn man wohin geht und Gespräche und so weiter. Wenn man dann zu Hause ist, dann ist ja wieder das Alte da. Aber durch Yoga wird man gestärkt, kriegt man die innere Ruhe. Da muss ich wieder anfangen."
(Coping E = 56; Coping P = 39; FKK-SKI = 49; FKK-PC = 45)

Beispiel 7: Ehefrau eines depressiv erkrankten Mannes, 48 Jahre

„Ich muss ehrlich sagen, ich empfinde das gar nicht als so harte Zeit. Ich meine, es ist einfach, mei, das ist halt das Leben, da gibt's immer mal Höhen und Tiefen und, ja, mei, natürlich war ich angestrengt und gestresst und alles, aber irgendwie gehört das doch dazu. Man muss auch das aushalten können. Oder vielleicht halt ich das aus und … weiß nicht. … Vielleicht lasse ich es auch nicht so an mich ran, ich weiß es nicht, aber ich kann das irgendwie gut. … Manchmal denke ich mir auch, ob ich vielleicht zu oberflächlich bin."
(Coping E = 0,34; Coping P = 0,38; FKK-SKI = 46; FKK-PC = 48)

Beispiel 8: Ehefrau eines depressiv erkrankten Mannes, 53 Jahre

„Also ich bin, sagen wir mal zum Glück, halt jemand, der, also ich muss aufpassen, dass ich an mir bleibe auch, dass ich auch sehe, wo meine Grenzen sind, dadurch, dass ich halt in der Sozialarbeit

(arbeitet als Sozialpädagogin mit Behinderten) mich mit den Leuten intensiv beschäftigen muss, also, ich mir auch immer schon Arbeitsbereiche ausgesucht habe, die das fordern. ... Ja, ich habe irgendwie da so auf diese eigene Kraft auch vertraut und habe eigentlich wenig darunter gelitten, dass es ihm so schlecht gegangen ist, sondern habe mehr so versucht, meine Seiten zu fühlen und zu sehen, wo es mir gut geht, die dann auch zu leben und zu machen."
(Coping E = 0,44; Coping P = 0,71; FKK-SKI = 64; FKK-PC = 35)

Beispiel 9: Ehemann einer depressiv erkrankten Frau, 45 Jahre

„Ich bin nicht der Typ, der eine klare Position für sich bezieht, der sehr lange mitmacht, vieles erträgt und erduldet. In unserer jetzigen Situation kommt mir das zugute, ich bin unheimlich leidensfähig."
(Coping E = 0,61; Coping P = 0,28; FKK-SKI = 43; FKK-PC =37)

Zusammenfassend lassen sich die vorläufigen Ergebnisse dahingehend interpretieren, dass der subjektive Belastungsgrad der Angehörigen schizophrener und depressiver Patienten weniger von den psychopathologischen Defiziten des Patienten als vielmehr von ihrer Einschätzung der Situation abhängt, die durch die generalisierten Konrollüberzeugungen gesteuert wird: Je höher die internalen Kontrollüberzeugungen, desto geringer der Belastungsgrad, je höher die externalen Kontrollüberzeugungen, desto höher der Belastungsgrad. Konsistent mit den Annahmen des Konzepts der gelernten Hilflosigkeit bzw. der Attributionstheorie (Abrahamson et al, 1978) wird also der Stress-Belastungsprozess dann reduziert, wenn der Angehörige sich generell als eher aktiv und handlungsfähig, selbstbewusst und flexibel einschätzt, während das Stresserleben dann verstärkt wird, wenn sich der Angehörige als eher abhängig von anderen, fremdbestimmt und hilflos erlebt. Zahlreiche Studien belegen, dass hohe Internalität negativ, hohe Externalität dagegen positiv mit Angst und Depressivität korreliert (vgl. Kennedy et al, 1998).

Diese Befunde können für die professionelle Unterstützung Angehöriger genutzt werden, indem subjektive Belastungen nicht nur durch die Vermittlung von Informationen über die Erkrankung reduziert werden, sondern auch durch ein kognitives Training zur Steigerung der Selbstwirksamkeit und Reduktion fatalistischer Überzeugungen, die mit Hilflosigkeit und einseitig emotionszentrierten Bewältigungsstilen einhergehen.

Literatur

American Psychiatric Association (1987) Diagnostic and statistical manual of mental disorders (DSM-III-R). Washington, DC

Abrahamson LY, Seligman MEP, Teasdale J (1978) Learned helplessness in humans: critique and reformulation. J Abnorm Psychol 87: 49–74

Angermeyer MC, Matschinger H, Holzinger A (1997) Die Belastung der Angehörigen chronisch psychisch Kranker. Psychiatr Prax 24: 215–220

Baronet AM (1999) Factors associated with caregiver burden in mental illness: a critical review of the research literature. Clin Psychol Rev 19: 819–841

Borkenau P, Ostendorf F (1993) NEO-Fünf-Faktoren Inventar (NEO-FFI) nach Costa und McCrae. Hogrefe, Göttingen Bern Toronto Seattle

Boye B, Bentsen H, Ulstein I et al (2001) Relatives' istress and patients' symptoms and behaviours: a prospecitve study of patients with schizophrenia and their relatives. Acta Psychiatr Scand 104: 42–50

Brown S, Birtwistle J (1998) People with schizophrenia and their families. Fifteen-year outcome. Br J Psychiatry 173: 139–144

Cornwall PL, Scott J (1996) Burden of care, psychological diestress and satisfaction with services in the relatives of acutely mentally disordered adults. Soc Psychiatry Psychiatr Epidemiol 31: 345–348

Derogatis LR (1977) SCL-90-R, administration, scoring and procedures. Manual for the r(evised) version. John Hopkins University School of Medicine

Ehling M, Heyde D von der, Hoffmann-Zlotnik J, Quitt H (1992) Eine deutsche Standarddemographie. ZUMA-Nachrichten 31: 29–46

Feldmann R, Buchkremer G, Minneker-Hügel E, Hornung P (1995) Fragebogen zur Erfassung der Famiklienatmosphäre (FEF): Einschätzung des emotionalen Angehörigenverhaltens aus der Sicht schizophrener Patienten. Diagnostica 41: 334–348

Ferring D, Filipp S-H (1989) Bewältigung kritischer Lebensereignisse: Erste Erfahrungen mit einer deutschsprachigen Version der „Ways of Coping Checklist". Z Different Diagn Psychol 10: 189–199

Hamilton M (1960) A rating scale for depression. J Neurol Neurosurg Psychiat 23: 56–62

Harvey K, Burns T, Fahy T et al (2001) Relatives of patients with severe psychitic illness: factors that influence appraisal of caregiving and psychological distress. Soc Psychiatry Psychiat Epidemiol 36: 456–461

Hoenig J, Hamilton M (1966) The schizophrenic patient and hin effect on the household. Int J Soc Psychiatry 12: 165–176

Janke W, Erdmann G (1997) Stressverarbeitungsfragebogen. Hogrefe, Göttingen Bern Toronto Seattle

Jungbauer J, Bischkopf J, Angermeyer MC (2001) Belastungen von Angehörigen psychisch Kranker. Psychiatr Prax 28: 105–114

Kay SR, Fiszbein A, Opler LA (1987) The positive and negative syndrome scale (PANSS) for schizophrenia. Schizophr Bull 13: 261–276

Kennedy BL, Lynch GV, Schwab JJ (1998) Assessment of locus of control in patients with anxiety and depressive disorders. J Clin Psychol 54: 509–515

Krampen G (1991) Fragebogen zu Kompetenz- und Kontrollüberzeugungen (FKK). Hogrefe, Göttingen Toronto Zürich

Kuipers L (1993) Family burden in schizophrenia: implications for services. Soc Psychiatry Psychiat Epidemiol 28: 207–210

Maercker A, Langner R (2001) Persönliche Reifung (personal growth) durch Belastungen und Traumata: Validierung zweier deutschsprachiger Fragebogenversionen. Diagnostica 3: 2–29

Magana AB, Goldstein MJ, Karno M et al (1986) A brief method for assessing expressed emotion in relatives of psychiatric patients. Psychiatr Res 17: 203–212

Magliano L, Fadden G, Madianos M et al (1998) Burden on the families of patients with schizophrenia: results of the BIOMED I study. Soc Psychiatry Psychiat Epidemiol 33: 405–412

Magliano L, Fadden G, Economou M et al (2000) Family burden and coping strategies in schizophrenia: 1-year follow-up data from the BIOMED I study. Soc Psychiatry Psychiatr Epidemiol 35: 109–115

Möller-Leimkühler AM, Buchner E (2003) Burden, locus of control and coping of relatives of patients with first-episode schizophrenia and depression. Preliminary results of the Munich 5-year-follow-up family study (in press)

Noh S, Turner RJ (1987) Living with psychiatric patients: implications for the mental health of family members. Soc Sci Med 25: 263–271

Pai S, Kapur RL (1981) The burden on the family of a psychiatric patient: development of an interview schedule. Br J Psychiatry 138: 332–335

Priebe S, Gruyters T, Heinze M, Hoffmann C, Jäkel A (1995) Subjektive Evaluationskriterien in der psychiatrischen Versorgung – Erhebungsmethoden für Forschung und Praxis. Psychiatr Prax 22: 140–144

Provencher HL (1996) Objective burden among primary caregivers of persons with chronic schizophrenia. J Psychiatr Mental Health Nursing 3: 181–187

Scazufca M, Kuipeers E (1999) Coping strategies in relatives of people with schizophrenia before and after psychiatric admission. Br J Psychiatry 174: 154–158

Solomon P, Draine J (1995a) Adaptive coping among family members of persons with serious mental illness. Psychiatr Serv 46: 1156–1160

Solomon P, Draine J (1995b) Subjective burden among family members of mentally ill adults: relation to stress, coping and adaptation. Am J Orthopsychiatry 65: 419–427

Sommer G, Fydrich T (1989) Soziale Unterstützung: Diagnostik, Konzepte, F-SOZU. Dt Ges für Verhaltenstherapie, Tübingen

The Scottish Schizophrenia Research Group (1992) The Scottish first episode scizophrenia study VIII. Five-year follow-up: clinical and psychosocial findings. Br J Psychiatry 161: 496–500

Vaddadi KS, Soosai E, Gilleard CJ et al (1997) Mental illness, physical abuse and burden of care on relatives: a study of acute psychiatric admission patients. Acta Psychiatr Scand 95: 313–317

Wiedemann G, Rayki O, Feinstein E, Hahlweg K (2002) The Family Questionnaire: development and validation of a new self-report scale for assessing expressed emotion. Psychiatr Res 109: 265–279

Wittmund B, Wilms HU, Mory C, Angermeyer MC (2002) Depressive diesorders in spouses of mentally ill patients. Soc Psychiatry Psychiat Epidemiol 37: 177–182

Zerssen D von (1976) Die Befindlichkeitsskala: Parallelformen Bf-S und Bf-S'. Beltz-Test, Göttingen

Der Beitrag der Pharmakogenetik/Pharmacogenomics zur Therapie Response – Non-Response in der Schizophrenie

M. Ackenheil und K. Weber

Einführung

Die Ära der Psychopharmakologie begann vor 50 Jahren mit der Einführung des Chlorpromazins für die Behandlung der Schizophrenie. Seitdem steht eine beträchtliche Zahl von Medikamenten für die verschiedenen psychiatrischen Erkrankungen zur Verfügung (Stahl, 2000). Trotz aller Fortschritte auf diesem Gebiet und möglicherweise auch wegen der Heterogenität der psychiatrischen Erkrankungen gibt es nach wie vor viele Patienten, die auf die Behandlung nicht ansprechen, sog. „Non-Responders". Bei der Behandlung der Schizophrenie geht man von etwa 20–30% Non-Responders aus. Auch das atypische Antipsychotikum Clozapin, welches, nachdem es bereits mehrere Jahre in Europa auf dem Markt war, in USA vor allem für die Therapie der sog. „treatment resistant"-Schizophrenie zugelassen wurde (Kane et al, 1988), wirkt nicht bei allen Patienten, und es werden ebenfalls 20–30% Non-Responders beobachtet. In einer naturalistischen Studie an unserer Klinik wurden Responders ohne relapse Respondern mit partiellem relapse Non-Respondern gegenübergestellt. Die Response-Rate war nur teilweise von der Dosis und den Plasmaspiegeln abhängig. Responders haben eine Dosierung von durchschnittlich 225 mg Clozapin und einen Plasmaspiegel von durchschnittlich 205 ng Clozapin/ml Blut und Desmethylclozapin von 120 ng/ml. Demgegenüber wiesen Responders mit teilweise relapse niedrigere Dosierungen und auch niedrigere Plasmaspiegel auf (125 mg, 100 ng/ml, 55 ng/ml Desmethylclozapin). Demgegenüber hatten Non-Responders eine höhere Dosierung (250 mg) erhalten und die Plasmaspiegel waren durchschnittlich ebenfalls wesentlich höher (290 ng/ml Clozapin und 225 ng/ml Desmethylclozapin). Dies bedeutet, dass sie trotz höherer Dosierung nicht auf die Therapie ansprachen (Messer, pers. Mitt.).

Für „Non-Response" werden verschiedene Gründe diskutiert (Tab. 1). Unter anderem spielen pharmakogenetische und pharmakodynamische Aspekte eine we-

Tab. 1. Gründe für Therapie Non-Response

- Verschiedene Ätiologien
- Dauer der unbehandelten Psychose (DUP)
- Pharmakokinetische Aspekte
- „poor metabolism"
- „ultra rapid metabolism"
- Arzneimittelinteraktionen
- Blut-Hirn-Schranke
- Variation von Kandidatengenen

---

sentliche Rolle. Diese beruhen teilweise auf genetischen Variationen. Die Pharmakokinetik, d.h. die Verstoffwechslung der Medikamente, hängt ab von den genetischen Varianten der metabolisierenden Enzyme, den P450-Cytochromen. Diese bestimmen die Höhe des Plasmaspiegels und ebenso das Spektrum der Metaboliten und sind damit verantwortlich für Wirkungen und Nebenwirkungen von Medikamenten. Außerdem kommt es auf dieser Ebene zu Interaktionen der Psychopharmaka, indem sie sich gegenseitig beeinflussen. Pharmakodynamische Wirkungen werden ebenfalls durch genetische Varianten der Kandidatengene, mit denen die Drogen reagieren, variiert. Die pharmakologische Wirkung und die Nebenwirkun-

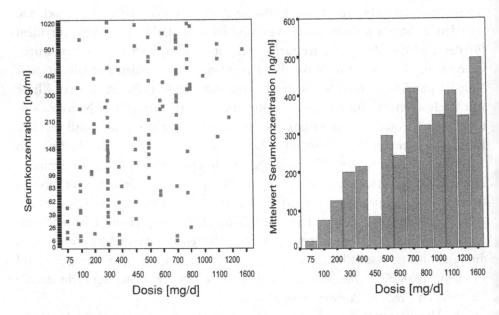

Abb. 1. Korrespondierende Serumkonzentration zur gegebenen Amisulprid-Dosis

gen hängen von genetischen Varianten verschiedener Rezeptoren ab. Für den Stoffwechsel der Psychopharmaka sind verschiedene Cytochrome verantwortlich (Ma et al, 2002), insbesondere das Cytochrom 2C19, 3A4, 1A2, 2D6 (Abb. 1). So wird z.B. Haloperidol über 2D6, 3A4 und 1A2 metabolisiert. Insbesondere das Enzym 2D6 liegt in verschiedenen genetischen Varianten, sog. Polymorphismen, vor, die unterschiedliche enzymatische Aktivitäten zeigen. Hierdurch kommt es zu langsamen Metabolisierern, extensiven Metabolisierern und „ultra rapid" Metabolisierern. In einer Studie mit Haloperidol, welches zum reduzierten Haloperidol, zu einem Piperidin Metaboliten und zu einem HPP, einer möglicherweise neurotoxischen Substanz, abgebaut wird, konnten wir feststellen, dass Patienten mit dem Allel CYP2D6*4, welches bei ca. 10% der weißen Bevölkerung auftritt und einen langsamen Metabolismus determiniert, einen höheren Plasmaspiegel von Haloperidol und dem reduzierten Haloperidol aufwiesen. Gleichzeitig wurde bei diesen Patienten eine schlechtere Therapie-Response und mehr Nebenwirkungen beobachtet (Abb. 2). Über Cyp 3A4 wird vermehrt der möglicherweise neurotoxische Metabolit Haloperidol Pyrdinium[+] (HPP[+]) (Usuki et al, 1996; Kalgutkar et al, 2003) gebildet, der Ähnlichkeit mit 1Methyl-4-phenyl-1,2,3,6 Tetrahydropyridinium (MPTP) aufweist, welches Parkison-ähnliche Symptome bei Heroinabhängigen (frozen addicts) hervorgerufen hat (Halliday et al, 1999). Dies spielt wahrscheinlich eine Rolle für unerwünschte Nebenwirkungen in Form von extrapyramidal-motorischen Störungen. Auch das neue atypische Antipsychotikum Risperdal wird vom Cytochrom CYP2D6 metabolisiert. Homozygote Patienten für das CYP2D6*4 Allel, also den

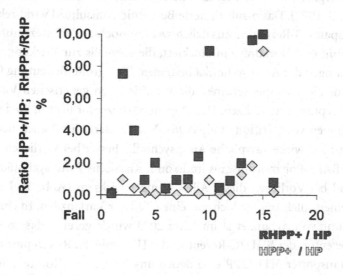

Abb. 2. Ratio der Pyridiniummetabolitenkonzentration zur Haloperidolkonzentration

„slow metabolizern", weisen ebenfalls höhere Plasmaspiegel auf. Weiterhin wurden bei schizophrenen Patienten, die heterozygot für das Cytochrom 2C19 2A waren, weniger Nebenwirkungen festgestellt. Auch das Cytochrom 1A2/1F scheint eine Rolle zu spielen. Hier konnte eine schlechtere Therapie-Response hinsichtlich der Negativsymptomatik, gemessen mit der PANSS-Skala, bei homozygoten CYP1A2/1F Allel-Trägern gemessen werden. Pharmakogenetische Aspekte sind auch für die Höhe der Plasmaspiegel anderer Medikamente, z.B. Amisulprid, verantwortlich. Bei gleicher Dosierung können bis zu 10-fache Unterschiede des Amisulpridplasmaspiegels gemessen werden. Die gleichen Resultate fanden wir für das atypische Antipsychotikum Clozapin und auch für andere Antipsychotika wie z.B. Risperdal. Zu niedrige und zu hohe Plasmaspiegel reduzieren die Therapie-Response und sind bei hohen Plasmaspiegeln der Grund für viele Nebenwirkungen (Dose et al).

Pharmakodynamische Effekte

Die Wirkung von klassischen und auch atypischen Neuroleptika beruht zum großen Teil auf einer Blockade dopaminerger Rezeptoren im nigro-striären und im mesolimbischen Dopaminsystem. Wir unterscheiden 5 verschiedene Dopaminrezeptoren: D1–D5. D1 und D5 stimulieren die Adenylatcylase, während D2, D3 und D4 die Adenylatcyklase hemmen (Seeman und van Tol, 1994). Am wesentlichsten für die antipsychotische Wirkung ist die Hemmung des Dopamin2-Rezeptors, die alle Antipsychotika in mehr oder weniger ausgeprägtem Maße hervorrufen. Clozapin wirkt im Vergleich zu Haloperidol relativ stärker auf den Dopamin4-Rezeptor (van Tol et al, 1992). Das o-substituierte Benzamid Amisulprid wirkt relativ stärker auf den Dopamin3-Rezeptor. Zusätzlich werden noch andere Rezeptoren, wie die von Serotonin und Noradrenalin blockiert, die ebenfalls zur Wirkung und zu den Nebenwirkungen der Antipsychotika beitragen. Eine große Bedeutung für das Ansprechen auf die Therapie scheinen die verschiedenen genetischen Varianten der Dopaminrezeptoren zu besitzen. Der Dopamin3-Rezeptor liegt in zwei verschiedenen Variationen vor (Griffon et al, 1996). Nach unseren und auch nach anderen Untersuchungen wirken atypische Antipsychotika besser bei Vorliegen eines Allels mit einem BAL1-Polymorphismus im Exon I. Klassische Antipsychotika wie Haloperidol sind bei Vorliegen dieses Allels weniger wirksam (Abb. 3). Die Wirkung eines einzelnen Allels trägt jedoch nur einen Teil zur Varianz bei. In einer weiteren Untersuchung von Arranz et al im Jahre 2000 wurde gezeigt, dass zusätzlich der 5HD2A-Rezeptor, der 5HD2C-Rezeptor, der Histamin-H2R-Rezeptor und der Serotonin-Transporter 5HTT2PR eine Bedeutung haben. Die Kombination der verschiedenen Polymorphismen erlaubte eine Vorhersage des Behandlungserfolgs zu

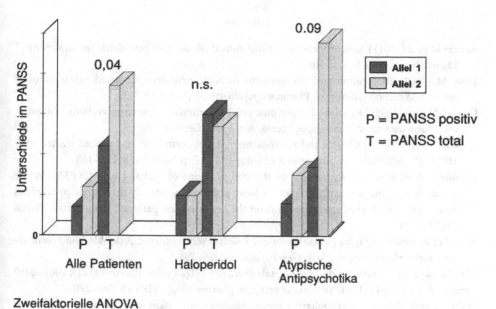

Abb. 3. Dopamin D3-Gen: Bal I Polymorphismus in Exon I Therapieresponse

77% und weist hierdurch auf künftige Behandlungsmöglichkeiten hin (Arranz et al, 2001). Diese Befunde zeigen, dass das Zusammenspiel von verschiedenen genetischen Varianten die Wirkung eines Medikamentes bestimmt und damit für Response oder Non-Response verantwortlich ist.

Die Zukunft der medikamentösen Behandlung liegt in einer individualisierten Therapie. Neben der Heterogenität der Erkrankungen mit unterschiedlicher Pathophysiologie ist auch die Wirkung der Medikamente selbst aufgrund unterschiedlicher genetischer Varianten verschieden. Neue Technologien erlauben die gleichzeitige Genotypisierung von verschiedenen Kandidatengenen, die für pharmakodynamische Wirkungen zuständig sind, sowie auch die Genotypisierung verschiedener Cytochrome, so dass eine Vorhersage über die Höhe des Plasmaspiegels bei gleicher Dosierung möglich ist. Auch die Erfassung von heute noch unbekannten Genen, die bei der Wirkung eines Medikamentes eine Rolle spielen, mit Hilfe der sog. Pharmacogenomics, d.h. die Erfassung des gesamten Genoms, wird in Zukunft eine Rolle spielen.

Literatur

Arranz M et al (2001) Pharmacogenetics for the individualization of psychiatric treatment. Am J Pharmacogenomics 1 (1): 3–10

Dose M (2000) Recognition and management of acute neuroleptic-induced extrapyramidal motor and mental syndromes. Pharmacopsychiatry 33 [Suppl 1]: 3–13

Griffon N et al (1996) Dopamine D3 receptor gene: organization, transcript variants, and polymorphism associated with schizophrenia. Am J Med Genet 67: 63

Halliday G et al (1999) Clinical and neuropathological abnormalities in baboons treated with HPTP, the tetrahydropyridine analog of haloperidol. Exp Neurol 158: 155–163

Kalgutkar A et al (2003) Assessment of the contributions of CYP3A4 and CYP3A5 in the metabolism of the antipsychotic agent haloperidol to its potentially neurotoxic pyridinium metabolite and effect of antidepressants on the bioacitivation pathway. Drug Metab Dispos 31: 243–249

Kane J et al (1988) Clozapine for the treatment-resistant schizophrenic. A double-blind comparison with chlorpromazine. Arch Gen Psychia 45: 789–796

Ma M et al (2002) Genetic basis of drug metabolism. Am J Health-Syst Pharm 59 (21): 2061–2069

Seeman P, Van Tol H (1994) Dopamine receptor pharmacology. TIPS 15: 264–270

Stahl S (2002) Essential psychopharmacology, neuroscientific basis and practical applications. Cambridge University Press

Usuki E et al (1996) Studies on the conversion of haloperidol and its tetrahydropyridine dehydration product to potentially neurotoxic pyridinium metabolites by human liver microsomes. Chem Res Toxicol 9 (4): 800–806

Van Tol H et al (1992) Multiple dopamine D4 receptor variants in the human population. Nature 358: 149–152

Ist eine antientzündliche Behandlung eine neue Therapieoption bei Schizophrenie?

N. Müller, M. Riedel, C. Scheppach, M. Ulmschneider, M. Ackenheil, H.-J. Möller und M. J. Schwarz

Einleitung

Entzündung ist ein Phänomen der Immunabwehr, für welches die Unterscheidung in Selbst und Fremd Voraussetzung ist. Fremdes wird vom Immunsystem erkannt und eliminiert, dieser Vorgang spielt sich im Rahmen einer Entzündung ab. Erst bei einer Chronifizierung der Entzündung oder bei einer mangelhaften Herunterregulierung der akut entzündlichen Geschehens im Verlauf einer Immunantwort kann sich die Entzündung von einer sinnvollen Abwehrreaktion zu einem den Organismus schädigenden Prozess verselbstständigen.

Innerhalb des fast unübersehbaren Spektrums entzündlicher Reaktionen sind in Hinblick auf Akuität und Verlauf insbesondere die akute Entzündung von der chronischen Entzündung und schließlich die Autoimmunreaktion zu unterscheiden.

Ausgehend von der beobachteten Häufung von Dementia-praecox-Fällen im Anschluss an eine Influenza-Epidemie 1918 (Menninger, 1926; 1928) wurden psychiatrische Störungen mit im Vordergrund stehender schizophreniformer Symptomatik sowohl bei verschiedenen Erreger-bedingten entzündlichen Erkrankungen (Schlitt et al, 1985; Ullmann und Kühn, 1988; Duncalf et al, 1989; Höchtlen und Müller, 1991), als auch bei Autoimmunprozessen mit ZNS-Beteiligung (Van Dam, 1991; Müller et al, 1993; Kurtz und Müller, 1994) beschrieben. Diese Beobachtungen führten dazu, dass eine entzündliche Reaktion als ein der Schizophrenie möglicherweise zugrundeliegender pathogenetischer Mechanismus postuliert wurde.

Eigene Untersuchungen legen nahe, dass bei einer Subgruppe schizophrener Patienten ein entzündlicher Prozess vorliegt, denn es fanden sich Anzeichen einer Entzündung, nämlich Fibrinogen-Abbauprodukte, sowohl im Liquor cerebrospinalis als auch bei der Analyse von post-mortem ZNS-Gewebe (Wildenauer und Höchtlen, 1990; Körschenhausen et al, 1996).

Auch aus epidemiologischen Untersuchungen von Einflüssen, die Risikofaktoren für das Auftreten einer schizophrenen Erkrankung darstellen, geht hervor, dass der Geburtszeitpunkt, die „Saisonalität", der Geburtsort und Infektionen, wohl vor allem ZNS-Infektionen in der Kindheit, solche Risikofaktoren darstellen.

Als Hinweis auf eine pränatale Virusexposition gilt die Saisonalität der Geburt schizophrener Patienten. Viele Studien zeigten, dass das Risiko, später an Schizophrenie zu erkranken steigt, wenn die Geburt in den Wintermonaten stattfand. Torrey und Kollegen publizierten 1997 eine Zusammenfassung von insgesamt 86 Studien dieser Art (Torrey et al, 1997). Von 19 der größten nordamerikanischen Studien, die entsprechend der allgemeinen Geburtshäufigkeit etc. kontrolliert waren, fanden 18 bei schizophrenen Patienten eine um 5–8% erhöhte Häufung von Geburten in den Monaten Dezember bis Mai, besonders im Januar und Februar. In einer australischen Studie verdeutlichte sich die Abhängigkeit von den Wintermonaten: In der Südhemisphäre zeigte sich eine Häufung der Geburten Schizophrener in den dortigen Wintermonaten Juli bis September. Diese Saisonalität wurde wiederholt mit dem erhöhten Risiko einer intrauterinen Influenzainfektion in den Phasen der fetalen Hirnentwicklung begründet (Verdoux et al, 1997; Sham et al, 1993; Takei et al, 1996).

Als ein weiterer indirekter Hinweise auf die kausale Beteiligung einer pränatalen Virusinfektion gilt die Urbanizität der Schizophrenie: Die Geburt in einer Großstadt ist mit einem erhöhten Risiko später an Schizophrenie zu erkranken verbunden (Lewis et al, 1992; Mortensen et al, 1999; Pedersen und Mortensen, 2001a). Die Gruppe um Mortenson zeigte auch, dass sich das Risiko wieder verringert, wenn innerhalb der ersten fünf Lebensjahre ein Wegzug aus der Großstadt in ländliche Gegenden stattfindet und umgekehrt auch bei Geburt auf dem Lande sich das Risiko für Schizophrenie erhöht, wenn innerhalb der ersten Lebensjahre ein Zuzug in eine Großstadt stattfindet (Pedersen und Mortensen, 2001b), wobei angenommen wird, dass aufgrund der Bevölkerungsdichte in der Großstadt das Risiko für eine Infektionserkrankung besonders hoch ist. Auch der Befund, dass in Familien mit hoher Kinderzahl das Risiko für das einzelne Kind, später eine Schizophrenie zu entwickeln signifikant höher ist als in einer kleineren Familie, kann in dieser Hinsicht interpretiert werden (Westergaard et al, 1999). Diese Daten zeigen, dass offenbar nicht nur eine pränatale Exposition mit einem Virus (oder einem anderen auslösenden Agens) das Risiko für Schizophrenie erhöht, sondern dass auch zu einem späteren Zeitpunkt in der Kindheit noch eine Gefährdung besteht. Tatsächlich zeigten Arbeitsgruppen um Rantakallio und Westergaard, dass eine Virusinfektion des Zentralnervensystems in der Kindheit zu einem fünffach erhöhten Risiko später an Schizophrenie zu erkranken führt (Rantakallio et al, 1997; Westergaard et al, 1999).

Zytokine und Gehirnentwicklung

Zytokine haben offensichtlich neben ihrer Funktion als Botenstoffe des Immunsystems und Entzündungsmediatoren auch eine wichtige Funktion in der Gehirnentwicklung und bei Reparaturmechanismen im ZNS. Interleukin-1 (IL-1) induziert die Produktion von Nervenwachstumsfaktor (NGF) in Schwann-Zellen (Lindholm et al, 1987). Es konnte auch gezeigt werden (Frei et al, 1989), dass IL-1, IL-6 und TNF-α NGF-Sekretion aus Astrozyten induzieren. Kürzlich zeigte sich, dass unterschiedliche Zytokine verschiedene funktionelle Programme in Astrozyten aktivieren (Aloisi et al, 1995). IL-1 und TNF-α scheinen die Astrozytenfunktion in eine proinflammatorische Richtung zu regulieren, gleichzeitig regulieren sie die Fähigkeit der Astrozyten etliche Effekte der inflammatorischen Reaktion zu beschränken und Reparaturprozesse und das zelluläre Überleben zu fördern. IL-1 und TNF-α scheinen wichtige Signale für die Einbeziehung von Astrozyten in Abwehrprozesse des Organismus und in Reparaturprozesse zu vermitteln (Aloisi et al, 1995). TNF-α und ebenso INF-γ interagieren mit N-CAM (neuronal cellular adhesion molecule) dem neuronalen Adhäsionsmolekül, das eine wichtige Funktion bei der neuronalen Entwicklung, Synaptogenese, Regeneration und Plastizität spielt (Vargas et al, 1994).

Tierexperimentelle Befunde stellen den Zusammenhang zwischen der erhöhten Inzidenz für Schizophrenie nach Virusinfektionen und der gestörten Entwicklung des Gehirns Schizophrener her. So konnte beispielsweise gezeigt werden, dass eine pränatale Influenzainfektion zu einer gestörten kortikohippokampalen Migration der Neurone führt. Dies beruht offenbar auf der durch die Infektion verursachten verminderten Expression von Reelin (Cotter et al, 1995; Fatemi et al, 1999). Die Reduktion Reelin-exprimierender Neurone in den Gehirnen schizophrener Patienten wurde von mehreren Gruppen beschrieben (Impagnatiello et al, 1998; Guidotti et al, 2000). Weitere Hinweise auf eine gestörte neuronale Migration ergaben experimentelle prä- oder perinatale Infektionen mit murinem Cytomegalievirus (Kosugi et al, 2000; Shinmura et al, 1997), Mumpsvirus (Rubin et al, 1998) und Parvovirus (Ramirez et al, 1996).

Doch Virusinfektionen können nicht nur zu einer Störung der Hirnentwicklung führen.

Zytokine und Neurotransmitter

Auch ein direkter Einfluss auf die Neurotransmitter-Balance konnte gezeigt werden. Bereits 1975 konnte gezeigt werden, dass eine Virusinfektion neugeborener Mäuse zu einer anhaltenden Störung des Katecholaminhaushaltes im Gehirn führt (Lycke und Roos, 1975). Inzwischen weiß man, dass eine ganze Reihe verschiedener Viren wie z.B. das Influenzavirus nach experimenteller Infektion ebenso das Monoamin-Gleichgewicht des Gehirns beeinflussen kann. Insbesondere wurde eine Aktivierung des serorotonergen und noradrenergen Systems beschrieben (Dunn, 2001).

Effekte proinflammatorischer Zytokine auf die Neurotransmitter-Balance wurden in vitro, im Tierversuch und bei Patienten wiederholt beschrieben, es scheint ein direkter Zusammenhang zwischen Zytokinproduktion bzw. -ausschüttung und der dopaminergen, noradrenergen und serotonergen Neurotransmission zu bestehen (Überblick: Müller, 1998). Aus diesen Zusammenhängen resultierte die Überlegung, dass die pharmakologische Herunter-Regulation aktivierender Zytokine im ZNS mittels einer antientzündlichen Therapie bei schizophrenen Patienten günstige Effekte mit sich bringen könnte. Diese Sichtweise wird durch die Tatsache unterstrichen, dass atypische Antipsychotika immunomodulatorische Eigenschaften aufweisen und eine Herunter-Regulation der Immunantwort im ZNS mit sich bringen.

Untersuchung therapeutischer Effekte mittels Cyclooxygenase-2-Inhibition

Auf der Basis dieser Befunde erschien es uns sinnvoll, die Effekte einer antientzündlichen Behandlung bei schizophrenen Patienten zu untersuchen, wobei – vor allem aus ethischen Überlegungen – das Studiendesign einer add-on-Behandlung zusammen mit einem bewährten Antipsychotikum gewählt wurde.

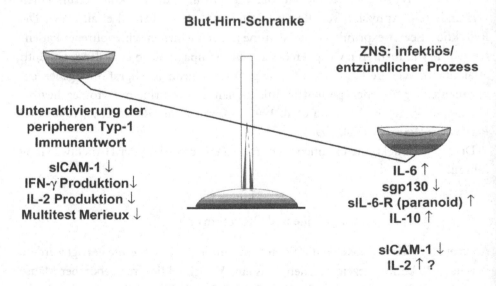

Abb. 1. Imbalance des Immunsystems

Celecoxib ist ein selektiver Cyklooxygenase-2-(COX2)Inhibitor, der eine gute ZNS-Gängigkeit aufweist und nur geringe Nebenwirkungen hat. Die Entscheidung für Risperidon als Antipsychotikum fiel, weil es sich um ein atypisches Neuroleptikum mit guter Wirksamkeit in der Therapie von beidem, Positiv- und Negativ-Symptomen der Schizophrenie handelt und inzwischen eine große Erfahrung in der Risperidon-Behandlung besteht (Marder und Maibach, 1994; Möller et al, 1998).

Die Studie wurde als eine prospektive, doppelblinde, Plazebo-kontrollierte, randomisierte, add-on Parallelgruppen-Untersuchung von Risperidon und Celecoxib gegen Risperidon und Plazebo geplant und in einem Zentrum durchgeführt (Müller et al, 2002). Die Studie wurde von der lokalen Ethikkommission der medizinischen Fakultät genehmigt. Die Patienten wurden nur eingeschlossen, wenn sie ihr schriftliches Einverständnis zur Teilnahme der Studie gegeben hatten.

50 schizophrene Patienten wurden in die Studie aufgenommen, 25 (11 w, 14 m) wurden randomisiert zu der Risperidon- und Celecoxib-Behandlungsgruppe zugeordnet, 25 (14 w, 11 m) zur Risperidon- und Plazebo-Gruppe. Alle Patienten befanden sich in stationärer Behandlung aufgrund einer akuten Exazerbation der schizophrenen Psychose. 16 der Patienten waren dabei das erste Mal in stationär-psychiatrischer Behandlung, von ihnen 8 in der Celecoxib- und 8 in der Plazebo-Gruppe.

Die Celecoxib-add-on-Therapie hatte einen signifikanten Effekt auf die mittlere Besserung im PANSS Gesamt-Score (zwischen Subjekten Faktor Celecoxib $F = 3.8$, $df = 1;47$, $p = 0.05$). Der Unterschied zwischen den beiden Behandlungsgruppen war nicht homogen über die Zeit (multivariable Celecoxib bei Zeit-Interaktion $F = 3.91$, $df = 4;44$, $p = 0.008$). Die Haupteffekte von Celecoxib fanden sich in der Mitte der Behandlungsperiode (quadratische Interaktionskomponente $F = 12.5$, $df = 1;47$, $p = 0.001$). In einfachen post-hoc t-Tests zeigte sich ein signifikanter Unterschied zwischen den beiden Behandlungsgruppen zwischen Woche 2 ($t = 2.06$, $df = 48$, $p = 0.05$) und Woche 4 (Woche 3 $t = 2.64$, $df = 48$, $p = 0.01$, Woche 4 $t = 2.54$, $df = 48$, $p = 0.01$). Auf keiner der Subskalen war der erreichte Effekt in Hinblick auf die mittlere Verbesserung statistisch signifikant (Positiv-Symptome: Celecoxib $F = 1.74$, $df = 1;47$, $p = 0.19$, Negativ-Symptome: Celecoxib $F = 2.82$, $df = 1;47$, $p = 0.10$, Globalskala: Celecoxib $F = 3.19$, $df = 1;47$, $p = 0.08$). Der quadratische Trend der Celecoxib-Zeit-Interaktion war in allen Subskalen signifikant (Positiv-Symptome: $F = 4.77$, $df = 1;47$, $p = 0.03$, Negativ-Symptome: $F = 8.86$, $df = 1;47$, $p = 0.005$, Globalskala: $F = 6.16$, $df = 1;47$, $p = 0.02$). Die Celecoxib-add-on-Behandlung zeigte eine frühere Besserung auf allen Subskalen.

Entsprechend unserer Hypothese zeigte sich, dass die Celecoxib-add-on-Therapiegruppe einen signifikant besseren Effekt auf der PANSS-Gesamtskala aufwies. Die ausgeprägtesten Besserungen waren zwischen Woche 2 und Woche 4 zu beob-

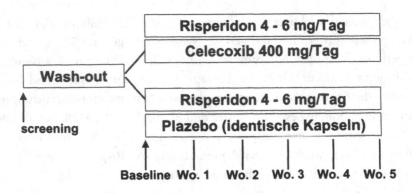

Abb. 2. Studiendesign Celecoxib

achten. Dies bedeutet, dass unter der add-on-Behandlung ein schnellerer Therapie-erfolg zu verzeichnen war. Die Beschleunigung des Behandlungserfolgs zeigte sich auf ähnliche Weise auf allen Subskalen. Diese Ergebnisse belegen, dass die zusätz-liche Behandlung mit Celecoxib signifikante positive Effekte auf die Psychopatholo-gie der Schizophrenie mit sich bringt.

Der therapeutische Erfolg der Risperidon- und Celecoxib-Gruppe beruht nicht auf einer unterschiedlichen Dosierung oder unterschiedlichen Plasma-Spiegeln von Risperidon oder dem aktiven Metaboliten 9-OH-Risperidon. Klinische Charakte-ristika der schizophrenen Patienten wie Geschlecht, Krankheitsdauer oder Schwere der Erkrankung unterschieden sich zwischen den Gruppen nicht und können daher die Unterschiede im therapeutischen Erfolg nicht erklären. Extrapyramidalmotori-sche Nebeneffekte, die mittels der EPS-Skala erhoben wurden, zeigten keine signifi-kanten statistischen Unterschiede. Die Behandlung mit 400 mg Celecoxib pro Tag wurde gut vertragen, es zeigten sich keine klinisch relevanten Nebeneffekte, die auf Celecoxib zurückzuführen waren. Der Verbrauch von Biperiden war in der Risperi-don- und Plazebo-Gruppe während der ersten zwei Wochen sogar größer als der in der Celecoxib-Gruppe, aber dieser Unterschied war nicht statistisch signifikant. Der niedrigere Verbrauch von Biperiden während der ersten zwei Behandlungswochen ist vereinbar mit einem neuroprotektiven Effekt von Celecoxib, der in der Literatur diskutiert wird (Klegeris et al, 1999).

Das bessere therapeutische Ansprechen der Kombinationsbehandlung muss auf Effekte von Celecoxib zurückgeführt werden. Bisher sind die Effekte von Celecoxib im ZNS noch nicht völlig geklärt. Ohne Zweifel vermittelt die Aktivierung von COX-2 ein entzündliches Geschehen, weiterhin steht fest, dass COX-2 in ZNS-Gewebe exprimiert wird. Die Exprimierung von COX-2 kann durch Zytokine wie IL-2, IL-6 oder IL-10 hervorgerufen werden und eine Zytokin-vermittelte COX-2

Expression kann ein entzündliches Geschehen weiter induzieren. In der Literatur wurde beschrieben, dass IL-2 und siL-2R (Licinio et al, 1993; McAllister et al, 1995), sIL-6R als funktioneller Teil des IL-6 Systems (Müller et al, 1997b), und IL-10 (van Kammen et al, 1997) im Liquor cerebrospinalis schizophrener Patienten erhöht sind. Der Anstieg der Zytokine im ZNS ist möglicherweise mit einem Anstieg der COX-2-Expression im ZNS verbunden. Wir nehmen an, dass Celecoxib die Zytokin-vermittelte COX-2-Aktivierung im ZNS herunterreguliert.

Darüber hinaus scheint die COX-2-Inhibition die Expression von Adhäsionsmolekülen zu regulieren (Bishop-Bailey et al, 1998). Die Adhäsionsmolekül-Regulation ist bei Schizophrenie gestört, was möglicherweise mit einer Dysbalance und einer gestörten Kommunikation zwischen dem peripheren und dem ZNS-Immunsystem verbunden ist (Schwarz et al, 1998, 2000; Müller et al, 1999). Die Effekte von Celecoxib bei Schizophrenie stehen möglicherweise auch im Zusammenhang mit der Expression von ICAM-1 und VCAM-1, sowie den Serum-Spiegeln von löslichen ICAM-1 und löslichem VCAM-1, vor allem in Hinblick auf die schizophrenen Negativ-Symptome (Schwarz et al, 1999; Müller und Ackenheil, 1995).

Einiges spricht dafür, dass eine spezielle Subgruppe von Patienten mehr von der Gabe von Celecoxib profitieren als andere, denn andererseits wurde auch das Auftreten psychotischer Symptome während der Celecoxib-Therapie beschrieben (Lantz und Giambanco, 2000).

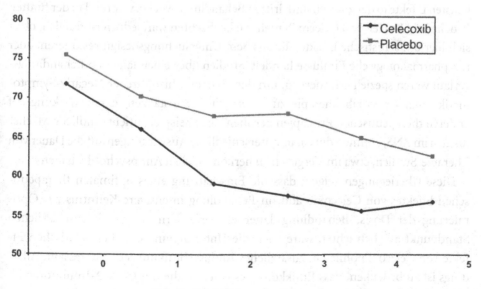

Abb. 3. Total Skala unter Celecoxib

Andere Faktoren, die ebenfalls eine Rolle für die Effekte von Celecoxib bei Schizophrenie spielen könnten, konnten bei der Studienplanung und der Interpretation der Daten nicht berücksichtigt werden, da es bisher zu wenig Daten und Erfahrungen zu diesen Fragen gibt:

Zunächst ist zu berücksichtigen, dass die Dosierung von Celecoxib eine erhebliche Rolle spielen kann, denn die therapeutischen Empfehlungen für die Dosis von Celecoxib variieren zwischen 100 bis 200 mg pro Tag in der Behandlung akuter Rheumatoider Arthritis und 800 mg pro Tag bei familiärer Polyposis. Da es bisher noch keine Daten für die Behandlung von ZNS-Erkrankungen mit Celecoxib gibt, wählten wir eine mittlere Dosis. Es ist gut denkbar, dass niedrigere oder höhere Dosen sogar bessere Effekte haben könnten, diese Frage können jedoch erst Dosisfindungsstudien beantworten.

Zweitens ist zwar bekannt, dass Celecoxib in das ZNS penetriert (Hubbard et al, 1996). Es fehlen jedoch exakte humane Basisdaten zu Pharmakokinetik, Pharmakodynamik und dem Grad der ZNS-Penetration von Celecoxib. Diese Daten sind jedoch unerlässlich, um die optimale Dosis für die Behandlung von ZNS-Erkrankungen einschätzen zu können.

Drittens ist zu berücksichtigen, dass die Planungen zur Dauer der Studie sich an den klinischen Gewohnheiten orientierten, die aus Erfahrungen in der Behandlung mit typischen oder atypischen Antipsychotika resultieren. Auf der anderen Seite wäre es interessant die Effekte von Celecoxib bei Schizophrenie über eine längere Behandlungsperiode zu untersuchen. Zwar zeigten sich in der vorliegenden Studie die deutlichsten Effekte in der zweiten und dritten Behandlungswoche, während in der fünften Woche kein Vorteil von Celecoxib mehr zu beobachten war, jedoch ist fraglich, ob es sich hier um statistische Effekte, die aus dem Untersuchungsdesign resultieren, oder um pharmakologische Einflüsse handelt. Studien über einen längeren Behandlungsverlauf wären speziell erforderlich, um den Verlauf schizophrener Negativ-Symptomatik unter Celecoxib-Therapie zu untersuchen. Substanzen, deren Wirkung auf anderen therapeutischen Prinzipien beruhen, zum Beispiel antientzündliche Mechanismen im ZNS, könnten durchaus unterschiedliche Auswirkungen auf die Dauer von Therapie-Studien, etwa im Vergleich zu herkömmlichen Antipsychotika haben.

Diese Überlegungen zeigen, dass die Einschätzung eines optimalen therapeutischen Effektes von Celecoxib add-on-Behandlung intensivere Kenntnis zur Optimierung der Dosis, Behandlungsdauer etc. erfordern. Vom wissenschaftlichen Standpunkt aus betrachtet, wäre auch die Untersuchung der therapeutischen Effekte von Celecoxib ohne ein zusätzliches Antipsychotikum sehr interessant. Allerdings ist zu bedenken, dass Ethikkomitees einer Studie mit COX-2-Inhibitoren als einziger Therapie bei akut schizophrenen Patienten solange nicht zustimmen werden, solange die Effekte von COX-2-Inhibitoren nicht sicher belegt sind, denn Antipsychotika sind – bei allem Optimierungsbedarf – eine effektive Behandlungsmöglichkeit der Schizophrenie.

Diese Studie wurde in Hinblick auf die aus psychoneuroimmunologischen Überlegungen resultierenden Hypothese geplant, dass eine lipophile anti-inflammatorische Substanz einen deutlichen therapeutischen Benefit bei der Schizophrenie mit sich bringen könnte. Das Ergebnis unterstreicht einmal mehr die Annahme, dass eine Dysfunktion des Immunsystems bei der Schizophrenie bei dem Pathomechanismus dieser Erkrankung eine Rolle spielt und es sich nicht nur um ein Epiphänomen handelt.

Die therapeutischen Effekte der COX-2-Inhibition werden ebenso bei anderen neuropsychiatrischen Erkrankungen wie der Alzheimer-Erkrankung (McGeer, 2000) und der zerebralen Ischämie (Nogawa et al, 1997) diskutiert. Die spezifische Rolle des Mechanismus der COX-2-Inhibition bei Schizophrenie für die Therapie muss in weiteren Studien untersucht werden. Dabei muss berücksichtigt werden, dass der therapeutische Effekt von Celecoxib möglicherweise nicht nur durch Immunmechanismen, sondern auch durch glutamaterge Mechanismen vermittelt ist. COX-2 wird auf Neuronen exprimiert (Hewett et al, 2000) und zwar in Strukturen, von denen bekannt ist, dass sie bei der Pathologie der Schizophrenie eine wichtige Rolle spielen, wie etwa im Hippocampus und in der Amygdala (Yamagata et al, 1993; Breder und Saper, 1996) und COX-2 ist funktionell mit glutamatergen Rezeptoren verknüpft (Yermakova und Banion, 2000). Verschiedentlich wurden bereits Effekte von COX-2-Inhibitoren auf die glutamaterge Neurotransmission nachgewiesen, zum Beispiel zeigte sich, dass die Kainat-Rezeptor vermittelten Effekte von COX-2 aktiviert werden (Baik et al, 1999), während die NMDA-Rezeptor vermittelten Effekte inhibiert werden (Nogawa et al, 1997). Dies könnte wichtig für die Effekte von COX-2-Inhibitoren bei Schizophrenie sein, denn eine Reihe von Untersuchungen belegen, dass eine Überaktivierung von NMDA-Rezeptoren in die Pathogenese der Schizophrenie involviert ist (Carlsson, 1998).

Unabhängig von der Kenntnis des genauen Wirkmechanismus zeigt die vorliegende Untersuchung jedoch, dass die Behandlung mit add-on-Celecoxib zu einem Antipsychotikum bessere Effekte in Hinblick auf die schizophrene Psychopathologie zu haben scheint, als die Behandlung mit einem Antipsychotikum alleine.

Zusammenfassung

Eine mögliche entzündliche Pathogenese der Schizophrenie wird seit langem diskutiert, in den letzten Jahren beschäftigt sich eine zunehmende Anzahl von Forschungsgruppen mit dieser Fragestellung. Dies umfasst Tierversuche, Laboruntersuchungen von Patienten, aber auch klinische und epidemiologische Aspekte, sowie die Untersuchung von Immuneffekten von Antipsychotika. Ein vernachlässigter Aspekt dabei war die Untersuchung von therapeutischen Effekten antientzündlicher Substanzen bei Schizophrenie. Wir führten eine Studie mit dem modernen, selektiven Cyclooxygenase-2 Inhibitor Celecoxib bei 50 schizophrenen Patienten durch. In der 5-wöchtigen, doppel-blinden, randomisierten, Plazebo-kontrollierten add-on-Untersuchung zu Risperidone zeigte sich, dass die Patienten mit zusätzlich Celecoxib schneller und besser respondierten als diejenigen, die nur Risperidon erhielten. Dies Ergebnis weist darauf hin, dass eine antientzündliche Behandlung bei Schizophrenie sinnvoll sein kann. Mögliche Mechanismen, auf denen dieser positive Effekt beruht, werden diskutiert.

Literatur

Baik EJ, Kim EJ, Lee SH, Moon C (1999) Cyclooxygenase-2 seletive inhibitors aggravate kainic acid induced seizure and neuronal cell death in the hippocampus. Brain Res 843: 118–129

Bishop-Bailey D, Burke-Gaffney A, Hellewell PG, Pepper JR, Mitchell JA (1998) Cyclooxygenase-2 regulates inducable ICAM-1 and VCAM-1 expression in human vascular smooth muscle cells. Biochem Biophys Res Commun 249: 44–47

Breder CD, Saper CB (1996) Expression of inducible cyclooxygenase mRNA in the mouse brain after systemic administration of bacterial lipopolysaccharide. Brain Res 713: 64–69

Carlsson A (1998) Schizophrenie und Neurotransmitter-Störungen. Neue Perspektiven und therapeutische Ansätze. In: Möller HJ, Müller N (Hrsg) Moderne Konzepte zu Diagnostik, Pathogenese und Therapie der Schizophrenie. Springer, Wien New York, S 93–116

Hewett SJ, Uliasz TF, Vidwans AS, Hewett JA (2000) Cyclooxygenase-2 contributes to N-methyl-D-aspartate-mediated neural cell death in primary cortical cell culture. J Pharmacol Exp Ther 293: 417–425

Hubbard RC, Koepp RJ, Yu S (1996) SC-58635 (celecoxib) a novel COX-2 selective inhibitor, is effective as a treatment for osteoarthritis in a short-term pilot study. Arthitis Rheum 39 [Suppl]: 7–8

Klegeris A, Walker DG, McGeer PL (1999) Neurotoxicity of human THP-1 monocytic cells towards neuron-like cells is reduced by non-steroidal antiinflammatory drugs (NSAIDs). Neuropharmacol 38: 1017–1025

Körschenhausen D, Hampel H, Ackenheil M, Penning R, Müller N (1996) Fibrin degradation products in post-mortem brain tissue of schizophrenics: a possible marker for underlying inflammatory processes. Schizophr Res 19: 103–109

Lantz MS, Giambanco V (2000) Acute onset of auditory hallucinations after initiation of celecoxib therapy. Am J Psychiatry 157: 1022–1023

Licinio J, Seibyl JP, Altemus M, Charney DS, Krystal JH (1993) Elevated levels of Interleukin-2 in neuroleptic-free schizophrenics. Am J Psychiatry 150: 1408–1410

Lin A, Kenis G, Bignotti S, Tura GJB, De Jong R, Bosmans E, Pioli R, Altamura C, Scharpé S, Maes M (1998) The inflammatory response system in treatment-resistant schizophrenia: increased serum interleukin-6. Schizophr Res 32: 9–15

Maes M, Bosmans E, Calabrese J, Smith R, Meltzer HY (1995) Interleukin-2 and Interleukin-6 in schizophrenia and mania: effects of neuroleptics and mood-stabilizers. J Psychiatr Res 29: 141–152

Marder SR, Meibach RC (1994) Risperidone in the treatment of schizophrenia. Am J Psychiatry 151: 825–831

McAllister CG, van Kammen DP, Rehn TJ, Miller AL, Gurklis J, Kelley ME, Yao J, Peters JL (1995) Increases in CSF levels of interleukin-2 in schizophrenia: effects of recurrence of psychosis and medication status. Am J Psychiatry 152: 1291–1297

McGeer PL (2000) Cyclo-oxygenase-2 inhibitors. Rationale and therapeutic potential for Alzheimer's disease. Drugs & Aging 1: 1–11

Möller HJ, Gagiano DA, Addington CE, von Knorring L, Torres-Plank JL, Gaussares C (1998) Long-term treatment of schizophrenia with risperidone: an open-label, multicenter study of 386 patients. Int Clin Psychopharmacol 13: 99–106

Müller N, Ackenheil M (1995) Immunoglobulin and albumin contents of cerebrospinal fluid in schizophrenic patients: the relationship to negative symptomatology. Schizophr Res 14: 223–228

Müller N, Dobmeier P, Empel M, Riedel M, Schwarz M, Ackenheil M (1997) Soluble IL-6 Receptors in the serum and cerebrospinal fluid of paranoid schizophrenic patients. Eur Psychiatry 12: 294–299

Müller N, Empel M, Riedel M, Schwarz MJ, Ackenheil M (1997) Neuroleptic treatment increases soluble IL-2 receptors and decreases soluble IL-6 receptors in schizophrenia. Eur Arch Psychiatry Clin Neurosci 247: 308–313

Müller N, Hadjamu M, Riedel M, Primbs J, Ackenheil M, Gruber R (1999) The adhesion-molecule receptor expression on T helper cells increases during treatment with neuroleptics and is related to the blood-brain barrier permeability in schizophrenia. Am J Psychiatry 156: 634–636

Nogawa S, Zhang F, Ross, ME, Iadecola C (1997) Cyclo-oxygenase-2 gene expression in neurons contributes to ischemic brain damage. J Neurosci 17: 2746–2755

Schwarz MJ, Ackenheil M, Riedel M, Müller N (1998) Blood-CSF-barrier impairment as indicator for an immune process in schizophrenia. Neurosci Lett 253: 201–203

Schwarz MJ, Riedel M, Gruber R, Ackenheil M, Müller N (1999) Levels of soluble adhesion molecules in schizophrenia: relation to psychopathology. In: Müller N (ed) Psychiatry, psychoneuroimmunology, and viruses. Springer, Wien New York, pp 121–130

Schwarz MJ, Riedel M, Ackenheil M, Müller N (2000) Decreased levels of soluble intercellular adhesion molecule-1 (sICAM-1) in unmedicated and medicated schizophrenic patients. Biol Psychiatry 47: 29–33

Van Kammen DP, McAllister-Sistilli CG, Kelley ME (1997) Relationship between immune and behavioral measures in schizophrenia. In: Wieselmann G (ed) Current update in psycho-immunology. Springer, Wien New York, pp 51–55

Wildenauer D, Hoechtlen W (1990) Liquorproteine bei psychiatrischen Erkrankungen. In: Kaschka WP, Aschauer NH (Hrsg) Psychoimmunologie. Thieme, Stuttgart New York, S 75–81

Yamagata K, Andreasson KI, Kaufmann WI, Barnes CA, Worley PF (1993) Expression of mito-gen-inducable cyclooxygenase in brain neurons: regulation by synaptic activity and glucocor-tocoids. Neuron 11: 371–386

Yermakova A, O'Banion MK (2000) Cyclooxygenases in the central nervous system: implications for treatment of neurological disorders. Curr Pharm Des 6: 1755–1776

Yolken RH, Torrey EF (1995) Viruses, schizophrenia, and bipolar disorder. Clin Microbiol Rev 8: 131–145

Die Stellung der Depot-Neuroleptika aus heutiger Sicht

M. Riedel, M. Strassnig, H.-J. Möller und N. Müller

Einleitung

Seit der breiten Einführung der Psychopharmakatherapie in den 1950er Jahren wurde und wird in der Öffentlichkeit keine andere Arzneimittelgruppe so kontrovers diskutiert wie die Gruppe der Psychopharmaka; häufig werden dabei unsachliche Argumente angeführt („chemische Zwangsjacke"). Dies kann dazu führen, dass die Compliance der Patienten leidet und die Unterstützung durch die Angehörigen erheblich an Qualität einbüßt. Vergegenwärtigt man sich die Behandlungsmöglichkeiten schizophrener Psychosen vor der Psychopharmaka-Ära, kann dies nur als Ausdruck von Hilflosigkeit gewertet werden (Varga und Haits, 1968). Angefangen von dem „Sedierungsmodell" um 1824, über die Cardiazol- bis zur Insulin-Schocktherapie um 1950, existierten keine in den Effekten den Neuroleptika vergleichbaren Therapiemöglichkeiten bei Schizophrenie. Die psychiatrischen Einrichtungen waren demgemäss eher Verwahranstalten als therapeutische Einrichtungen. Eine dauerhafte Enthospitalisierung der Patienten wurde erst mit der Entwicklung der Antipsychotika möglich.

Während in der akuten Phase der Erkrankung, charakterisiert durch psychotische Erstmanifestation oder Reexazerbation vorbestehender Symptomatik – unter Umständen mit Selbst- oder Fremdgefährdung – vorwiegend Neuroleptika per os- oder kurzwirksame i.m.-Injektionen zur Anwendung kommen, finden Depot-Neuroleptika vor allem in der postakuten Stabilisierungsphase oder Remissionsphase – also in der Langzeitbehandlung – ihre Anwendung.

Langzeitmedikation mit Antipsychotika ist der wichtigste und effektivste Ansatz in der Rückfallprävention schizophrener Psychosen (Patel et al, 2002). Umfassende Arbeiten wurden in den letzten Jahren zum Themenbereich kontinuierliche antipsychotische Medikation und schizophrene Reexazerbation publiziert (Davis et al, 1989; Gilbert et al, 1995). Es gilt als erwiesen, dass fortgesetzte neuroleptische Medikation einen signifikanten Beitrag zur Verbesserung der Langzeitprognose liefert.

Die Konsequenzen eines Rückfalls reichen vom Verlust der Selbstachtung und des Selbstvertrauens, psychosozialen Problemen bis hin zum Suizid. Ferner gibt es Hinweise, dass mit jeder Episode die Erholungszeit länger wird und der Grad der Erholung qualitativ nicht so gut ist wie zuvor (Harrow et al, 1997). Möglicherweise reflektiert dieses Muster den naturalistischen Verlauf einer Schizophrenie; jedenfalls aber sollte eine stringent durchgeführte Rückfallprophylaxe positiven Einfluss auf die Prognose der Erkrankung haben (Lerner et al, 1995)

Rückfallprävention schizophrener Erkrankungen ist nach wie vor ein schwieriges Unterfangen und bleibt eine große Herausforderung. Verbesserungen in diesem Bereich führen direkt zu einer Verbesserung von Morbidität, Mortalität und Lebensqualität der Patienten.

Klassische Neuroleptika

Die klassischen Neuroleptika, beginnend mit Chlorpromazin, stellten einen „Quantensprung" in der Therapie psychotischer Erkrankungen dar. Während in der Zeit davor nur symptomatische und mitunter für den Patienten gefährliche Therapieversuche unternommen wurden (Varga et al, 1968), stand seit Mitte der 1950er Jahre mit Chlopromazin erstmals eine wirksame Therapie vor allem der schizophrenen Akut- und Positivsymptomatik zur Verfügung. Die Entdeckung, dass psychotische Phänomene auf dopaminerge Dysfunktionen in verschiedenen Arealen des ZNS zurückzuführen sind (Seeman et al, 1990), ging Hand in Hand mit der Erkenntnis des „antipsychotischen Wirkprinzips" als einer Blockade von Dopamin-D2-Rezeptoren in diesen Bereichen. Vor allem im mesolimbischen System, welches das ventrale Tegmentum mit den limbischen Arealen verbindet, wird durch vermehrte präsynaptische Dopaminfreisetzung produktive Symptomatik hervorgerufen (Goldstein et al, 1992). Auf einer Blockade der Dopamin-D2-Rezeptoren beruht im Wesentlichen das gemeinsame Wirkungsprinzip aller neuroleptischen Substanzen.

Risiken, die mit Langzeittherapie unter Verwendung klassischer Neuroleptika verbunden sind, betreffen insbesondere das extrapyramidale System, vor allem in Form von tardiven Dyskinesien bzw. Dystonien. Andere Nebenwirkungen (medikamenteninduzierter Parkinsonismus, Akathisie, Gewichtszunahme etc.) müssen ebenfalls berücksichtigt werden. Man geht davon aus, dass etwa 15 bis 20% der Patienten, die mit klassischen Neuroleptika über längere Zeit behandelt werden, verschieden starke Ausprägungen einer tardiven Dyskinesie entwickeln (Kane et al, 1992); kumulative 5% der erwachsenen Patienten entwickeln mit jedem Jahr neuroleptischer Therapie extrapyramidalmotorische Bewegungsstörungen, welche allerdings meist mild ausgeprägt sind und nicht fortschreiten (Kane et al, 1992).

Klassische Depotneuroleptika

Die Entwicklung klassischer Depotneuroleptika führte in den 60er Jahren zur Verbesserung der Langzeitbehandlung schizophrener Patienten. Depot-Medikation wird unterschieden von kurzwirksamer i.m.-Medikation; Man kann mit einer i.m.-Dosis für mindestens 7 Tage (und bis zu 6 Wochen, je nach Formulierung und Dosierung) eine therapeutisch wirksame Konzentration im Blut aufrechterhalten. Die langen Intervalle zwischen den einzelnen Behandlungen bieten praktische Vorteile gegenüber oraler Medikation; außerdem wird der Patient nicht ständig an seine Krankheit erinnert. Eventuelle Risiken eines Medikamentenmissbrauchs oder absichtlicher Überdosierung sind auszuschließen.

In Deutschland sind derzeit mehrere klassische Neuroleptika als Depot-Formulierungen erhältlich:

- Zuclopenthixoldecanoat (Ciatyl-Z® Depot),
- Fluphenazindecanoat (z.B. Dapotum®, Lyogen® Depot),
- Perphenazinenantat (Decentan® Depot),
- Flupentixoldecanoat (Fluanxol® Depot),
- Haloperidoldecanoat (Haldol Janssen® Decanoat),
- Fluspirilen (Imap®).

Depotmedikationen werden synthetisiert, indem durch Esterbindung eine langkettige Fettsäure an das aktive Pharmakon angehängt wird. Der entstehende Wirkstoff wird subsequent in Pflanzenöl gelöst. Alle genannten Wirkstoffe bis auf Fluspirilen sind auch als orale Präparation erhältlich. Fluspirilen selbst wird nicht esterifiziert, sondern ist ein sehr lang wirksames und in wässriger Suspension gelöstes Präparat.

Die Verordnungshäufigkeit der Depotneuroleptika ist seit Jahren leicht abnehmend. Etwa 25% der chronischen schizophrenen Patienten erhalten derzeit in Deutschland ein Depotneuroleptikum.

Tab. 1. Depotneuroleptika und Verordnungshäufigkeit in der BRD im Jahr 2000

Handelsname	Verordnungen in 1000, gerundet	Prozentuelle Veränderung
Fluanxol® Depot	249	+ 6,9
Imap®	194,5	− 23,9
Lyogen® Depot	130,5	− 8,6
Decentan®	79	− 26,5
Imap®	63	− 27,3
Dapotum®	48	− 15,9

Schwabe U, Pfaffrath D (2001) Arzneiverordnungsreport 2001. Springer, Berlin Heidelberg

Seit kurzem ist Risperdal-Consta als erstes atypisches Depotneuroleptikum am deutschen Markt erhältlich. Der Wirkstoff Risperdal, gebunden an eine neu entwickelte Trägersubstanz (Microspheres), wird ebenfalls in wässriger Suspension angeboten.

Der große Vorteil von Depotmedikation gegenüber oraler Medikation ist zweifellos die verbesserte Einnahme-Compliance; Nichtbefolgen des Therapieplanes ist ein großes Problem in der Schizophrenie-Behandlung und zählt zu den häufigsten Rückfallursachen (Young et al, 1999). Patienten, die mit einer Depot-Formulierung behandelt werden und nicht zu besprochenen Terminen erscheinen, werden rasch identifiziert und man kann gegebenenfalls gegensteuern.

Darüber hinaus werden orale Absorptionsprobleme vermieden, sowie Darmwandmetabolismus und first-pass-Effekte der Leber umgangen. Als Konsequenz ist die absolute benötigte Menge an Medikation geringer als unter oraler Medikation. Besonders Patienten, die aufgrund pathophysiologischer Absorptionsprobleme refraktär gegenüber oralen Neuroleptika sind, profitieren von Depot-Medikation, wenngleich solche Probleme selten sind (Van Putten et al, 1991).

Während bei peroraler Einnahme gelegentlich klinisch relevante Schwankungen des Plasmaspiegels vorhanden sind, haben Depot-Formulierungen einen stabileren Plasmaspiegel zur Folge. Durch den Einsatz von Depot-Formulierungen kann sich der Therapieerfolg unter Einsparung kumulativer Menge an Psychopharmaka bei gleichzeitig weniger Nebenwirkungen durch die geringere absolute Wirkstoffmenge einstellen.

Man darf auch einen wesentlichen therapeutischen Vorteil durch den regelmäßigen Kontakt mit der Therapieeinrichtung nicht außer acht lassen; die notwendigen Besuche tragen zur psychotherapeutischen und psychosozialen Versorgung der Patienten bei. Regelmäßige Beobachtung durch geschultes Personal, welches die i.m.-Injektion verabreicht (z.B. Krankenpflegepersonal), führt oft rasch zur Aufdeckung zunehmender psychopathologischer Instabilität der Patienten.

Die oben dargestellten positiven Ausführungen werfen die Frage auf, warum im Verhältnis relativ wenige Patienten mit Depot-Neuroleptika behandelt werden. Zum Einen werden den Patienten die Vorteile der atypischen Neuroleptika, wie bessere Wirksamkeit auf die schizophrene Negativsymptomatik, affektive und kognitive Störungen vorenthalten. Zum Anderen ist die schlechtere Steuerbarkeit der Depot-Neuroleptika zu nennen. Sollten Nebenwirkungen, wie Dystonien bzw. Dyskinesien und das maligne neuroleptische Syndrom (NMS) auftreten, ist es durch die lange systemische Verweildauer der Depotpräparate schwer möglich, einen schnellen Abfall der Plasmakonzentration zu erreichen. Genaue und regelmäßige klinische Beobachtung ist deshalb angezeigt. Allerdings wurden für Depot-Neuro-

Tab. 2. Präferenz von Depot vs. oraler Medikation; adaptiert nach Walburn et al (2001)

Studie	Gestellte Frage	Präferenz in %				
		n	Depot	oral	Kombi-nation	keine Präferenz
Desai, 1999[1]	Vergleichen Sie orales Risperidon mit Ihrer früheren Depotmedikation	143	9	80		11
Hoencamp, 1995[2]	„Lieber Tabletten oder Depot?"	81	62	33		
Pereira, 1997[3]	Patientenpräferenz für Darreichungsform	107	59	3	24	
Eastwood, 1997[4]	Patientenpräferenz	100	53	23		14
Jacobsson, 1980[5]	„Glauben Sie, es gibt einen Unterschied zwischen täglicher Tabletteneinnahme und einer Injektion alle 4 Wochen?"	43	56	20		
Wistedt, 1995[6]	„Wie denken Sie über Ihre Medikation in Form von Injektionen verglichen mit früherer Behandlung mit Tabletten?"	73	63	0		26

Adaptiert nach Walburn et al (2001). [1] Desai N (1999) Switching from depot antipsychotics to risperidone: results of a study of chronic schizophrenia. Adv Ther 16: 78–88
[2] Hoencamp E, Knegtering H, Kooy JJS et al (1995) Patient requests and attitude towards neuroleptics. Nord J Psychiatry 49 [Suppl 35]: 47–55
[3] Pereira S, Pinto R (1997) A survey of the attitudes of chronic psychiatric patients living in the community toward their medication. Acta Psychiatr Scand 95: 464–468
[4] Eastwood N, Pugh R (1997) Long-term medication in depot clinics and patients' rights: an issue for assertive outreach. Psychiatr Bull 21: 273–275
[5] Jacobsson L, Odling H (1980) Psykologiska aspekter pa depabehaldling vid schizofrena syndrom. Lkartidningen 77: 3522–3526
[6] Wistedt B (1995) How does the psychiatric patient feel about depot treatment, compulsion or help? Nord J Psychiatry 49 [Suppl 35]: 41–46

leptika insgesamt nicht mehr schwere Nebenwirkungen als für orale Medikation gefunden (Glazer und Kane, 1992). Generell ist davon auszugehen, dass die jeweilige Depot-Formulierung dasselbe Nebenwirkungspotential hat wie die respektive per-orale Medikation.

Subjektiv scheinen die konventionellen Depot-Neuroleptika von manchen Pati-enten ambivalent beurteilt zu werden. Einige Patienten klagen über einen „Verlust der Unabhängigkeit" durch die regelmäßig erforderlichen Injektionsintervalle. Nichtsdestotrotz sind etwa ³/₄ der Patienten, die Depotmedikation erhalten, zufrie-den mit dieser Darreichungsform und bevorzugen sie gegenüber oraler Medikation (Walburn et al, 2001).

Vom pharmakologischen Standpunkt aus gesehen ist das Wirkungsprofil der klassischen Depotneuroleptika oft nicht ganz befriedigend; speziell unter Beachtung vieler chronisch schizophrener Patienten, die in der klinischen Praxis mit Depot-Medikation behandelt werden, wäre ein erweitertes Wirkprofil mit Verbesserung der schizophrenen Minussymptomatik, affektiver Symptome und kognitiver Beein-trächtigungen wünschenswert. Nicht zuletzt sind auch diese Faktoren für eine gelin-gende Resozialisierung und gesellschaftliche Wiedereingliederung entscheidend mitverantwortlich.

Die Umstellungsphase von oraler Medikation auf Depot ist manchmal schwierig und erfordert einen gewissen Zeiteinsatz, da Dosisanpassungen nicht sofort er-wünschte Effekte zeigen; man sollte sich von einer sehr niedrigen Anfangsdosis langsam zur optimalen Wirkdosis herantasten. Orale Supplementation mit Neuro-leptika kann in dieser Phase notwendig und zielführend sein; eine Umrechnung von oraler Dosis auf das Depot-Äquivalent ist dabei recht schwierig, weil keine einheit-lichen Richtlinien vorliegen (Remington et al, 1995).

Ursachen der Schwierigkeiten in der Langzeittherapie mit Neuroleptika

Medikamenten-Compliance ist ein komplexer Prozess, bei dem viele Faktoren in-teragieren (Remington und Adams, 1995). Non-Compliance ist ein häufiges Pro-blem bei schizophrenen Patienten (Johnson, 1991; Fleischhacker et al, 1994), und erstreckt sich nicht auf neuroleptische Medikation allein. Auch z.B. internistische Co-Medikation wird oft nicht eingenommen (Dolder et al, 2003), was bei manchen multimorbiden Patienten zu medizinischen Komplikationen führt.

Curry (1985) schätzte die Non-Compliance-Raten auf 15 bis 35% bei stationären Patienten und 20 bis 65% bei ambulanten Patienten ein; in einer Übersicht von Weiden et al (1995) wird von einem tatsächlichen Befolgen ärztlicher Anordnungen im Bereich von 35 bis 54% der Fälle ausgegangen. An diesen Zahlen haben bisher auch moderne atypische Neuroleptika wenig zu ändern vermocht. Es gibt derzeit kaum wissenschaftliche Belege dafür, dass diese zu nennenswert besserer Compliance geführt hätten, trotz der bekanntlich besseren Verträglichkeit (Young et al, 1999).

Schlechte Compliance mit antipsychotischer Medikation vergrößert das Risiko eines Rückfalls. Patienten, die sich nicht an vorgegebene Therapieschemata halten, haben ein 3,7fach erhöhtes Risiko, einen Rückfall zu erleiden als Patienten, die regelmäßig Psychopharmaka einnehmen. Es gibt Hinweise darauf, dass Exazerbationen, die durch Medikamenten-Non-Compliance getriggert sind, eine schwerere psychopathologische Symptomatik zeigen und potentiell gefährlicher sind (Fenton et al, 1997).

Ein wichtiger Punkt mangelnder Bereitschaft, sich an die Therapievorschläge zu halten, ist die Erkrankung selbst, denn Schizophreniepatienten zeigen oft nur limitierte Krankheitseinsicht und kaum Krankheitsverständnis. Robinson et al (2002) sehen in kognitiven Schwierigkeiten der Patienten eine komplexe Problematik, die unmittelbar Auswirkungen auf die Medikamenten-Compliance hat und über ein simples „Vergessen, die Medikamente zu nehmen" hinausgeht. Vor allem Schwierigkeiten mit der „executive function" (Ausführen von Aufgaben) sind mit Absetzen der Medikation bzw. Nichtbefolgen des Therapieregimes verbunden, obwohl die Intention vorhanden ist, das Therapieschema zu befolgen (Robinson et al, 2002).

Wenig tragfähige Beziehungen, sei es in der Therapie oder im sozialen Netz, tragen ebenso zur Problematik bei. Nicht zu vergessen sind Medikamentennebenwirkungen, wie z.B. extrapyramidal-motorische Störungen (vor allem Akathisie), affektive Störungen (Dysphorie), oder das Neuroleptika-induzierte-Defizit-Syndrom (NIDS) mit Anhedonie, Apathie, Antriebsminderung, Verlangsamung des Denkprozesses und einem Gefühl innerer Leere (Lewander, 1994). Zweifelsohne werden die Patienten subjektiv durch diese unerwünschten Wirkungen stark belastet; diese Ursachen stellen wichtige Gründe für Non-Compliance dar; der behandelnde Arzt sollte sich dessen bewusst sein und frühzeitig (medikamentös) intervenieren (Robinson et al, 2002).

Natürlich kann auch unzureichende Wirksamkeit der Medikation selbst zur Non-Compliance führen. Warum sollte ein Patient auch ein Medikament einnehmen, dass ihm kaum hilft? Ein hoher first-pass-Metabolismus in der Leber oder Absorptionsstörungen können etwa ätiologisch involviert sein. Nicht vergessen darf man die Injektion selbst, die zwar einen kleinen, aber invasiven und unter Umständen schmerzhaften Eingriff darstellt (Bloch et al, 2001).

Wirksamkeit von Depot-Medikation bzw. Rückfallraten von oral
vs. Depot-neuroleptisch behandelten schizophrenen Patienten

Eine der ersten methodologisch gut durchgeführten Studien zur Wirksamkeit von
Depot-Präparaten in der Rückfallprophylaxe war die Arbeit von Hirsch und Kollegen (1973). Sie wiesen in einer kontrollierten Studie die signifikante Überlegenheit
von Fluphenazindecanoat gegenüber Placebo in der Rückfallprophylaxe der Schizophrenie nach. Mittlerweile gibt es eine Reihe von Übersichtsarbeiten zu diesem
Thema; die Wirksamkeit von Depotpräparaten in der Rückfallprophylaxe gilt als gut
belegt.

Es ist generell anzumerken, dass die bei weitem überwiegende Anzahl der Depot-
Neuroleptika-Studien mit Fluphenazindecanoat durchgeführt wurden; nur wenige
kontrollierte Studien liegen beispielsweise für Haloperidoldecanoat vor, wie Qui-
rashi et al (2000) nach einer Meta-Analyse aller relevanten Studien feststellten.

Rifkin et al (1977) verglichen in einer 12 Monate dauernden kontrollierten Studie
(n = 73) die Rückfallraten unter oraler Fluphenazin-Therapie, Fluphenazin-Depot-
oder Placebo-Medikation. Wie zu erwarten, erlitten signifikant mehr Placebo-Pro-
banden (68%) eine psychotische Exazerbation als medizierte Probanden. Die Rückfallraten für orales (11%) bzw. Depot-Fluphenazin (9%) unterschieden sich nicht
deutlich voneinander.

Hogarty (1979) wies in einer Untersuchung mit 105 schizophrenen Patienten
nach, dass über einen Zeitraum von 2 Jahren Depot-Fluphenazine-Medikation
oraler Fluphenazin-Medikation bezüglich Rückfallrate signifikant überlegen war.
Im ersten Jahr der Studie waren die Rückfallraten unter oraler bzw. Depot-Therapie
nahezu gleich hoch (40 und 35%); der Vorteil der Depotmedikation bildete sich erst
im 2. Beobachtungsjahr klar ab. Während weitere 42% der Studienprobanden unter
oralen Neuroleptika einen Rückfall erlitten, waren signifikant weniger Patienten
unter Depot-Medikation von einem Rückfall betroffen (8%). Die Autoren schließen, dass sich die Vorteile von Depotmedikation erst nach längerfristiger Therapie
manifestieren.

Um Nebenwirkungen in der Langzeittherapie zu minimieren, untersuchten Kane
et al (1983) verschiedene Dosisstrategien einer Fluphenazin-Depot-Therapie. 126
Patienten wurden entweder in einen Fluphenazin-Standarddosisarm (12,5 bis
50 mg) oder Niedrigdosisarm (1,25 bis 5 mg) randomisiert. 56% der Patienten im
Niedrigdosisarm erlitten im Laufe eines Jahres einen Rückfall, während im Stan-
darddosisarm signifikant weniger (nur 7%) einen Rückfall erlitten. Zu ähnlichen
Ergebnissen kam Marder (1984, 1987) in Langzeituntersuchungen an männlichen
schizophrenen Probanden. Fluphenazin-Depot-Dosen zwischen 5 und 10 mg bzw.

Tab. 3. Rückfallraten oral- bzw. depotneuroleptisch behandelter Patienten

Autoren	n	Dauer (Monate)	Rückfallrate in %		
			Placebo	orale Medikation	Depot-Neuroleptika
Hirsch et al, 1973[1]					
Del Giudice et al, 1975[2]	88	12 (16)	85		45
Rifkin et al, 1977[3]	73	12	68	11	9
Hogarty et al, 1979[4]	105	24		40	35 *(1. Jahr)*
				42	8 *(2. Jahr)*
Quitkin et al, 1978[5]	56	12		7	10
Kane et al, 1983[6]	126	12			7 *(Standarddosis)*
					56 *(Niedrigdosis)*
Marder et al, 1984, 1987[7,8]		24			20 *(Niedrigdosis, 1. Jahr)*
					44 *(Niedrigdosis, 2. Jahr)*
					22 *(Standarddosis, 1. Jahr)*
					31 *(Standarddosis, 2. Jahr)*

[1] Hirsch SR, Gaind R, Rohde PD, Stevens BC, Wing JK (1973) Outpatient maintenance of chronic schizophrenic patients with long-acting fluphenazine: double-blind placebo-controlled trial. Br Med J 1: 633–637

[2] Del Giudice J, Clark WG, Gocka EF (1975) Prevention of recidivism of schizophrenics treated with fluphenazine enanthate. Psychosom 16 (1): 32–36

[3] Rifkin A, Quitkin F, Rabiner CJ, Klein DF (1977) Fluphenazine decanoate, fluphenazine hydrochloride given orally, and placebo in remitted schizophrenics. Arch Gen Psychiatry 34: 43–47

[4] Hogarty GE, Schooler NR, Ulrich RF et al (1979) Fluphenazine and social therapy in the aftercare of schizophrenic patients. Arch Gen Psychiatry 36: 1283–1294

[5] Quitkin F, Rifkin A, Kane J, Ramos-Lorenzi JR, Klein DF (1978) Long-acting oral vs injectable antipsychotic drugs in schizophrenics: a one-year double-blind comparison in multiple episode schizophrenics. Arch Gen Psychiatry 35 (7): 889–892

[6] Kane JM, Rifkin A, Woerner M, Reardon G, Sarantakos S, Schiebel D, Ramos-Lorenzi J (1983) Low-dose neuroleptic treatment of outpatient schizoprenics. Arch Gen Psychiatry 40: 893–896

[7] Marder SR, Van Putten T, Mintz J, Lebell M, McKenzie J, May PRA (1987) Low and conventional dose maintenance therapy with fluphenazine decanoate. Arch Gen Psychiatry 44: 518–521

[8] Marder SR, Van Putten T, Mintz J, McKenzie J, Lebell M, Faltico G, May PRA (1984) Costs and benefits of two doses of fluphenazine. Arch Gen Psychiatry 41: 1025–1029

von 25 mg bis 50 mg produzierten Rückfälle von 20% und 22% im ersten Jahr und 44 bzw. 31% nach dem zweiten Beobachtungsjahr.

Haloperidoldecanoat hat einen substantiell positiven Effekt auf Symptomatik und Verhalten schizophrener Patienten (Quraishi et al, 2000); die Autoren fanden keine unterscheidbaren Wirkungsdifferenzen oder Nebenwirkungsprofile im Vergleich zu oralem Haloperidol. Insgesamt liegen etwa 15 Studien zur Wirksamkeit und Verträglichkeit der Decanoatform von Haloperidol vor, teils placebokontrolliert, teils verglichen mit oralem Haloperidol oder anderen Depot-Antipsychotika. Haloperidoldecanoat hat sich zumindest als gleich gut wirksam erwiesen wie orales Haloperidol und andere klassische Depotneuroleptika (Beresford und Ward, 1987).

Zu Fluspirilen gibt es keine überzeugenden Daten, die eine Überlegenheit gegenüber anderen antipsychotischen Substanzen belegen würden (Quraishi et al, 2000). Die Anzahl der Studien wie auch die Anzahl der rekrutierten Probanden ist derzeit zu gering, um valide Aussagen zu treffen.

Eine ähnliche Situation stellt sich bezüglich Perphenazindecanoat dar (Quraishi, 2000). Auch zu diesem Medikament liegen insgesamt zu wenig Daten vor, um valide Vergleiche anzustellen.

Eine umfassende Meta-Analyse von Adams und Kollegen (2002) ergab, dass Depot-Neuroleptika insgesamt eine effektive Langzeittherapie schizophrener Psychosen ermöglichen; es wurden leichte therapeutische Vorteile von Depot-Formulierungen gegenüber oraler antipsychotischer Medikation gefunden. Nebenwirkungen traten generell nicht häufiger als unter oraler Medikation auf. Vergleiche zwischen den einzelnen Depot-Neuroleptika brachten kaum Unterschiede hinsichtlich Langzeitwirksamkeit. Die Auswahl des klassischen Depot-Neuroleptikums bleibt somit der klinischen Erfahrung des behandelnden Arztes überlassen.

Exkurs: Einstellung der Psychiater gegenüber Langzeitmedikation mit Depotpräparaten

Patel et al (2003) untersuchten die Einstellung psychiatrisch tätiger Ärzte zu Depot-Neuroleptika. Orale Antipsychotika wurden gegenüber Depots klar bevorzugt; viele Psychiater glaubten, Depotformulationen seien „altmodisch". Depotneuroleptika wurden sowohl bei den behandelnden Psychiatern als auch nach deren Einschätzung bei Patienten und Umfeld als Stigma erlebt. Den Depots haftete die Erwartung einer größeren Wahrscheinlichkeit von Nebenwirkungen an; was de facto – wie oben auch dargestellt – irrt (Bloch et al, 2002).

Depots wurden als gleich wirksam wie orale Medikation eingeschätzt, allerdings als kaum geeignet für die Behandlung der schizophrenen Negativsymptomatik befunden. Der überwiegende Teil fand Depot-Therapie besser zu kontrollieren und hielt sie für einen besseren Rückfallschutz als orale Medikation. Viele würden gerne mehr Depots verschreiben, wenn atypische Neuroleptika als Depotformulierungen erhältlich wären (Patel et al, 2003).

Atypische Neuroleptika – Veränderung in der Verordnung von Depot-Neuroleptika

In den 70er Jahren kam es durch die Einführung des Clozapins zu einem grundlegenden Wandel in der Behandlung schizophrener Patienten, der sich nach der Einführung der neuen Antipsychotika in den letzten Jahren verstärkt fortsetzte, da die neuen atypischen Antipsychotika nicht das Problem der Agranulozytoserisikos besitzen, das die Verordnung von Clozapin erheblich einschränkt. Unter dem Begriff „atypische Neuroleptika" werden antipsychotisch wirksame Medikamente subsumiert, die im Vergleich zu den „klassischen Neuroleptika" bei gleicher antipsychotischer Wirksamkeit eine bessere extrapyramidal-motorische Verträglichkeit aufweisen. Neben dem unvermindert wichtigen Ziel der Therapie der schizophrenen Produktivsymptomatik werden heute weitere Therapieziele zunehmend als relevant angesehen: Verbesserung der Negativsymptomatik, Behandlung affektiver und kognitiver Störungen, günstiges Nutzen-Risiko-Verhältnis und Verbesserung der Lebensqualität. Trotz der genannten Vorteile der atypischen Neuroleptika fällt deren Verordnungshäufigkeit in Deutschland von 16% im Vergleich zu anderen Ländern deutlich geringer aus. Ein Grund hierfür kann die anfängliche Skepsis hinsichtlich der Wirksamkeit und Sicherheit atypischer Antipsychotika und die lange Zeit fehlenden speziellen Applikationsformen für hochakute Patienten sein. Die Wirksamkeit der atypischen Neuroleptika dürfte mittlerweile außer Frage stehen. Diese konnte neben den Zulassungsstudien inzwischen auch in der klinischen Praxis nachgewiesen werden, wobei differentielle Indikationen für spezielle Patientengruppen noch zu erarbeiten sind. Ein nebenwirkungsarmer Einstieg in die Therapie, wie beim Einsatz von atypischen Neuroleptika gegeben ist, besonders bei ersterkrankten Patienten von großer Bedeutung. Ein weiterer wichtiger Aspekt ist, dass eine Verschlechterung der Psychopathologie als Folge der Umstellung von einem klassischen auf ein atypisches Antipsychotikum durch deren Einsatz von Beginn an vermieden werden kann.

Die Diskussion über kardiale oder metabolische Risiken im Rahmen der Therapie mit atypischen Neuroleptika führte in den letzten Monaten zu Verunsicherungen bei der Verordnung der neueren Substanzen. Dadurch wurde der Eindruck erweckt, die „alten" Substanzen seien sicherer, schon allein durch die langjährige Erfahrung, die mit den klassischen Antipsychotika gesammelt wurden. Publikationen zu diesen Themen zeigen jedoch, dass diese schon, bevor die atypischen Antipsychotika zu Verfügung standen, von Relevanz waren. Blutbildveränderungen treten, abgesehen von Clozapin, unter der Gabe von trizyklischen Neuroleptika wie den Phenothiazinen häufiger auf als unter atypischen Neuroleptika. Auf Forderung der FDA wurde eine Vergleichsstudie zu den Auswirkungen von sechs verschiedenen Neuroleptika auf die kardiale Überleitungszeit durchgeführt Es zeigte sich, dass zwar Ziprasidon das QT-Intervall stärker als Haloperidol, Olanzapin, Quetiapin und Risperidon aber weniger als Thioridazin verlängert, obwohl im Gegensatz zu den anderen Substanzen Thioridazin nur die Hälfte der empfohlenen Tageshöchstdosis zur Anwendung kam.

Die Einführung der atypischen Neuroleptika ließ die Hoffnung aufkommen, dass die Patienten diese Form der Therapie eher tolerieren würden und sich damit auch die Compliance-Raten erhöhen würden. Dolder und Kollegen (2002) untersuchten klassische versus atypische Neuroleptika auf respektive Compliance-Raten und fanden nur marginal bessere Werte bei Patienten, die mit atypischen Neuroleptika behandelt wurden. Andere Ergebnisse weisen nicht auf einen signifikanten Zusammenhang zwischen Art der Medikation und Einhaltung des Therapieplanes hin (Cabeza et al, 2000; Olfson et al, 2000).

Für die atypischen Neuroleptika günstigere Ergebnisse zeigten sich in einer multizentrisch durchgeführten Studie in der bei 80% der Patienten, die von einer Behandlung mit Depot-Neuroleptika auf Risperidon in Tablettenform umgestellt wurden. Während der Therapie mit Risperidon zeigte sich eine deutliche Reduktion extrapyramidal-motorischer Nebenwirkungen u.a. auch tardiver Dyskinesien (Desai et al, 1999). Litrell (1999) stellt 24 Patienten, die mit Depotneuroleptika behandelt wurden, auf perorale Medikation um, jeweils zwölf Patienten auf Risperidon bzw. Olanzapin. Die Ergebnisse zeigten, dass bei den Patienten, die mit Risperidon behandelt wurden, eine weitere Besserung der Psychopathologie erzielt werden konnte, während bei den Patienten, die Olanzapin erhielten, keine Veränderungen festgestellt werden konnten. Conley (1999) verglich die atypischen Neuroleptika Clozapin (n = 49), Olanzapin (n = 156) und Risperidon (n = 109) hinsichtlich der Rehospitalisierungsrate mit Depot-Neuroleptika (n = 58). Für die atypischen Neuroleptika konnte eine signifikant niedrigere Rehospitalisierungsrate gegenüber den Depotneuroleptika (12–14% vs. 34%) verzeichnet werden. Insgesamt 365 ambulante Patienten mit einer schizophrenen oder schizoaffektiven Störung, die entweder mit Haloperidol oder Risperidon behandelt wurden, nahmen an der Studie von Csernansky et al (1999) hinsichtlich der Rückfallrate teil. In dem Untersuchungszeitraum erlitten signifikant weniger Patienten ein Rezidiv, die mit Risperidon behandelt wurden (23,2 vs. 34,6%). Der Zeitraum bis zum Rückfall war ebenfalls in der Risperidongruppe signifikant länger als in der Haloperidolgruppe (452 vs. 391 Tage).

Atypische Neuroleptika in Depotform

Mit Risperidon-Microspheres steht erstmals zusätzlich zu den klassischen Depotneuroleptika ein atypisches Neuroleptikum in Depotform zur Verfügung. Die Wirksamkeit des Wirkstoffes Risperidon in der Behandlung schizophrener Erkrankungen ist sicher nachgewiesen (Peuskens, 1995). Neben schizophrener Positivsymptomatik werden Negativsymptomatik und kognitive Beeinträchtigungen positiv beeinflusst (Rossi et al, 1997; Davis und Chen, 2002); also Bereiche, in denen klassische Neuroleptika, auch in Depotform, kaum therapeutische Effekte zeigen.

Die Risperidon-Microspheres, für die ein effizientes Wirkpotential – analog der oralen Darreichungsform erwartet wird, werden in einer neuartigen Formulierung hergestellt. Der Wirkstoff wird nicht mit Fettsäuren verestert, wie es bei den klassischen Depotneuroleptika der Fall ist, sondern direkt in „Microspheres" eingebettet. Die Microspheres bestehen aus einer biologisch degradierbaren Matrix aus Poly-Glykolsäure-Co-Milchsäure, bekannt auch aus der Chirurgie (resorbierbares Nahtmaterial). Sie werden kurz vor der Injektion in einem wässrigen Lösungsmittel verteilt.

Die Injektion der wässrigen Lösung selbst bereitet weniger Schmerzen als Injektion klassischer öliger Depotpräparate (Hagström und Hansson, 2002). In den ersten Tagen nach Injektion wird weniger als 1% des Wirkstoffes freigesetzt; die eigentliche Wirkstoff-Freisetzung beginnt ab der 3. Woche. Demzufolge sollte zu Beginn für 2 bis 3 Wochen Risperidon – oral supplementiert werden, bevor zu einem regelmäßigen 2wöchigen Injektionsintervall übergegangen wird (Pajonk et al, 2002).

In mehreren Studien wurden Risperidon-Microspheres auf ihre Verträglichkeit hin getestet. An Zulassungsstudien nahmen 1346 Patienten teil; geprüft wurden Dosierungen von 25 mg, 50 mg und 75 mg. Die 75 mg Dosierung zeigte bei vermehrten Nebenwirkungen keine klinische Überlegenheit gegenüber den beiden anderen Dosierungen.

In einer 20-wöchigen doppelblinden Studie an 640 Patienten wurde die Nicht-Unterlegenheit (non-inferiority) von Risperidon-Microspheres gegenüber oralem Risperidon getestet (Chue et al, 2002). Patienten wurden in einer ersten Phase innerhalb von vier Wochen auf eine fixe Dosis von oralem Risperidon eingestellt (bis 6 mg), und mussten weitere 4 Wochen mit dieser Dosierung stabil bleiben. Danach erfolgte eine Randomisierung auf Risperidone-Microspheres plus orales

Placebo oder orales Risperidon plus Depot-Placebo. Risperidon-Microspheres waren in der Therapie gleich gut wirksam wie orales Risperidon.

Eine 12-wöchige placebokontrollierte Dosisfindungsstudie (Ris-Microspheres in 25 mg und 50 mg) erbrachte eine signifikante Überlegenheit beider Dosierungen gegenüber Placebo. Es zeigten sich in beiden Depot-Armen signifikante Verbesserungen in den PANSS-Gesamtwerten, wobei sich die Dosierungen bezüglich genereller Wirksamkeit nicht unterschieden. Eine differentielle Wirksamkeit zeigte sich allerdings nach Aufschlüsselung der PANSS-Werte in Positiv- und Negativsymptomatik. Unter der 25 mg Dosierung besserte sich vor allem die Minussymptomatik, während die 50 mg Dosierung eine bessere Wirkung auf schizophrene Positivsymptomatik hatte (Kane et al, 2002).

In einer offenen multizentrischen Studie (Eerdekens et al, 2002) wurden Risperidon-Microspheres 1 Jahr lang an 725 Patienten mit Schizophrenie oder schizoaffektiver Störung untersucht. Die Patienten wurden nach einer 4wöchigen medikamentösen Stabilisierungsphase zunächst auf Risperidon oral (2–6 mg) und nach weiteren 2 Wochen auf Risperidon-Microspheres eingestellt. Microspheres standen in Dosierungen von 25 und 50 mg zur Verfügung; über die Dosierung konnte frei nach klinischem Eindruck entschieden werden. 65% der Patienten (n = 474) wurden über den gesamten Studienzeitraum von 1 Jahr untersucht, nur 3% (n = 21) brachen die Studie aus Wirksamkeitsgründen ab.

Obwohl die Patienten vor Beginn der Studie als relativ stabil galten, verbesserte sich die Psychopathologie in beiden Dosierungsarmen signifikant, gemessen am PANSS-Score (Positive and Negative Symptom Scale: Guy, 1976). Der Effekt war im ersten halben Jahr ausgeprägter und konnte im zweiten Halbjahr aufrecht erhalten werden.

Extrapyramidalmotorische Symptome traten unter einer Dosierung von 25 mg nicht häufiger auf als unter Placebo; die 50 mg Dosierung war mit ca. 10% mehr EPMS belastet als Placebo. Die Inzidenz tardiver Dyskinesien wurde mit 0,6% pro Behandlungsjahr festgestellt. Tardive Dyskinesien traten somit erheblich seltener als unter konventionellen Depotneuroleptika, wo mit einer Inzidenz von etwa 5% pro Jahr gerechnet werden muss (Eerdekens et al, 2002).

Die Gewichtszunahme nach einem Jahr Behandlung lag für alle Patienten bei durchschnittlich 2,3 kg, was mit oraler Risperidone-Therapie vergleichbar ist. Es fanden sich weder signifikant verlängerte QTc-Zeiten, noch traten vermehrt metabolische Störungen wie Diabetes mellitus auf (Glassman et al, 2001; Newcomer et al, 2002).

Insgesamt lässt sich durch die belegte positive Beeinflussung schizophrener Negativsymptomatik, der kognitiven Defizite und affektiven Symptome bei gleichzeitig besserer Verträglichkeit eine höhere Patientenakzeptanz erhoffen. Der Kreislauf aus Rezidiv, Hospitalisierung und sozialer Problematik könnte so positiv beeinflusst werden und einer besseren beruflichen und sozialen Reintegration den Weg bahnen. Insgesamt besteht also Anlass zu der Vermutung, dass Depotformulierungen atypischer Antipsychotika die klinischen Vorteile der Atypika mit den Vorteilen der Depotformulierung, wie oben dargestellt, verbinden, und so einen weiteren Meilenstein in der Pharmakotherapie der Schizophrenie markieren. Dass damit eine deutlich bessere Compliancerate erreicht werden kann, müssen weitere Untersuchungen und Erfahrungen zeigen.

Literatur

Adams CE, Fenton MKP, Quraishi S, David AS (2001) Systematic meta-review of depot antipsychotic drugs for people with schizophrenia. Br J Psychiatry 179: 290–299

Beresford R, Ward A (1987) Haloperidol decanoate: a preliminary review of its pharmacodynamics and pharmacocinetic properties and therapeutic use in psychosis. Drugs 33: 31–49

Bloch Y, Mendlovic S, Strumpinsky S, Altshuler A, Fennig S, Ratzoni G (2001) Injections of depot antipsychotic medications in patients suffering from schizophrenia: do they hurt? J Clin Psychiatry 62: 855–859

Cabeza IG, Amador MS, Lopez CA, Chavez MG (2000) Subjective response to antipsychotics in schizophrenic patients: clinical implications and related factors. Schizophr Res 41: 349–355

Chue P, Devos E, Duchesne I, Leal A et al (2002) Hospitalization rates in patients during long-term treatment with long-acting risperidone injection. Int J Neuropsychopharmacol 5 [Suppl 1]: 188–189

Curry SH (1985) Commentary: the strategy and value of neuroleptic drug monitoring. J Clin Psychopharmacol 5: 263–267

Davis JM, Chen N (2002) Clinical profile of an atypical antipsychotic: risperidone. Schizophr Bull 28 (1): 43–61

Davis JM, Barter JT, Kane JM (1989) Antipsychotic drugs. In: Kaplan HI, Saddock BJ (eds) Comprehensive textbook of psychiatry. Williams and Wilkins, Baltimore, pp 1591–1626

Dolder CR, Lacro JP, Dunn LP, Jeste DV (2002) Antipsychotic medication adherence: is there a difference between typical and atypical agents? Am J Psychiatry 159: 103–108

Dolder CR, Lacro JP, Jeste DV (2003) Adherence to antipsychotic and nonpsychiatric medications in middle-aged and older patients with psychotic disorders. Psychosom Med 65 (1): 156–162

Eerdekens M, Fleischhacker WW, Xie Y, Beauclair L et al (2002) Long-term safety of long-acting risperidone microspheres. Schizophr Res 53 [Suppl]: 174

Fenton WS, Blyler C, Heinssen RK (1997) Determinants of medication compliance in schizophrenia: empirical and clinical findings. Schizophr Bull 23: 637–651

Fleischhacker WW, Meise U, Günther V, Kurz M (1994) Compliance with antipsychotic drug treatment: influence of side effects. Acta Psychiatr Scand 89 [Suppl 382]: 11–15

Gilbert PL, Harris MJ, McAdams LA, Jeste DV (1995) Neuroleptic withdrawal in schizophrenia patients: a review of the literature. Arch Gen Psych 52: 173–188

Glassmann AH, Bigger JT Jr (2001) Antipsychotic drugs: prolonged QTc interval, torsade de pointes and sudden death. Am J Psychiatry 158: 1774–1782

Glazer WM, Kane JM (1992) Depot neuroleptic therapy: an underutilized treatment option. J Clin Psychiatry 53, 426–33

Goldstein M, Deutch AY (1992) Dopaminergic mechanisms in the pathogenesis of schizophrenia. FASEB J 6 (7): 2413–2421

Guy W (1976) ECDEU Assessment manual for psychopharmacology. US Dept of Health and Human Services publication. ADM 76 (338): 524–535

Hagström L, Hansson BM (2002) Practical handling aspects of long-lasting risperidone microspheres (Risperdal Consta): an attitude survey. Nord J Psychiatry 56: 18

Harrow M, Sands JR, Silverstein ML, Goldberg JF (1997) Course and outcome for schizophrenia versus other psychotic disorders: a longitudinal study. Schizophr Bull 23 (2): 287–303

Heinrich K (1994) Psychopharmacology since 1952. Fortschr Neurol Psychiatr 62 (2): 31–39

Hirsch SR, Gaind R, Rohde PD, Stevens BC, Wing JK (1973) Outpatient maintenance of chronic schizophrenic patients with long-acting fluphenazine: double-blind placebo-controlled trial. Br Med J 1: 633–637

Hogarty GE, Schooler NR, Ulrich RF et al (1979) Fluphenazine and social therapy in the aftercare of schizophrenic patients. Arch Gen Psychiatry 36: 1283–1294

Johnson DAW (1991) Depot therapy – advantages, disadvantages and issues of dose. In: Wisted B, Gerlach J (eds) Depot antipsychotics in chronic schizophrenia. Excerpta Medica, Amsterdam, pp 4–16

Kane JM, Rifkin A, Woerner M, Reardon G, Sarantakos S, Schiebel D, Ramos-Lorenzi J (1983) Low-dose neuroleptic treatment of outpatient schizophrenics. Arch Gen Psychiatry 40: 893–896

Kane JM, Jeste DV, Bames TRE et al (1992) American psychiatric association task force report on tardive dyskinesia. American Psychiatric Press, Washington, DC

Kane JM, Eerdekens M, Keith S, Lesem M et al (2002) Efficacy and safety of a novel long-acting risperidone formulation. Schizophr Res 53 [Suppl]: 174

Lerner V, Fotyanov M, Liberman M, Shlafman M, Bar-El Y (1995) Maintenance medication for schizophrenia and schizoaffective patients. Schizophr Bull 21 (4): 693–701

Lewander T (1994) Neuroleptics and neuroleptic-induced deficit syndrome. Acta Psychiatr Scand 89 [Suppl 382]: 8–13

Marder SR, Van Putten T, Mintz J, McKenzie J, Lebell M, Faltico G, May PRA (1984) Costs and benefits of two doses of fluphenazine. Arch Gen Psychiatry 41: 1025–1029

Marder SR, Van Putten T, Mintz J, Lebell M, McKenzie J, May PRA (1987) Low and conventional dose maintenance therapy with fluphenazine decanoate. Arch Gen Psychiatry 44: 518–521

Müller WE (2002) How do clozapine and co. work? Pharmacologic mechanisms of atypical neuroleptics. Pharm Unserer Zeit 31 (6): 537–545

Newcomer JW, Haupt DW, Fucetola R, Melson AK et al (2002) Abnormalities in glucose regulation during antipsychotic treatment of schizophrenia. Arch Gen Psychiatry 59: 333–345

Olfson M, Mechanic D, Hansell S, Boyer CA, Walkup J, Weiden PJ (2000) Predicting medication noncompliance after hospital discharge among patients with schizophrenia. Psychiatr Serv 51: 216–222

Pajonk FG (2002) Risperidon in der Akut- und Langzeittherapie der Schizophrenie – ein klinisches Profil. Fundamenta Psychiatrica 16: 111–117

Pajonk FG, Messer T, Heger S, Schamuß M (2002) Klinisches Profil von Risperidon Microspheres. PPT 9: 140–146

Patel MX, David AS (2003) Why aren't depots prescribed more often, and what can be done about it? Br J Psychiatr (in press)

Patel MX, Nikolaou V, Davis AS (2003) Psychiatrists' attitudes to maintenance medication for patients with schizophrenia. Psychol Med 33: 83–89

Peuskens J (1995) Risperidone in the treatment of patients with chronic schizophrenia: a multi-national, multi-centre, double-blind, parallel-group study versus haloperidol. Br J Psychiatry 166: 712–726

Quarishi S, David A (2000a) Depot haloperidol decanoate for schizophrenia. Cochrane Database Syst Rev 2: CD001361

Quraishi S, David A (2000b) Depot fluspirilene for schizophrenia. Cochrane Database Syst Rev 2: CD001718

Quraishi S, David A (2000c) Depot perphenazine decanoate and enanthate for schizophrenia. Cochrane Database Syst Rev 2: CD001717

Remington GJ, Adams ME (1995) Depot neuroleptic therapy: clinical considerations. Can J Psychiatry 40 [Suppl 1]: S5–S11

Rifkin A, Quitkin F, Rabiner CJ, Klein DF (1977) Fluphenazine decanoate, fluphenazine hydrochloride given orally, and placebo in remitted schizophrenics. Arch Gen Psychiatry 34: 43–47

Robinson DG, Woerner MG, Alvir JMJ, Bilder RM, Hinrichsen GA, Lieberman JA (2002) Predictors of medication discontinuation by patients with first-episode schizophrenia and schizoaffective disorder. Schizophr Res 57: 209–219

Rossi A, Mancini F, Stratta P, Mattei P, Gismondi R, Pozzi F, Casacchia M (1997) Risperidone, negative symptoms and cognitive deficits in schizophrenia: an open study. Acta Psychiatr Scand 95 (1): 40–43

Seeman P, Niznik HB (1996) Dopamine receptors and transporters in Parkinson's disease and schizophrenia. FASEB J 274: 740–743

Van Putten T, Marder SR, Wirshing WC et al (1991) Neuroleptic plasma levels. Schizophr Bull 17: 197–216

Varga E, Haits G (1968) Therapeutic efficacy and the treatment of psychoses over the last three decades. Acta Nerv Super 10 (2): 126–131

Walburn J, Gray R, Gournay K, Quraishi S, David AS (2001) Systematic review of patient and nurse attitudes to depot antipsychotic medication. Br J Psychiatry 179: 300–307

Weiden PJ, Olofsen M (1995) Cost of relapse in schizophrenia. Schizophr Bull 21: 419–429

Young JL, Spitz RT, Hillbrand M, Danerig G (1999) Medication adherence failure in schizophrenia: a forensic review of rates, reasons, treatments and prospects. J Am Acad Psychiatry Law 27: 426–442

Differentielle Ansätze zur pharmakologischen Rezidivprophylaxe schizophrener Störungen

W. Gaebel und M. Riesbeck

Einleitung

Die pharmakologische Langzeitbehandlung mit dem Ziel der Prophylaxe schizophrener Reexazerbationen gehört zu den bestgesicherten Behandlungsformen psychischer Erkrankungen. Entscheidendenden Beitrag dazu lieferte die Entwicklung und systematische Evaluation verschiedener Behandlungsstrategien mit Neuroleptika. Durch eine konsequente Weiterentwicklung sind nicht nur Substanzen mit optimiertem Wirkungs-/Nebenwirkungsprofil entstanden, sondern die Forschung auf diesem Gebiet hat auch zur Vertiefung ätiopathogenetischer Kenntnisse geführt. Ausgehend von dem Vulnerabilitäts-Stress-Coping-(VSC-)Modell sind unter Einbeziehung psycho-sozialer und rehabilitativer Ansätze umfassende Therapiestrategien entstanden, die die sekundäre und tertiäre Prävention deutlich verbessert haben. Mittlerweile liegen zumindest teilweise empirisch validierte Konzepte zu Entstehung und Verlauf vor, die einen Zuschnitt der Behandlung auf individuelle Erfordernisse ermöglichen. Im Sinne einer Evidenz-basierten Medizin hat diese Entwicklung zur Formulierung von Therapieleitlinien geführt, die die Umsetzung des wissenschaftlichen Kenntnisstandes in die Praxis und die Behandlungsplanung fördern sollen (Gaebel, 1999; Mellman et al, 2001). Im Folgenden werden die wesentlichen differentiellen Ansätze zur neuroleptischen Rezidivprophylaxe schizophrener Psychosen dargestellt.

Krankheitsmodell und -verlauf sowie Behandlungsergebnisse

Konzeptuelle Behandlungsgrundlage stellt das Vulnerabilitäts-Stress-Coping-Modell (Zubin und Spring, 1977; Nuechterlein und Dawson, 1984) dar. Es geht – vereinfacht – davon aus, dass eine multifaktoriell bedingte (subklinische) Krankheitsdisposition (Vulnerabilität) besteht, die mit einer gegenüber der Normalbevölkerung erhöhten Erkrankungsbereitschaft einher geht. Durch Interaktion gestörter kognitiver Basisprozesse (defizitäre Informationsverarbeitung) mit internalen oder externalen Stressoren (z.B. emotionales Familienklima) kann es über intermediäre Störungsstadien (Prodrome) zur manifesten (Re-)Exazerbation kommen. Protektive Faktoren auf biologischer (z.B. Neuroleptika), psychologischer (z.B. adaptive Copingstrategien) oder sozialer Ebene (z.B. unterstützendes Familienklima) können einer Dekompensation entgegenwirken.

Dementsprechend ist eine Langzeitbehandlung grundsätzlich mehrdimensional orientiert. Neben einer symptomreduzierenden Akutbehandlung kommen zur Rezidivprophylaxe vor allem vulnerabilitätsmindernde, stressreduzierende und protektive Mechanismen fördernde Interventionen in Betracht, die im Sinne eines Clinical Management das enge Zusammenspiel von Therapeuten, Institutionen, Patient und Angehörigen erfordern.

Der Krankheitsverlauf gestaltet sich sehr variabel. Nach einer Langzeitstudie von Watt et al (1983) sind bei 16% lediglich eine Krankheitsepisode (ohne Residuum) und bei 32% mehrere Episoden (ohne Residuum) zu beobachten. Bei über der Hälfte sind dagegen mehrfache Episoden mit einer residualen Entwicklung zu verzeichnen, bei 43% mit jeweils zunehmender Residualsymptomatik und bei 9% mit bleibender Beeinträchtigung auf konstantem Niveau. Hegarty et al (1994) kommen in ihrer Metaanalyse der Outcome-Literatur zu dem Ergebnis, dass nach einem mittleren Zeitraum von 5–6 Jahren bei knapp der Hälfte der schizophrenen Patienten eine substanzielle klinische Besserung festzustellen ist. Neben einem positiven Effekt der Neuroleptika-Einführung und anderer neuer Behandlungsmöglichkeiten in den 60er Jahren ist jedoch eine starke Abhängigkeit der Effekte von dem benutzten diagnostischen System (eng vs. weit gefasste Kriterien) zu beobachten. Auch Stephens (1978) berichtet über 50–80% Verbesserungen nach 5 Jahren abhängig vom diagnostischen Konzept. Brown et al (1966) verweisen auf eine deutlich bessere Prognose für Ersterkrankte gegenüber Mehrfacherkrankten (70% vs. 50% Gebesserte nach 5–6 Jahren).

Der stabilisierende Effekt neuroleptischer Langzeitmedikation konnte in doppelblind plazebokontrollierten randomisierten Studien nachgewiesen werden: berichtet werden Rückfallraten von 19% (unter Neuroleptika) vs. 55% (unter Plazebo) nach sechsmonatiger Behandlung (Davis et al, 1980), von 31% vs. 68% nach dem ersten Behandlungsjahr (Hogarty und Goldberg, 1973) und von 48% vs. 80% nach dem zweiten Behandlungsjahr (Hogarty et al, 1974). Absetzstudien mehrjährig unter Neuroleptika rezidivfrei gebliebener Patienten zeigen, dass auch nach dem fünften Behandlungsjahr noch Rezidivquoten von über 60% auftreten (Cheung, 1981; Hogarty et al, 1976).

Die Frage nach der Wirksamkeit neuroleptischer Behandlung ist auf verschiedenen Ebenen zu diskutieren (vgl. Lehman, 1996). Neben der „klinischen Ebene" (z.B.

Positiv- und Negativ- Symptomatik, affektive Symptome, Nebenwirkungen) und der „rehabilitativen Ebene" (z.B. soziale, berufliche und interpersonelle Funktionen) sind hier auch die „subjektive Ebene" (z.B. Ressourcen, Lebensqualität, Zufriedenheit mit der Behandlung), die „soziale oder öffentliche Ebene" (z.B. familiäres Wohlergehen, gesellschaftliches Sicherheitsbedürfnis) sowie die „Kosten-Ebene" zu nennen, die alle direkt oder indirekt durch die neuroleptische Behandlung beeinflusst werden können (vgl. Abb. 1).

Entsprechend dem in der Regel episodenhaften Verlauf der Erkrankung werden eine Akutphase, eine Stabilisierungsphase sowie eine stabile Remissionsphase mit jeweils verschiedenen Behandlungszielen unterschieden (vgl. APA, 1997; DGPPN, 1998): in der Akutphase steht die Remission und Suppression der (Positiv-)Symptomatik im Mittelpunkt, in der Stabilisierungsphase die Behandlung der Negativ-Symptomatik und die Festigung der Compliance unter Einsatz von Psychoedukation sowie in der Remissionsphase die Rezidivprophylaxe bzw. Früherkennung und Frühintervention von drohenden Rückfällen einschließlich Verbesserung der Lebensqualität und des sozialen Funktionsniveaus.

Formen neuroleptischer Langzeitbehandlung

Je nach Verlauf sind Symptomsuppression, Rezidivprophylaxe und Verschlechterungsprophylaxe Hauptindikationen einer neuroleptischen Langzeitbehandlung. Hinsichtlich der Rezidivprophylaxe können folgende Formen unterschieden wer-

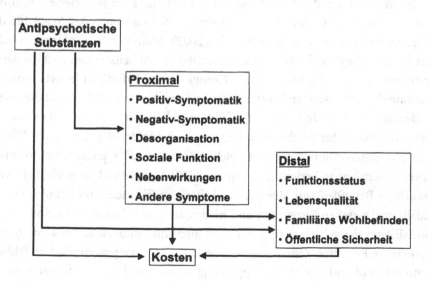

Abb. 1. Hypothetische Effekte antipsychotischer Substanzen (nach Lehman, 1996)

den: Erhaltungsmedikation mit Standarddosierung vs. Niedrigdosierung, orale vs. Depotmedikation sowie Intervallmedikation mit neuroleptischer Frühintervention bei Anzeichen einer Reexazerbation.

Auf Grund der für die Mehrzahl der Patienten günstigen Risiko-/Nutzen-Relation – bei gleichzeitigem Fehlen individuell ausreichend verlässlicher Response-Prädiktoren (Gaebel und Awad, 1994) – wird die Indikation zur Langzeitbehandlung fast ausnahmslos positiv gestellt. Dabei ist eine niedrig dosierte Erhaltungsmedikation der Standarddosierung hinsichtlich ihrer rückfallprophylaktischen Wirksamkeit – bei gleichzeitig geringerer Nebenwirkungsinzidenz – gleichwertig, sofern sie nicht unter eine bestimmte Minimaldosierung abgesenkt wird (Kane und Marder, 1993). Daher gilt die Niedrigdosierung heute als weitgehend anerkannte Alternative zur Standarddosierung.

Substanzwahl und Applikationsform

Therapieempfehlungen für die Praxis von Experten (z.B. McEvoy et al, 1999; Marder et al, 2002) und Fachgesellschaften (z.B. APA, 1997; DGPPN, 1998) sowie nationalen Gesundheitsbehörden (NICE, 2002) favorisieren zunehmend atypische Neuroleptika als Substanzen erster Wahl („first line treatment"), wenngleich Ergebnisse von Meta-Analysen diesbezüglich etwas zurückhaltender ausfallen (Leucht et al, 1999; Geddes et al, 2000). Neuere Vergleichsstudien verweisen auch auf signifikant niedrigere Rezidivraten mit atypischen (Risperidon) im Vergleich zu typischen Neurolpetika (Haloperidol; Csernansky et al, 2002), was auch reserviertere Autoren veranlasst, Neuroleptika der „2. Generation" als Substanzen erster Wahl für die Langzeitbehandlung zu empfehlen (Geddes, 2002). Methodische Probleme, wie die eingeschränkte Vergleichbarkeit der untersuchten Krankheitsstadien und Beobachtungszeiträume sowie die Einflüsse der Compliance rechtfertigen jedoch zunächst weiter eine eher zurückhaltende Interpretation (Leucht et al, 2002) zumal die bisher gefundenen Unterschiede in den Rückfallraten relativ geringfügig sind (siehe dagegen unveröffentlichte Ergebnisse von Davis zit. n. Marder et al, 2002). Die Effekte scheinen auch davon abzuhängen, in welcher Dosierung die typischen Neuroleptika verabreicht werden: so berichten Green et al (2002) von bis dato noch nicht veröffentlichten Befunden von Marder, der keine signifikanten Unterschiede in den Rückfallraten zwischen Risperidon und niedrigdosiertem Haloperidol fand.

Eine differenzierte Betrachtung erscheint auch im Hinblick auf erst- vs. mehrfacherkrankte Patienten angezeigt. Zwar beziehen sich die genannten Empfehlungen entweder auf beide Patientengruppen (vgl. Marder et al, 2002) oder präferentiell auf Ersterkrankte (vgl. NICE, 2002), zumal erste Vergleichsstudien auch bei der

Akutbehandlung von Ersterkrankten eine Überlegenheit neuer atypischer gegenüber konventionellen Neuroleptika zeigen konnten (Emsley, 1999; Sanger et al, 1999), Ergebnisse methodisch gut kontrollierter Studien zur *Langzeitbehandlung* von Erst-erkrankten stehen jedoch noch aus; entsprechende Studien befinden sich momentan in der Vorbereitung (Kahn und Fleischhacker, 2002) oder Durchführung (siehe unten).

Auf Grund unterschiedlicher Nebenwirkungsprofile sowie interindividueller Wirksamkeits- und Verträglichkeitsunterschiede zwischen einzelnen Substanzen ist eine individuelle Indikationstellung erforderlich. Bei der Substanzwahl müssen substanzgruppenspezifisches Nebenwirkungsprofil, ggf. frühere Response, Patienten-präferenz und geplante Applikationsform (siehe unten) berücksichtigt werden.

Hinsichtlich der Behandlungsdauer empfehlen heute alle gängigen Behandlungs-leitlinien entsprechend den Befunden bei Ersterkrankungen (trotz der prognosti-schen Heterogenität) eine mindestens einjährige Erhaltungstherapie, bei Mehrfach-erkrankungen eine vier- bis fünfjährige, ggf. lebenslange neuroleptische Behandlung (z.B. DGPPN, 1998). Nach jedem Rezidiv wird erneut eine halb- bis einjährige Stabilisierungsbehandlung empfohlen.

Ein Problem der neuroleptischen Behandlung ergibt sich aus der oftmals einge-schränkten Medikamentencompliance der Patienten, die unter ambulanten Bedin-gungen bis zu 50% beträgt. Die Gründe sind vielfältig und umfassen inadäquate Krankheits- und Behandlungsvorstellungen, nicht akzeptierte Nebenwirkungen, ein zu kompliziertes Behandlungsregime sowie mangelnde familiäre Unterstützung. Entsprechend gilt es, Nebenwirkungen möglichst gering zu halten und compliance-fördernde therapeutische Intervention und Psychoedukation in die Behandlung einzubeziehen. Eine Alternative stellt die (intramuskuläre) Medikamentenapplika-tion in Form von Depot-Neuroleptika dar. Zwar zeichnet sich eine rezidivprophy-laktische Überlegenheit der Depot-Neuroleptika in kontrollierten Vergleichsstudien erst im zweiten Behandlungsjahr ab (Hogarty et al, 1979), ihre praktische Bedeu-tung ist jedoch nicht zu unterschätzen (Glazer und Kane, 1992). Von Vorteil sind eine auf Grund der besseren Bioverfügbarkeit (Wegfall des first-pass-Effekts!) gerin-gere Dosierung, die Notwendigkeit eines regelmässigen Behandlerkontaktes sowie die sofortige Identifikation eines Behandlungsabbruches. Dennoch ist bei gesicher-ter Behandlungsakzeptanz, Compliance und Verträglichkeit einer Substanz die orale Behandlung vorzuziehen, weil sie flexiblere Dosierungsmöglichkeiten zulässt und dem Patienten größere Eigenverantwortlichkeit und Selbstbstimmung im Umgang mit seiner Erkrankung zuweist.

Bei der Umstellung auf Depot-Neuroleptika ergibt sich das Problem, dass für die Konvertierung von oralen in depotneuroleptischen Dosierung nur grobe Anhaltsregeln bestehen. Da sich ein Steady-state-Plasmaspiegel unter Depotmedikation erst nach mehreren Monaten aufbaut, wird eine überlappende Umstellung empfohlen (Marder et al, 1989). In der Regel sollte diese Umstellung bereits stationär eingeleitet werden. Bei Patienten, die unter (zu niedrig dosierter?) Depotmedikation rezidivieren, wird diese unter Dosisadjustierung und passagerer Kombination mit oraler Medikation beibehalten. Als minimal wirksame prophylaktische Dosen werden z.B. Injektionen von 6,5–12,5 mg/2 Wochen Fuphenazin-Decanoat, 20 mg/2 Wochen Flupentixol-Decanoat oder 50–60 mg/4 Wochen Haloperidol-Decanoat empfohlen, während orale Dosen bei ca. 100 mg CPZ-Äquivalent liegen. Die überlegene Wirksamkeit von Depotformulierungen atypischer Neurolpetika wie sie z.B. für Risperidon vorliegt, muss sich in künftigen Untersuchungen erweisen.

Langzeitbehandlungsstrategien

Ausgehend vom VSC-Modell entwickeln sich Rezidive mehr oder weniger langsam über intermediäre Störungsstadien zu vollständigen psychotischen Reexazerbationen. Durch engmaschiges Monitoring dieser Prodromal- oder Vorläufersymptome werden somit rückfallprädiktive „Frühwarnzeichen" erfassbar, denen in der Rückfallprophylaxe eine behandlungssteuernde Funktion zukommen könnte (Herz und Melville, 1980), was zur Entwicklung und Überprüfung einer neuroleptischen Frühinterventionsstrategie geführt hat. In der sog. Intervalltherapie werden im psychosefreien, remittierten Krankheitsintervall Neuroleptika vollständig abgesetzt und erst beim Auftreten der Prodrome wieder angesetzt. Diese Strategie zielt – in Übereinstimmung mit häufiger Patientenpräferenz – auf eine zeitweilige Medikamentenfreiheit und damit eine geringere neuroleptische Lebenszeitexposition – ein hinsichtlich der Prävention von Spätdyskinesien vor der Einführung atypischer Neuroleptika wesentlicher Gesichtspunkt.

Mittlerweile liegen die Ergebnisse mehrerer internationaler kontrollierter 2-Jahres-Studien zum Vergleich Dauer- vs. Intervalltherapie mit Frühintervention vor (vgl. Abb. 2).

Es zeigte sich, dass die Intervalltherapie mit prodromgestützter Frühintervention der Erhaltungsmedikation in der rückfallprophylaktischen Wirksamkeit unterlegen, einer reinen Intervalltherapie jedoch überlegen ist – bei fehlenden Unterschieden hinsichtlich psychosozialer Anpassung, subjektivem Wohlbefinden und Nebenwirkungen, aber tatsächlich geringerer kumulativer Neuroleptikadosis. Die Gründe für das schlechtere Abschneiden sind bisher unklar geblieben. So werden die Ergebnisse zur rückfallprädiktiven Validität der Prodrome unterschiedlich interpretiert: während auf Grund von Sensitivitäten zwischen 10% und 81% sowie Spezifitäten

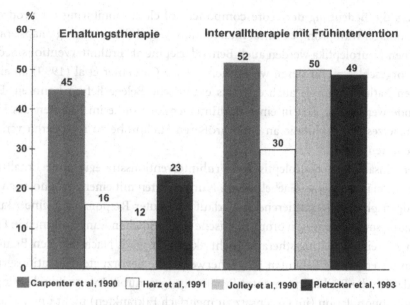

Abb. 2. 2-Jahres-Rückfallraten kontrollierter Studien zur Intervallmedikation

zwischen 79% und 93% (vgl. Jørgensen, 1998) die Verlässlichkeit der Prodrome als Rückfallprädiktoren kritisch bewertet wird (Gaebel et al, 1993; 2000), sehen sich andere Autoren darin bestätigt, dass der schizophrenen Reexazerbation „nearly always" Prodromalsymptome vorrausgehen (Birchwood und Spencer, 2001). Einigkeit besteht darüber, dass das Konzept der „unspezifischen" Prodrome (wie Gespanntheit, Schlafstörungen, Unruhe oder depressive Verstimmungen) zu ergänzen ist durch eher (psychose-) spezifische „Frühwarnzeichen" (psychosnahes Erleben wie z.B. Beziehungsideen, Wahrnehmungsstörungen, Derealisations-/Depersonalisationsphänomene).

Darüber hinaus betonen Herz und Lamberti (1995), dass nicht zwangsläufig auf jedes Prodrom ein Rückfall folgen muss, da intermittierende Einflussfaktoren wie medikamentöse (Früh-)Intervention oder adaptives Coping den Progress einer Symptom-Exazerbation unterbrechen können. Herz et al (2000) plädieren weiterhin dafür, Erhaltungsmedikation und Frühintervention nicht als zwei alternative Verfahren einzusetzen, sondern diese zu kombinieren. Sie konnten zeigen, dass ihr „program on relapse prevention" (Erhaltungsmedikation + prodromgestützte Frühintervention + Psychotherapie) der Routinebehandlung (Erhaltungsmedikation + Psychoedukation) hinsichtlich der rezidivprophylaktischen Wirksamkeit signifikant überlegen ist. Zwar bleibt letzlich unklar welche der im Programm zusätzlich eingesetzten Komponenten die Überlegenheit bewirken, die Autoren betonen jedoch besonders die Bedeutung der „core component of close monitoring for prodromal symptoms ... with prompt clinical intervention ... and thus reducing relapse rates".

Neben Neuroleptika werden auch Benzodiazepine als Frühinterventionsmedikation vorgeschlagen, für deren wirksamen Einsatz Carpenter et al (1999) an einem kleinen Patientensample auch erstmals empirische Belege liefern konnten. Diese Befunde werden zur Zeit in einer Frühinterventionsstudie im Rahmen des Kompetenznetzes Schizophrenie an einer größeren Stichprobe zu replizieren versucht (siehe unten).

Der Einsatz einer neuroleptischen Frühinterventionsstrategie ohne Erhaltungsmedikation ist begrenzt (Gaebel, 1996). Nur Patienten mit einem prognostisch eher günstigen phasisch-remittierenden Verlauf und guter Response auf eine Akutbehandlung sowie eine rezidivprophylaktische Langzeitbehandlung kommen in Frage, wenn z.B. eine Erhaltungstherapie nicht akzeptiert wird. Nach neueren Befunden stellen ersterkrankte Patienten möglicherweise eine bevorzugte Indikationsgruppe dar, da sich die Rückfallraten unter Erhaltungs- gegenüber Intervallmedikation bei dieser Subpopulation (im Gegensatz zu mehrfach Erkrankten) nicht unterscheiden (Gaebel et al, 2002, vgl. Abb. 3). Gründe hierfür könnten in einer allgemein besseren Prognose für Ersterkrankte, einer besseren Medikamenten-Response auf die neuroleptische Frühintervention (Lieberman et al, 1997; Hogarty und Ulrich, 1998) oder aber in einer besseren Compliance liegen. Ausgehend von diesen Ergebnissen wurde auch die unten näher beschriebene „Ersterkrankten-Studie" initiiert.

Kontraindikation sind dagegen chronisch persistierende Positivsymptomatik bzw. instabiler Verlauf unter Neuroleptika, wie er nach Chiles et al (1989) bei über 60% einer unausgelesenen Stichprobe zu erwarten ist. Weitere absolute Kontraindikationen waren stressbelastete Lebensituation sowie ein weniger als 6 Monate zurückliegendes Rezidiv ohne ausreichende Stabilisierung. Daneben wurden folgende relative Kontraindikationen gefunden: mangelnde Compliance (33%), Selbst- oder Fremdgefährdung (16%) sowie „Management"-Probleme (z.B. Fehlen von Angehörigen oder zu grosse Entfernung zur Klinik). Alles in allem blieben lediglich 13% der Ausgangsstichprobe übrig, bei denen eine Intervalltherapie mit medikamentöser Frühintervention indiziert gewesen wäre. Zu berücksichtigen sind ferner tierexperimentelle und klinische Befunde, wonach unter einer intermittierenden Behandlung Bewegungsstörungen möglicherweise gehäuft auftreten können (Glenthoj et al, 1990; Jeste et al, 1990). Tierexperimentelle Befunde zeigen auch, dass tägliche Neuroleptikagabe zur Toleranzsteigerung in Striatum und Nucleus accumbens, wöchentliche Gabe hingegen zur Sensitivierung in Striatum, posteriorem Tuberculum olfactorium und ventralem Tegmentum führen (Csernansky et al, 1990). Unklar ist allerdings, welcher dieser Effekte mit der klinischen Response assoziiert ist.

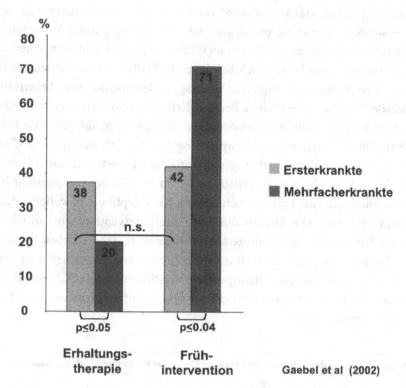

Abb. 3. 2-Jahres-Rückfallraten von erst- und mehrfacherkrankten Schizophrenen unter verschiedenen Langzeit-Behandlungsstrategien (p = Irrtumswahrscheinlichkeit der Chi²-Statistik der Einzelvergleiche)

Zusammenfassung und Ausblick

Nach wie vor stellt die Behandlung mit Antipsychotika die Grundlage einer integrierten Langzeittherapie von Patienten mit schizophrenen Störungen dar. Zur Anpassung an krankheitsspezifische und individuelle Bedürfnisse sind allerdings Behandlungsmodifikationen notwendig, die systematisch evaluiert werden müssen. Die rezidivprophylaktisch überlegene Wirksamkeit neuer (atypischer) Neuroleptika muss hinsichtlich ihrer Grundlagen geklärt (direkter vs. indirekter Effekt) und zum besseren Verständnis sekundär-präventiver Wirkmechanismen genutzt werden. Es gilt besonders, Möglichkeiten zur besseren Risikoabschätzung für Rezidive zu entwickeln sowie spezifische Rückfallmechanismen aufzuklären. Ferner sind die rückfallprädiktive Validität und die pathogenetischen Grundlagen der Prodrome für die Steuerung der Langzeitbehandlung systematischer aufzuklären.

In der sog. „Ersterkrankten-Studie" im Rahmen des Kompetenznetzes Schizophrenie werden gegenwärtig postakute, stabilisierte ersterkrankte Patienten unter
niedrigdosierter typischer (Haloperidol) bzw. atypischer Erhaltungsmedikation
(Risperidon) im ersten Jahr hinsichtlich ihrer Rückfallraten und weiterer Zielkrite-
rien (Negativsymptomatik, kognitive Störungen, Nebenwirkungen, Lebensqualität
und soziale Anpassung) verglichen. Bei Rezidivfreiheit und klinischer Stabilität wird
im zweiten Jahr (randomisiert) bei der einen Gruppe die medikamentöse Behandlung fortgeführt, bei der anderen Gruppe hingegen das Neuroleptikum in Übereinstimmung mit Leitlinienempfehlungen schrittweise abgesetzt mit anschließendem
Vergleich der Rückfallraten. Zusätzlich findet im zweiten Behandlungsjahr in beiden Therapiearmen eine Frühintervention mit Neuroleptikum bzw. Benzodiazepin
(randomisiert) statt. Die Entscheidung zur Frühintervention wird durch einen
empirisch basierten Algorithmus gesteuert (siehe Abb. 4), der neben (psychose-)
unspezifischen und spezifischen Prodromen auch erste Anzeichen von Positiv-
Symptomatik, klinische Einschätzungen von Verschlechterung (CGI) und des Rezidivrisikos, das Funktionsniveau (GAF) sowie das Auftreten belastender Lebensereignisse miteinbezieht.

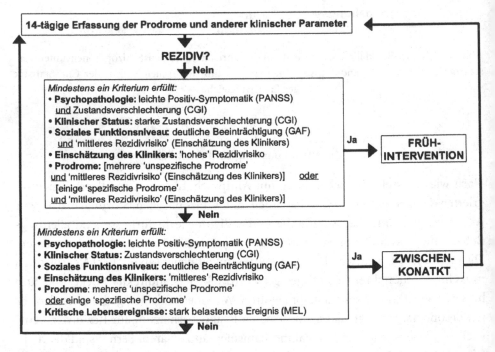

Abb. 4. Entscheidungsalgorithmus zur Steuerung der medikamentösen Frühintervention bei
klinisch stabilen Ersterkrankten im zweiten Behandlungsjahr

Das bereits jetzt akkumulierte umfangreiche Behandlungswissen muss systematisch aufgearbeitet (Leitlinien) und zur Optimierung der Langzeitbehandlung wirksam implementiert werden. Erst auf dieser Grundlage können derzeit noch bestehende Struktur- und Prozessqualitätsmängel der Langzeitversorgung schizophrener Patienten überwunden werden.

Literatur

American Psychiatric Association (1997) Practice guidelines for the treatment of patients with schizophrenia. Am J Psychiatry 154 (4) [Suppl]

Birchwood M, Spencer E (2001) Early intervention in psychotic relapse. Clin Psychol Rev 21 (8): 1211–1226

Brown GW, Bone M, Dalison B, Wing JK (1966) Schizophrenia and social care. Oxford University Press, London

Carpenter WT Jr, Hanlon TE, Heinrichs DW, Summerfelt AT, Kirkpatrick B, Levine J, Buchanan RW (1990) Continuous versus targeted medication in schizophrenic outpatients: outcome results. Am J Psychiatry 147: 1138–1148

Carpenter WT, Buchanan RW, Kirkpatrick B, Breier AF (1999) Diazepam treatment of early signs of exacerbation in schizophrenia. Am J Psychiatry 156: 299–303

Cheung HK (1981) Schizophrenics fully remitted on neuroleptics for three-five years: to stop or continue drugs? Br J Psychiatry 138: 490–494

Chiles JA, Sterchi D, Hyde T, Herz MI (1989) Intermittent medication for schizophrenic outpatients: who is eligible? Schizophr Bull 15: 117–121

Csernansky JG, Bellows EP, Barnes DE, Lombrozo L (1990) Sensitization versus tolerance to the dopamine turnover-elevating effects of haloperidol: the effect of regular/intermittent dosing. Psychopharmacol 101: 519–524

Csernansky JG, Mahmoud R, Brenner R (2002) A comparison of risperidone and haloperidol for the prevention of relapse in patients with schizophrenia. N Engl J Med 346: 16–22

Davis J, Schaffer C, Killian G, Chan, C (1980) Important issues in the drug treatment of schizophrenia. Schizophr Bull 6: 70–87

Deutsche Gesellschaft für Psychiatrie, Psychotherapie und Nervenheilkunde (DGPPN) (Hrsg) (1998) Behandlungsleitlinie Schizophrenie

Emsley R (1999) Risperidone in the treatment of first-episode psychotic patients: a double-blind multicenter study. Schizophr Bull 25 (4): 721–729

Gaebel W (1999) Internationale Leitlinien der Schizophreniebehandlung. In: Möller H-J, Müller N (Hrsg) Atypische Neuroleptika. Steinkopff, Darmstadt, S 79–91

Gaebel W (1996) Medikamentöse Frühintervention in der Rückfallprophylaxe: Grundlagen, Indikation und Durchführung. In: Böker W, Brenner HD (Hrsg) Integrative Therapie der Schizophrenie. Huber, Bern, S 249–263

Gaebel W, Awad AG (1994) Prediction of neuroleptic treatment outcome in schizophrenia – concepts and methods. Springer, Wien New York, pp 15–26

Gaebel W, Frick U, Köpcke W, Linden M, Müller P, Müller-Spahn F, Pietzker A, Tegeler J (1993) Early neuroleptic intervention in schizophrenia: are prodromal symptoms valid predictors of relapse. Br J Psychiatry 163 [Suppl 21]: 8–12

Gaebel W, Jänner M, Frommann N, Pietzcker A, Köpcke W, Linden M, Müller P, Müller-Spahn F, Tegeler J (2000) Prodromal states in schizophrenia. Compr Psychiatry 41 [Suppl 1]: 76–85

Gaebel W, Jänner M, Frommann N, Pietzcker A, Köpcke W, Linden M, Müller P, Müller-Spahn F, Tegeler J (2002) First vs. multiple episode schizophrenia: two-year outcome of intermittent and maintenance medication strategies. Schizophr Res 53: 145–159

Geddes J (2002) Prevention of relapse in schizophrenia. N Engl J Med 346: 56–58

Geddes J, Freemantle N, Harrison P, Bebbington P (2000) Atypical antipsychotics in the treatment of schizophrenia: systemic overview and meta-regression analysis. BMJ 32: 1371–1376

Glazer WM, Kane JM (1992) Depot neuroleptic therapy: an underutilized treatment option? J Clin Psychiatry 53: 426–433

Glenthoj B, Hemmingsen R, Allerup P, Bolwig TG (1990) Intermittent vs. continuous neuroleptic treatment in a rat model. Eur J Pharmacol 190: 275–286

Green MF, Marder RS, Glynn SM, McGurk SR, Wirshing WC, Wirshing DA, Liberman RP, Mintz J (2002) The neurocognitive effects of low-dose haloperidol: a two-year comparison with risperidone. Biol Psychiatry 51: 972–978

Hegarty JD, Baldessarini RJ, Tohen M, Waternaux C, Oepen G (1994) One hundred years of schizophrenia: a meta-analysis of the outcome literature. Am J Psychiatry 151: 1409–1416

Herz MI, Glazer W, Mostert M, Sheard MA, Szymanski HV, Hafez HM, Vana J (1991) Intermittent vs maintenance medication in schizophrenia: two-year results. Arch Gen Psychiatry 48: 333–339

Herz M, Melville C (1980) Relapse in schizophrenia. Am J Psychiatry 137: 801–812

Herz MI, Lamberti SJ (1995) Prodromal symptoms and relapse prevention in schizophrenia. Schizophr Bull 21 (4): 541–551

Herz MI, Lamberti JS, Mintz J, Scott R, O'Dell SP, McCartan L, Nix G (2000) A program for relapse prevention in schizophrenia. Arch Gen Psychiatry 57: 277–283

Hogarty GE, Goldberg SC (1973) Drugs and sociotherapy in the aftercare of schizophrenic patients: one-year relapse rates. Arch Gen Psychiatry 28: 54–64

Hogarty GE, Goldberg SC, Ulrich RF (1974) Drugs and sociotherapy in the aftercare of schizophrenic patients, II: two-year relapse rates. Arch Gen Psychiatry 31: 603–608

Hogarty GE, Ulrich RF (1998) The limitations of antipsychotic medication on schizophrenia relapse and adjustment and the contributions to psychsocial treatment. J Psychiatr Res 32: 243–250

Hogarty GE, Ulrich RF, Mussare F, Arishgueta N (1976) Drug discontinuation among long term, successfully maintained schizophrenic outpatients. Dis Nerv Syst 37: 494–500

Hogarty GE, Schooler NR, Ulrich RF, Mussare F, Ferro, P, Herron, E (1979) Fluphenazine and social therapy in the aftercare of schizophrenic patients: relapse analysis of a two-year controlled study of fluphenazine decanoate and fluphenazine hydrochloride. Arch Gen Psychiatry 36: 1283–1294

Jeste DV, Potkin SG, Sinha S, Feder SL and Wyatt RJ (1979) Tardive dyskinesia – reversible and persistent. Arch Gen Psychiatry 36: 585–590

Jolley AG, Hirsch SR, Morrison E, McRink A, Wilson L (1990) Trial of brief intermittent neuroleptic prophylaxis for selected schizophrenic outpatients: clinical and social outcome at two years. BMJ 301: 837–842

Kahn RS, Fleischhacker W, Keet R et al (2001) The European First Episode Schizophrenia Trial (EUFEST). Compariason of outcome in first episode schizophrenia with different antipsychotic drug regimes (unpublished manuscript)

Kane JM, Marder SR (1993) Psychopharmacologic treatment of schizophrenia. Schizophr Bull 19: 287–302

Lehmann AF (1996) Evaluating outcomes of treatments for persons with psychotic disorders. J Clin Psychiatry 57 [Suppl 11]: 61–67

Leucht S, Barnes T, Kissling W, Engel R, Kane J (2003) A meta-analysis on relapse prevention in schizophrenia with new antipsychotics. Am J Psychiatry (submitted)

Leucht S, Pitschel-Walz G, Abraham D, Kissling W (1999) Efficacy and extrapyramidal side-effects of the new antipsychotics olanzapine, quetiapine, risperidone, and sertindole compared to conventional antipsychotics and placebo. A meta-analysis of randomized controlled trials. Schizophr Res 35: 51–68

Lieberman JA, Sheitman BB, Kinon BJ (1997) Neurochemical sensitization in the pathophysiology of schizophrenia: deficits and dysfunction in neuronal regulation and plasticity. Neuropsychopharmacol 17: 205–229

Marder RS, Essock SM, Miller AL, Buchanan RW, Davis JM, Kane JM, Lieberman J, Schooler NR (2002) The mount sinai conference on the pharmacotherapy of schizophrenia. Schizophr Bull 28: 5–16

Marder SR, Hubbard JW, Van Putten T, Midha KK (1989) Pharmacokinetics of long-acting injectable neuroleptic drugs: clinical implications. Psychopharmacol 98: 433–439

McEvoy J, Scheifler P, Frances A (1999) The expert consensus guideline series: treatment of schizophrenia 1999. J Clin Psychiatry 60 [Suppl 11]

Mellman TA, Miller AL, Weissman EM, Crismon ML, Essock SM, Marder RS (2001) Evidence-based pharmacologic treatment for people with severe mental illness: a focus on guidelines and algorithms. Psychiatr Serv 52: 619–625

National Institute for Clinical Excellence (NICE) (2002) Guidance on the use of newer (atypical) antipsychotic drugs for the treatment of schizophrenia. Technology Appraisal Guidance 43 (www.nice.org.uk)

Nuechterlein KH, Dawson ME (1984) A heuristic vulnerability/stress model of schizophrenic episodes. Schizophr Bull 10: 300–312

Pietzcker A, Gaebel W, Köpcke W, Linden M, Müller P, Müller-Spahn F, Tegeler J (1993) Intermittent versus maintenance neuroleptic long-term treatment in schizophrenia: 2-year results of a German multicenter study. J Psychiatr Res 27: 321–339

Sanger TM, Lieberman JA, Tohen M, Grundy S, Beasley C, Tollefseon G (1999) Olanzapine versus haloperidol treatment in first-episode psychosis. Am J Psychiatry 156: 79–87

Stephens J (1978) Long-term prognosis and follow-up in schizophrenia. Schizophr Bull 4: 25–47

Watt DC, Katz K, Shepherd M (1983) The natural history of schizophrenia: a 5-year prospective follow-up of a representative sample of schizophrenics by means of standardized clinical and social assessment. Psychol Med 13: 663–670

Zubin J, Spring B (1977) Vulnerability: a new view of schizophrenia. J Abnormal Psychol 86: 103–126

Der Einsatz neuer Antipsychotika in der Langzeittherapie der Schizophrenie

H.-J. Möller

Einleitung

Trotz aller therapeutischen Verbesserungen in den 50 Jahren, wie sie insbesondere durch die Einführung der Neuroleptika und durch die Intensivierung psychosozialer Maßnahmen erfolgten, sind die schizophrenen Psychosen noch immer die Erkrankungsgruppe aus dem Bereich der funktionellen Psychosen mit dem ungünstigsten Verlauf. Dies kann aus zahlreichen Verlaufsuntersuchungen geschlossen werden (Möller und von Zerssen, 1986), u.a. aus den Ergebnissen der Münchner 15-Jahres-Verlaufstudie an ersthospitalisierten Patienten, in der der Verlauf schizophrener, schizoaffektiver und affektiver Psychosen verglichen wurde. Die schizophrenen Patienten haben im Vergleich zu den schizoaffektiven und affektiven Psychosen bei der Querschnittsuntersuchung nach 15 Jahren ein deutlich höheres Maß an Positiv- und Negativsymptomatik und ein deutlich schlechteres psychosoziales Funktionsniveau. Auch haben sie während des 15-jährigen Verlaufs die höchste Rate an stationären Wiederaufnahmen (Moller et al, 2002). Die 15-Jahres-Verlaufsstudie untersuchte Patienten, die erstmals in den Jahren 1980–82 in der Psychiatrischen Universitätsklinik aufgenommen wurden. Die Katamnese reflektiert den Zeitraum, in dem vor allem mit traditionellen Neuroleptika behandelt wurde. Es ist zu hoffen, dass unter den heutigen Behandlungsmöglichkeiten mit Atypika die Verlaufsergebnisse günstiger ausfallen würden.

Der ungünstigere Verlauf schizophrener Psychosen ist bedingt durch verschiedene Faktoren: u.a. ungenügende Wirksamkeit der Rezidivprophylaxe, therapierefraktäre Positivsymptomatik, therapierefraktäre Negativsymptomatik, Compliance-Probleme, inadäquate psychopharmakologische Behandlungen, Therapierefraktärität auf psychosoziale Behandlung, inadäquate psychosoziale Behandlung.

Der folgende Beitrag widmet sich insbesondere den Aspekten der medikamentösen Rezidivprophylaxe und fokussiert dabei auf Ergebnisse aus randomisierten Kontrollgruppenstudien.

Rezidivprophylaxe mit klassischen Neuroleptika

Neben anderen psychopathologischen und psychosozialen Variabeln, ist die Rezidivproblematik ein besonders wichtiger Punkt im Hinblick auf den Langzeitverlauf schizophrener Psychosen. Schizophrenen Psychosen zeigen in einem hohen Prozentsatz einen Krankheitsverlauf mit rezidivierenden Krankheitsmanifestationen. Die Rezidivgefahr liegt bei nicht neuroleptisch behandelten Patienten in der Größenordnung von bis zu 80% im ersten Jahr nach Erstmanifestation der Erkrankung. Auch im weiteren Verlauf der Erkrankung sind Rezidive häufig, wie aus naturalistischen Langzeitstudien (Möller und von Zerssen, 1986), sowie aus Plazebobehandelten Kontrollgruppen aus Therapiestudien zur neuroleptischen Rezidivprophylaxe zu entnehmen ist.

Die Konsequenzen von Rezidiven sind vielschichtig und oft im Einzelfall nicht ausreichend vorhersehbar. Zu den Folgeschäden gehört u.a. der Verlust von Selbstvertrauen und Selbstschätzung, Unterbrechung und ggf. Zerstörung zwischenmenschlicher sozialer Beziehungen wie Partnerschaft, Ehe und Familie, Beeinträchtigung der beruflichen Leistungsfähigkeit, Arbeitunfähigkeit und ggf. Verlust des Arbeitsplatzes, suizidales und aggressives Verhalten. Es gibt Hinweise, dass mit jedem erneuten Rezidiv der Remissionsgrad, der danach erreicht wird, nicht mehr auf dem vorhergehenden Niveau der vorhergehenden Krankheitsepisode ist und dass auch das therapeutische Ansprechen schlechter wird (Abb. 1) (Kane et al, 1998; Lieberman et al, 1996). Rückfallprophylaxe ist deshalb ein außerordentlich wichtiges Ziel in der Behandlung schizophrener Patienten und hat hohe Bedeutung für den Verlauf der Erkrankung im Einzelfall.

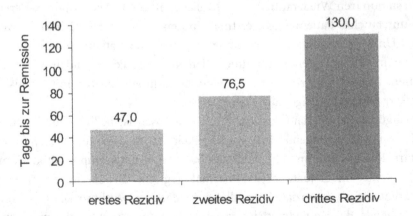

Abb. 1. Auswirkungen multipler Rezidive auf die Remissionszeit (nach Lieberman et al, 1996). Mittlere Zeit bis zur Remission in drei aufeinanderfolgenden Krankheitsepisoden (N = 10)

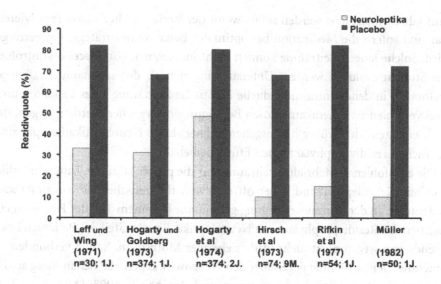

Abb. 2. Rezidivbehandlung mit Neuroleptika (Möller, 1990)

Aus zahlreichen kontrollierten Therapiestudien ist bekannt, dass das Risiko der Rezidive schizophrener Psychosen durch eine prophylaktische Langzeitbehandlung mit Neuroleptika erheblich reduziert werden kann (Möller, 1990; 2000a). Angesichts der großen Anzahl von Studien kann die Rezidivprophylaxe schizophrener Psychosen als sehr gut gesichertes Therapieprinzip angesehen werden. Die meisten Plazebo-kontrollierten Studien zur neuroleptischen Rezidivprophylaxe mit oralen Neuroleptika wurden im Zeitraum von 1970 bis 1985 durchgeführt (Abb. 2). Sie beziehen sich auf einen Zeitraum von maximal zwei Jahren, da eine darüber hinausgehende Behandlungsdauer unter Placebobedingungen aus verschiedenen Gründen schwer zu verwirklichen ist. Aus mehreren einfachen oder Placebo-kontrollierten Absetzstudien ergibt sich, dass nach einer neuroleptischen Langzeitmedikation von bis zu zwei Jahren, in einer Studie sogar drei Jahren ein erhebliches Rezidivrisiko weiter besteht, das durch Fortführung der neuroleptischen Rezidivprophylaxe erheblich verringert werden kann. Wegen des langen Untersuchungszeitraumes sei hier die Untersuchung von Cheung (1981) erwähnt. Er fand bei Patienten, die drei bis fünf Jahre lang erfolgreich neuroleptisch rezidivprophylaktisch behandelt wurden, nach Absetzen auf Plazebo, dass 62% in den darauf folgenden Jahren Rezidive erlitten, während die weiter mit Neuroleptika behandelten Patienten nur zu 13% Rezidive hatten.

Aus diesen Untersuchungen lässt sich insgesamt ableiten, dass die neuroleptische Rezidivprophylaxe in der Regel wenigstens über einen Zeitraum von mindestens fünf Jahren fortgesetzt werden sollte, wenn der Verlauf bisher schon rezidivierend war und sofern die Medikation bei optimaler Behandlungsstrategie gut vertragen wird. Solche langen Zeiträume können nicht im Rahmen von Placebo-kontrollierten Studien evaluiert werden. Untersuchungen nach der sogenannten „Spiegelmethode", in denen intra-individuelle identische Zeiträume eines Patienten unter zwei verschiedenen medikamentösen Bedingungen verglichen werden, zeigen, dass auch eine zeitlich darüber hinausgehende langjährige Neuroleptikatherapie einen deutlichen rezidivprophylaktischen Effekt beibehält.

Die empfohlenen Mehrjahreszeiträume für die prophylaktische Langzeitmedikation mit Neuroleptika sind leider oft eher von theoretischer als von praktischer Bedeutung. In der Routineversorgung gelingt nur bei einem Teil der Patienten eine mehrjährige Rezidivprophylaxe mit Neuroleptika. Ein Großteil der Patienten bricht irgendwann wegen nicht mehr fortbestehender Motivation, häufig verbunden mit zunehmender Sensibilität gegenüber den Nebenwirkungen, die Behandlung ab. Das Problem der Non-Compliance (Cramer und Rosenheck, 1998; Oehl et al, 2000) (Abb. 3) wurde bereits im Rahmen der frühen Kontrollgruppenstudien zur Evaluation der Rezidivprophylaxe mit oralen Neuroleptika beschrieben. Hogarty et al (1974) wiesen darauf hin, dass ca. 50% der Patienten die Medikamente vorzeitig abgesetzt hatten. Was im Rahmen der Kontrollgruppenstudien beobachtet wurde, gilt sicherlich in noch größerem Ausmaße für die Routinebehandlung. Allerdings hängt die Compliance davon ab, mit welchem Nachdruck der behandelnde Arzt die Notwendigkeit der langdauernden neuroleptischen Rezidivprophylaxe vertritt, was angesichts der gravierenden Konsequenzen der Erkrankung unbedingt erforderlich

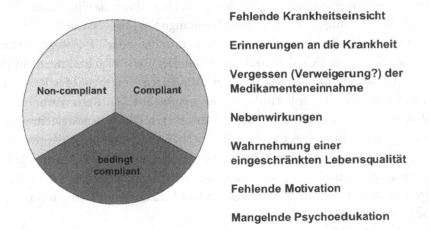

Abb. 3. Behandlungsabbruch tritt bei vielen Patienten mit Schizophrenie auf (Oehl et al, 2000)

ist. Die Bedeutung einer umfangreichen Patienten- und Angehörigeninformation auf individueller Basis oder in Psychoedukationsgruppen kann nicht nachdrücklich genug betont werden, nachdem mehrere empirische Untersuchungen zur Psychoedukation positive Ergebnisse u.a. im Hinblick auf Compliance gezeigt haben (Bäuml et al, 1991; Buchkremer et al, 1995).

Die Non-Compliance im Rahmen der neuroleptischen Rezidivprophylaxe hing in Zeiten der Verwendung klassischer Neuroleptika natürlich u.a. mit den unerwünschten Begleitwirkungen der Neuroleptika zusammen, insbesondere mit extrapyramidal-motorischen Nebenwirkungen. Wegen dieser Nebenwirkungen, insbesondere wegen der Gefahr von Dyskinesien unter der Langzeitbehandlung mit Neuroleptika wurden anstelle der kontinuierlichen Langzeitbehandlung mit der „neuroleptischen Standarddosierung" alternative Behandlungsstrategien erprobt: die Niedrigdosierungsstrategie und die Frühinterventionsstrategie. Bei der Niedrigdosierungsstrategie wurden für die rezidivprophylaktische Langzeitbehandlung bis zu einem Zehntel unter der sogenannten Standarddosierung liegende Neuroleptikadosierungen angewandt. Die meisten diesbezüglichen Untersuchungen zeigen, dass insbesondere eine zu stark reduzierte Neuroleptikadosis nicht mehr ausreichenden rezidivprophylaktischen Schutz bietet (Marder et al, 1987). Bei der Frühinterventionsstrategie wird nach Abklingen der akuten Psychose die Neuroleptikatherapie langsam ausschleichend abgesetzt. Erst bei Auftreten sogenannter Frühwarnsymptome für ein Rezidiv – wie z.B. Nervosität, Unruhe, Schlafstörungen, diskrete Realitätsverkennung u.a. – wird eine neuroleptische Medikation wieder angesetzt. Die diesbezüglichen Therapiestudien zeigen, dass mit diesem therapeutischen Ansatz kein ausreichender rezidivprophylaktischer Schutz garantiert werden kann (Gaebel, 1995; Jolley et al, 1990). Wenn auch die hier dargestellten Alternativstrategien zur traditionellen kontinuierlichen Langzeitbehandlung, insbesondere die Niedrigdosierungsstrategie, gewisse Verträglichkeitsvorteile zeigten, so sind sie unter Wirksamkeitsgesichtspunkten kritisch zu sehen und haben insbesondere in Zeiten der atypischen Neuroleptika praktisch kaum noch Bedeutung.

Es wurde versucht, die Non-Compliance-Raten im Rahmen der oralen Langzeitbehandlung mit klassischen Neuroleptika durch die Anwendung von Depot-Neuroleptika zu verbessern. Depot-Neuroleptika können zwar nicht prinzipiell verhindern, dass ein Patient die ärztliche Betreuung und damit die neuroleptische Medikation abbricht. Zumindest aber bei solchen Patienten, die in der ärztlichen Betreuung bleiben, ist eine bessere Compliance durch die Depot-Neuroleptika garantiert. Damit sind theoretisch auch bessere Therapieresultate hinsichtlich der Rezidivprophylaxe zu erwarten. Die Ergebnisse kontrollierter Studien, in denen eine Depot-Neuroleptikabehandlung mit einer oralen Neuroleptikabehandlung verglichen wurde, weisen allerdings nicht immer in diese Richtung (Möller, 1990). Die Ergebnisse dieser kontrollierten Studien sollten aber kritisch betrachtet werden unter dem Aspekt, dass bei diesen, unter wissenschaftlichen Rahmenbedingungen durchgeführten Studien der Vorteil der Depot-Neuroleptika nicht so zum Tragen kommt, da die Compliance bei der oralen Behandlung durch die relativ aufwändige Studienbetreuung besser garantiert werden kann, als in der alltäglichen Standardversorgung. Meta-analytische Auswertungen der Ergebnisse von Vergleichsstudien zwischen Depot-Neuroleptika und oralen Neuroleptika konnten den Vorteil der Depot-Behandlung hinsichtlich der Rezidivprophylaxe (Davis et al, 1994) belegen. Neben den Wirksamkeitsaspekten sind noch zwei pharmakokinetische Vorteile der Depot-Neuroleptika zu nennen. Man führt bei der Behandlung mit Depot-Neuroleptika weniger Substanz zu und erreicht trotzdem die gleichen Serumspiegel wie mit den deutlich höher dosierten oralen Neuroleptika. Die Depot-Neuroleptikabehandlung führt obendrein zu stabileren Plasmaspiegeln als die orale Behandlung, was möglicherweise nicht nur von therapeutischem Interesse ist, sondern auch Relevanz für die Nebenwirkungen haben könnte. Es wurde die Hypothese aufgestellt, dass Spätdyskinesien mit einer Instabilität der Plasmaspiegel über lange Zeiträume zusammenhängen (Möller et al, 1989).

Orale Rezidivprophylaxe mit atypischen Neuroleptika

Die atypischen Neuroleptika lassen eindeutige Vorteile erwarten, insbesondere bzgl der extrapyramidal-motorischen Nebenwirkungen (Möller, 2000a, b; 2003a). Auch das breitere klinische Wirkungsspektrum von atypischen Neuroleptika, u.a. hinsichtlich Negativsymptomatik (Möller und Kasper, 2003), depressiver Symptomatik (Möller, 2003b) und damit zusammenhängender Suizidalität (Meltzer et al, 2003) ist sicher von Vorteil. Inzwischen wurden mehrere Langzeitstudien zur Erhaltungstherapie bzw. zur Rezidivprophylaxe mit atypischen Neuroleptika durchgeführt, die insgesamt die Vorteile der oralen Rezidivprophylaxe mit atypischen Neuroleptika im Vergleich zur oralen Rezidivprophylaxe mit klassischen Neuroleptika bestätigen. Eine Zusammenstellung aller diesbezüglichen Studien sowie die meta-analytische Würdigung der Hauptresultate findet sich bei Leucht et al (2003). Allerdings kann die orale Gabe atypischer Neuroleptika die Compliance-Probleme offensichtlich nur begrenzt verbessern.

Als Beispiel soll nachfolgend zuerst über die Ergebnisse einer offenen Langzeitstudie mit Risperidon bei 386 Patienten berichtet werden (Möller et al, 1998). Die multizentrische Studie wurde durchgeführt, um die Wirksamkeit und Verträglichkeit von Risperidon bei schizophrenen Patienten zu evaluieren. 386 Patienten auf

70 Zentren in 11 Ländern verteilt bekamen Risperidon in der zu Beginn der Studie noch üblichen, aus heutiger Sicht relativ hohen Dosierung (2 bis 16 mg/Tag) über bis zu 57 Wochen. Die durchschnittliche tägliche Risperidondosierung betrug am Ende der Studie 8,6 ± 4,4 mg. 247 klinisch stabilisierte Patienten wurden über mindestens ein Jahr behandelt. Alle außer 48 Patienten waren vor Aufnahme in die Studie mit Antipsychotika behandelt worden. Die Mittelwerte der Positiv- und Negativ-Syndrom-Skala (PANSS) wurden signifikant von 76,7 bei Beginn auf 67,4 am Ende (p < 0,001) reduziert (Abb. 4). Am Ende der Studie wurden 64% der Patienten auf der CGI als gebessert eingestuft. Nach der in der Studie eingesetzten Definition von Remission und Rezidiv rezidivierten nur 14% aller zu Studienbeginn remittierten Patienten (144) während der Studie. Die Drop-out-Gründe scheinen besonders wichtig. Nur etwa 18% der Patienten beendigten die Studie wegen unzureichender Response. Noch beeindruckender ist die niedrige Drop-out-Quote aufgrund von Nebenwirkungen (nur 6,5%) und speziell die extrem niedrige Drop-out-Quote wegen extrapyramidaler Nebenwirkungen (1,9%). Letzteres ist wahrscheinlich die wichtigste Botschaft dieser offenen Studie.

Das in dieser offenen Studie Gezeigte wurde im Wesentlichen bestätigt in der kürzlich publizierten doppelblinden 1-Jahres-Studie, in der Risperidon mit Haloperidol verglichen wurde (Csernansky et al, 2002). In diese Studie wurden 397 Patienten

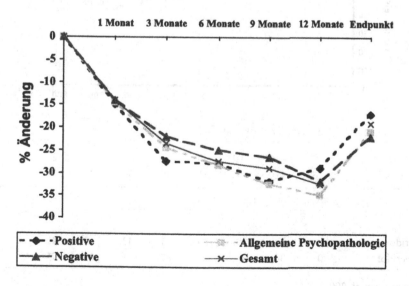

Abb. 4. Prozentualänderung Gesamt- und Subskala-Scores auf der PANSS während einer 12-monatigen Behandlung mit Risperidon sowie am Endpunkt (die Änderung zum Ausgangswert war zu jedem Zeitpunkt signifikant [p < 0,001]) (Möller et al, 1998)

mit der DSM-Diagnose einer schizophrenen oder schizoaffektiven Psychose eingeschlossen, die bereits mindestens über 30 Tage mit Neuroleptika behandelt worden
waren und klinisch stabilisiert waren. Die Patienten wurden nach klinischer Stabilisierung randomisiert den beiden Behandlungsgruppen zugeordnet. Für Risperidon
wurde eine tägliche Dosis von 2–8 mg zugelassen, für Haloperidol eine tägliche Dosis
von 5–20 mg. Im Rahmen dieses Dosierungsbereiches konnten die Untersucher die
Dosierung nach den klinischen Erfordernissen bzgl. Wirksamkeit und Verträglichkeit anpassen. Die Daten von 365 Patienten konnten in die Auswertung einbezogen
werden. Über den ganzen Zeitraum gemittelt bekamen die Patienten durchschnittlich 4,9 ± 1,9 mg Risperidon oder 11,7 ± 5,0 mg Haloperidol als tägliche Dosis.

   Am Ende der Studie erlitten 25,4% der Patienten aus der Risperidon-Gruppe (45
von 177) und 39,9% der Patienten aus der Haloperidol-Gruppe (75 von 188) einen
Rückfall (Abb. 5). Die Kaplan-Meier-Schätzung des Rezidivrisikos betrug 34% in
der Risperidon-Gruppe und 60% in der Haloperidol-Gruppe (p < 0,001).

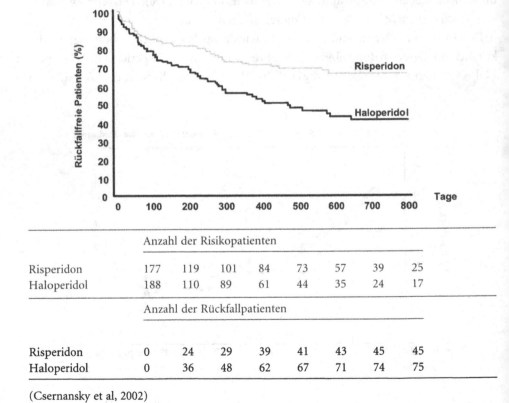

Anzahl der Risikopatienten							
Risperidon	177	119	101	84	73	57	39	25
Haloperidol	188	110	89	61	44	35	24	17

Anzahl der Rückfallpatienten							
Risperidon	0	24	29	39	41	43	45	45
Haloperidol	0	36	48	62	67	71	74	75

(Csernansky et al, 2002)

Abb. 5. Kaplan-Meier-Analyse der Rückfallzeit bei Patienten, die Risperidon bzw. Haloperidol
erhielten

Die Kaplan-Meier-Schätzung für Rezidivraten war ähnlich für Patienten mit Schizophrenie (34% für die Risperidon-Gruppe und 59% für die Haloperidol-Gruppe) und für Patienten mit schizoaffektiven Erkrankungen (34% bzw. 62%). Die Rezidiv-Subtypen waren in beiden Gruppen ähnlich: psychiatrische Hospitalisation bei 44% bzw. 48% der Rezidive, substanzielle klinische Verschlechterung bei 36% bzw. 29%, Anstieg der Betreuungsintensivität bei 18% bzw. 19% und Suizid- oder Mordgedanken bei 2% bzw. 4%.

Vor der Studie erhielten 25% der Patienten Risperidon, 27% Haloperidol und 48% andere konventionelle antipsychotische Medikationen. Um den Effekt des Behandlungswechsels durch die randomisierte Zuweisung einer anderen Medikation bei diesen stabilen ambulanten Patienten zu bewerten, wurden Patienten mit der neuen Behandlung verglichen mit Patienten, deren Therapie unverändert blieb. Der Behandlungswechsel hatte keinen Effekt auf die geschätzte Rezidivrate am Ende der Studie; 29% der Patienten, die von Haloperidol auf Risperidon wechselten rezidivierten, im Vergleich zu 60% der Patienten, die von Risperidon auf Haloperidol wechselten. 28% der Patienten, die die Risperidoneinnahme fortsetzten rezidivierten, verglichen mit 60% bei Haloperidolweitereinnahme.

Die Gesamtreduktion der Symptomatik, u.a. gemessen mit der PANSS, war in dieser Studie geringer als in vorangegangenen Studien an Patienten mit akuter Exazerbation einer Schizophrenie berichtet wurde, und entsprach dem, was man bei

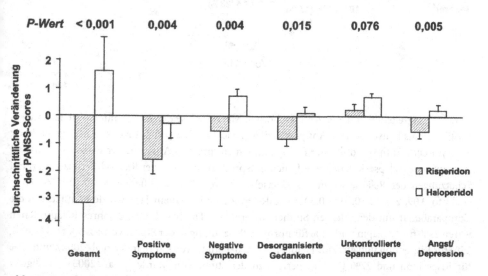

Abb. 6. Durchschnittliche (± SE) Veränderungen ab Baseline am Studienende im Gesamt- und Faktorenscore auf der Positiv- und Negativ-Syndrom-Skala (PANSS) für Schizophrenie bei Patienten, die Risperidon oder Haloperidol erhielten (Csernansky et al, 2002)

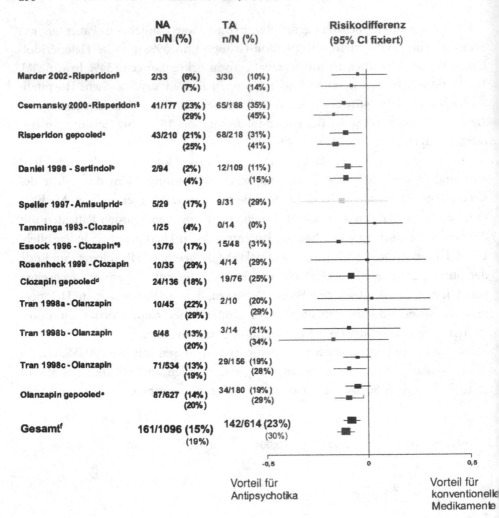

	NA n/N (%)		TA n/N (%)		Risikodifferenz (95% CI fixiert)
Marder 2002 - Risperidon[g]	2/33	(6%) (7%)	3/30	(10%) (14%)	
Csernansky 2000 - Risperidon[g]	41/177	(23%) (29%)	65/188	(35%) (45%)	
Risperidon gepooled[a]	43/210	(21%) (25%)	68/218	(31%) (41%)	
Daniel 1998 - Sertindol[b]	2/94	(2%) (4%)	12/109	(11%) (15%)	
Speller 1997 - Amisulprid[c]	5/29	(17%)	9/31	(29%)	
Tamminga 1993 - Clozapin	1/25	(4%)	0/14	(0%)	
Essock 1996 - Clozapin[e,g]	13/76	(17%)	15/48	(31%)	
Rosenheck 1999 - Clozapin	10/35	(29%)	4/14	(29%)	
Clozapin gepooled[d]	24/136	(18%)	19/76	(25%)	
Tran 1998a - Olanzapin	10/45	(22%) (29%)	2/10	(20%) (29%)	
Tran 1998b - Olanzapin	6/48	(13%) (20%)	3/14	(21%) (34%)	
Tran 1998c - Olanzapin	71/534	(13%) (19%)	29/156	(19%) (28%)	
Olanzapin gepooled[e]	87/627	(14%) (20%)	34/180	(19%) (29%)	
Gesamt[f]	**161/1096 (15%)** (19%)		**142/614 (23%)** (30%)		

-0,5   0   0,5

Vorteil für
Antipsychotika

Vorteil für
konventionelle
Medikamente

Abb. 7. Langzeitstudien neuer Antipsychotika. Meta-Analyse der Rezidivraten – neue Antipsychotika versus konventionelle Antipsychotika (Leucht et al, 2003) *NA* Neues Antipsychotikum; *TA* Typisches Antipsychotikum. [a] Farbige Linien entsprechen Analysen der Risikodifferenz basiert auf rohe Relapse-Raten; graue Linien entsprechen Analysen der Risikodifferenz basiert auf Schätzungen der Relapse-Raten aus Überlebenskurven. [b] Risikodifferenz = −0.12, 95% CI = −0.33 to 0.09, z = −1.10, p = 0.30. [c] Die Relapse-Rate bei einem Jahr wurde benutzt, um die Comparabilität mit den anderen Studien zu erhöhen. Die berichteten 2-Jahres-Relapse-Raten waren 23% für Clozapin und 41% für normale Behandlung in der Studie von Essock et al (1996), 25% für Risperidon und 40% für Haloperidol in der Studie von Csernansky et al (2002), und 12% für Risperidon und 27% für Haloperidol in der Studie von Marder et al (2003). [d] Lediglich Schätzungen der Relapse-Raten aus Überlebenskurven standen zur Verfügung. [e] Heterogeneität: $\chi^2 = 4.24$, df = 2, p = 0.12; Risikodifferenz = −0.08, 95% CI = −0.19 bis 0.04, z = −1.35, p = 0.18. [f] Für rohe Relapse-Raten, Heterogeneität: $\chi^2 = 0.38$, df = 2, p = 0.83; Risikodifferenz = −0.05, 95%

Tab. 1. Risperidone versus Haloperidol für die Relapse-Vorbeugung in Patienten mit Schizophrenie (nach Csernansky et al, 2002)

	Risperdal (n = 173)	Haloperidol (n = 187)	p
ESRS gesamt (Veränderung vom Ausgangspunkt)	↓ – 1,0 ± 0,4	≈ 0,3 ± 0,4	0,02
Neues Einsetzen von TD	0,6%	2,7%	
Antiparkinson-Medikamente ≥ 30 Tage	9%	17,6%	0,02

ESRS Extrapyramidal Symptoms Rating Scale

Patienten mit stabiler Erkrankung erwarten kann. Signifikante Unterschiede zwischen Patienten, die der Risperidon- und jenen, die der Haloperidol-Gruppe zugeordnet waren, wurden im Gesamtscore der PANSS und an vier der fünf Faktorenscores bei der Untersuchung am Ende der Behandlung gezeigt (Abb. 6). In der Risperidon-Gruppe finden sind Besserungen u.a. im Gesamtscore und im Positiv- und im Negativscore. In der Haloperidol-Gruppe besserten sich die Symptome nicht signifikant.

Die Schwere der extrapyramidalen Symptome reduzierte sich im Verlauf der Behandlung in der Risperidon-Gruppe und nahm zu in der Haloperidol-Gruppe (Tab. 1). Antiparkinsonmedikamente wurden (an 30 aufeinander folgenden Tagen) doppelt so vielen Patienten verordnet, die mit Haloperidol behandelt wurden (33 von 188 [17,6%]) als Patienten, die Risperidon bekamen (16 von 177 [9,0%], p = 0,02). Ein Neuauftreten von tardiver Dyskinesie wurde von einem Patienten der Risperidon-Gruppe (0,6%) und von fünf in der Haloperidol-Gruppe berichtet (2,7%).

CI = –0.11 bis 0.01, z = –1.59, p = 0.11. Für Schätzungen der Überlebenskurven, Heterogeneität: χ^2 = 0.57, df = 2, p = 0.75; Risikodifferenz = –0.09, 95% CI = –0.16 bis –0.02, z = –2.43, p = 0.01. [g] Für rohe Relapse-Raten, Heterogeneität: χ^2 = 0.91, df = 1, p = 0.34; Risikodifferenz = –0.10, 95% CI = –0.18 bis –0.02; z = –2.49, p = 0.01. Für Schätzungen der Überlebenskurven, Heterogeneität: χ^2 = 1.16, df = 1, p = 0.28; Risikodifferenz = –0.15, 95% CI = –0.24 bis –0.06, z = –3.43, p = 0.0006. [h] Für rohe Relapse-Raten, Risikodifferenz = –0.09, 95% CI = –0.15 bis –0.02, z = –2.65, p = 0.008. Für Schätzungen der Überlebenskurven, Risikodifferenz = –0.10, 95% CI = –0.18 bis –0.03, z = –2.62, p = 0.009. [i] Für rohe Relapse-Raten, Heterogeneität: χ^2 = 6.43, df = 9, p = 0.70; Risikodifferenz = –0.08, 95% CI = –0.12 bis –0.04, z = –3.87, p = 0.0001. Für Schätzungen der Überlebenskurven, Heterogeneität: χ^2 = 8.35, df = 9, p = 0.50; Risikodifferenz = –0.11, 95% CI = –0.15 bis–0.07, z = –4.96, p < 0.00001

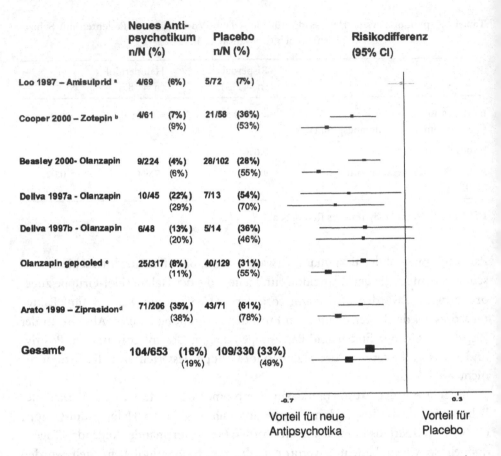

	Neues Anti-psychotikum n/N (%)	Placebo n/N (%)	Risikodifferenz (95% CI)
Loo 1997 – Amisulprid [a]	4/69 (6%)	5/72 (7%)	
Cooper 2000 – Zotepin [b]	4/61 (7%) (9%)	21/58 (36%) (53%)	
Beasley 2000- Olanzapin	9/224 (4%) (6%)	28/102 (28%) (55%)	
Dellva 1997a - Olanzapin	10/45 (22%) (29%)	7/13 (54%) (70%)	
Dellva 1997b - Olanzapin	6/48 (13%) (20%)	5/14 (36%) (46%)	
Olanzapin gepooled [c]	25/317 (8%) (11%)	40/129 (31%) (55%)	
Arato 1999 – Ziprasidon [d]	71/206 (35%) (38%)	43/71 (61%) (78%)	
Gesamt [e]	104/653 (16%) (19%)	109/330 (33%) (49%)	

-0.7   0.3

Vorteil für neue   Vorteil für
Antipsychotika   Placebo

Abb. 8. Langzeitstudien neuer Antipsychotika. Meta-Analyse der Rezidivraten – neue Antipsychotika versus Plazebo (Leucht et al, 2003). [a] Farbige Linien entsprechen Analysen der Risikodifferenz basiert auf rohe Relapse-Raten; graue Linien entsprechen Analysen der Risikodifferenz basiert auf Schätzungen der Relapse-Raten aus Überlebenskurven. [b] Risikodifferenz = –0.01, 95% CI = –0.09 to 0.07, z = –0.28, p = 0.80. [c] Für rohe Relapse-Raten, Heterogeneität: χ^2 = 0.28, df = 2, p = 0.87; Risikodifferenz = –0.24, 95% CI = –0.33 bis –0.16, z = –5.72, p < 0.00001. Für Schätzungen der Überlebenskurven, Heterogeneität: χ^2 = 2.96, df = 2, p = 0.23; Risikodifferenz = –0.45, 95% CI = –0.55 bis –0.36, z = –9.87, p < 0.00001. [d] Für rohe Relapse-Raten, Risikodifferenz = –0.26, CI = –0.39 bis –0.13, z = –3.91, p = 0.00009. Für Schätzungen der Überlebenskurven, Risikodifferenz = –0.39, 95% CI = –0.51 bis –0.27, z = –6.51, p < 0.00001. [e] Für rohe Relapse-Raten, Risikodifferenz = –0.30, 95% CI = –0.43 bis –0.16, z = –4.20, p = 0.00003. Für Schätzungen der Überlebenskurven, Risikodifferenz = –0.45, 95% CI = –0.60 bis –0.31, z = –6.09, p < 0.00001. [f] Für rohe Relapse-Raten, Heterogeneität: χ^2 = 27.15, df = 5, p = 0.0001; Risikodifferenz = –0.21, 95% CI = –0.34 bis –0.08, z = –3.21, p = 0.001. Für Schätzungen der Überlebenskurven, Heterogeneität: χ^2 = 82.42, df = 5, p < 0.00001; Risikodifferenz = –0.33, 95% CI = –0.55 bis –0.11, z = –2.92, p = 0.003

Die durchschnittliche Gewichtszunahme betrug bei Patienten der Risperidon-Gruppe 2,3 kg – ähnlich der Zunahme, wie sie in Kurzzeitstudien beobachtet wurde. Bei Patienten der Haloperidol-Gruppe betrug sie 0,73 kg und war somit signifikant geringer (p < 0,001). Gewichtszunahme als unerwünschte Begleitwirkung von Risperidon ist auch von anderen atypischen Neuroleptika in zum teil noch stärkerem Ausmaß bekannt.

Im Gegensatz zur plausiblen Vermutung, dass die therapeutischen Vorteile von Risperidon z.T. durch eine bessere Compliance für das atypischen Neuroleptikum bedingt sei (Fenton et al, 1997), ergab sich, dass die Compliance in den beiden Behandlungsgruppen ähnlich war. Die längere Behandlungsdauer mit Risperidon im Vergleich zu Haloperidol scheint das Resultat geringerer Rezidivraten bei diesen Patienten zu sein, während die Raten für andere Abbruchgründe in beiden Behandlungsgruppen ähnlich waren. Eine Analyse des Rezidivzeitpunktes (Abb. 5) legte nahe, dass die Vorteile von Risperidon gegenüber Haloperidol früher auftraten und sich während der Studie progressiv vergrößerten. Es sollte daher der vollständige klinische Nutzen einer antipsychotischen Behandlung über einen ausgedehnten Zeitraum beurteilt werden.

Die hier für das atypische Neuroleptikum Risperidon berichteten positiven günstigeren Ergebnisse im Vergleich zu Haloperidol, insbesondere im Hinblick auf den rezidivprophylaktischen Effekt, zeigen sich auch in anderen Langzeitmedikationsvergleichsstudien von atypischen Neuroleptika vs. Haloperidol. Da auf diese Studien aus Platzgründen hier nicht eingegangen werden kann, wird das diesbezügliche Ergebnis der statistischen Meta-Analyse von Leucht et al (2003) zur Orientierung über die Gesamtsituation in Abb. 7 dargestellt. Aus der Meta-Analyse Placebo-kontrollierter Studien zu atypischen Neuroleptika lässt sich der rezidivprophylaktische Effekt gegenüber Placebo eindeutig darstellen, wenn auch die Durchschnittsdifferenz nicht so groß ist wie aus den Studien der klassischen Neuroleptika bekannt. Dies ist aber dadurch bedingt, dass ein Teil der Studien nur Sechsmonatsstudien (Abb. 8) sind. Beim Vergleich der einzelnen Langzeitstudien ist der jeweilige Designtyp zu berücksichtigen: ein Großteil der Studien sind Maintenance-Studien, bei denen Responder einer vorhergehenden Akuttherapie-Studie in dem jeweiligen Behandlungsarm weiter behandelt wurden; nur wenige Studien sind Rezidivprophylaxestudien im engeren Sinne, in denen unter Neuroleptikatherapie teil-/vollremittierte Patienten für die Langzeittherapie randomisiert wurden auf zwei Therapiearme (wie z.B. die Risperidon-/Haloperidol-Vergleichsstudie) (Dellva et al, 1997; Möller et al, 1998).

Die positiven Ergebnisse der atypischen Neuroleptika in der Langzeittherapie lassen sich auch aus einer naturalistischen Studie ableiten (Rabinowitz et al, 2001).

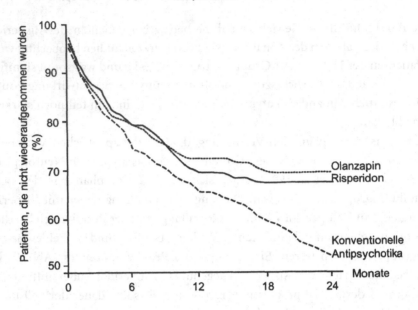

Abb. 9. Zeit bis zur Rehospitalisation von Patienten mit Schizophrenie, die bei Entlassung mit
Risperidon, Olanzapin oder konventionellen Antipsychotika behandelt wurden
(Rabinowitz et al, 2001)

Unter Verwendung des israelischen nationalen psychiatrischen Hospitalisationsfall-
registers wurde für Patienten, die im Jahr 1998 unter verschiedenen Neuroleptika
aus stationärer Behandlung entlassen wurden, die Zeit bis zur stationären Wieder-
aufnahme über zwei Jahre berechnet. In diese Studie konnten 268 mit Risperidon,
313 mit Olanzapin und 458 mit klassischen Neuroleptika behandelte Patienten
eingeschlossen werden. Die Wiederaufnahmerate nach 24 Monaten war unterschiedlich, und zwar deutlich günstiger für die mit atypischen Neuroleptika behandelten Patienten (Abb. 9).

Erste Erfahrungen mit einem atypischen Depot-Neuroleptikum

Inzwischen wurde mit Risperdal Consta® das erste atypische Depot-Präparat auf
den Markt gebracht. Es handelt sich bei dieser Langzeitformulierung von Risperidon, nicht um das klassische Prinzip der Veresterung mit langkettigen Fettsäuren,
die dann in öliger Lösung intramuskulär injiziert werden, sondern um ein neues
galenisches Prinzip: die Einbindung in „Microspheres" (Abb. 10).

Mit diesem Depot-Präparat soll einerseits eine weitergehende Verbesserung der
Compliance erreicht werden, andererseits auch Wünschen von Patienten entspro-

chen werden, die aus verschiedenen Beweggründen, wie zum Beispiel nicht täglich an die Medikation denken müssen, nicht täglich an die Krankheit erinnert werden etc. einer Langzeitapplikation in großen Abständen gegenüber der täglichen Einnahme den Vorzug geben. Schlussendlich sei in diesem Kontext auch auf die pharmakokinetischen Vorteile einer Depot-Medikation (bessere Verfügbarkeit und dadurch bedingte Einspareffekte) hingewiesen. Risperdal Consta® wird in 14-tägigem Abstand intramuskulär gespritzt. Zwei Phase-III-Studien, eine gegen Plazebo und eine gegen orales Risperidon belegen, dass die antipsychotische/rezidivprophylaktische Wirksamkeit unter diesen Bedingungen gegeben ist.

In der Studie von Kane et al (2003) wurde die langwirksame intramuskuläre Risperidon-„Microspheres"-Formulierung an 370 Patienten mit Schizophrenie in einer 14-tägigen, randomisierten doppelblinden Studie untersucht. In einer einwöchigen „run in"-Phase wurden die vorher verabreichten Antipsychotika ausgeschlichen und die Patienten erhielten oral bis zu 4 mg Risperidon täglich. Dann bekamen die Patienten während 12 Wochen doppelblinder Behandlung Injektionen von Plazebo oder 25, 50 oder 75 mg Risperdal Consta® alle zwei Wochen. Die Gabe von oralem Risperidon wurde in den ersten drei Wochen fortgesetzt, um zunächst noch einen adäquaten Risperidon-Plasmaspiegel über die orale Medikation sicherzustellen. Die Verbesserungen im PANSS-Gesamtscore waren erwartungsgemäß signifikant größer in der Patientengruppe, die Risperdal Consta® erhielt als in der Placebo-Gruppe (p < 0,002 für alle Dosierungen). Die Verbesserungen ab Baseline auf der Positiv- und Negativ-Syndrom-Skala (PANSS) waren signifikant in allen Risperidon-Gruppen (p < 0,05). Besserungen von mehr als 20% im PANSS-Score am

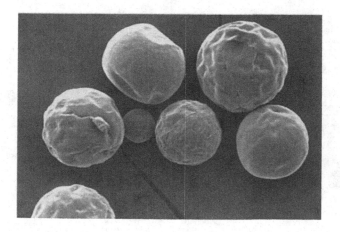

Abb. 10. Risperidon-Microspheres (Risperdal Consta®). Durchmesser: 25–150 µm

Endpunkt zeigten sich bei 47, 48 und 39% der drei Risperidon-Gruppen und bei 17% der Plazebo-Gruppe (p ≤ 0,001 für alle Dosierungen) (Abb. 11). Es zeigte sich kein zusätzlicher Vorteil von langwirksamen Risperidon bei einer Dosierung über 50 mg. Durchschnittlich über 80% der Patienten berichteten, dass sie keine Injektionsschmerzen mit dieser neuen Formulierung hatten. Die sonstige Verträglichkeit entsprach der der oralen Risperidonbehandlung. So lag in der 25 mg Risperidon-Gruppe das Ausmaß extrapyramidal-motorischer Symptomatik auf dem Niveau der Placebo-Gruppe.

Chue et al (2002) führten eine doppelblinde, Placebo-kontrollierten Studie von Risperdal Consta®, und oral verabreichtem Risperidon an 640 Patienten durch (Abb. 12). Während der achtwöchigen „run in"-Phase wurden in den ersten beiden Wochen die zuvor verabreichten Antipsychotika ausschleichend abgesetzt und die Behandlung mit oralem Risperidon begonnen. Während der Wochen 3 und 4 bekamen die Patienten flexible orale Dosierungen von Risperidon (2, 4 oder 6 mg täglich), gefolgt von einer stabilen Dosis während der Wochen 5 bis 8. Am Ende der „run in"-Phase wurden die Patienten randomisiert, um die Behandlung mit Risperdal Consta® während der Wochen 9–20 (aktives Medikament als Injektionen, orales Placebo) oder Risperidon oral (Placeboinjektion, aktives Medikament oral verabreicht) fortzusetzen. Die Dosierung, die während der Wochen 5 bis 8 stabil erreicht wurde, legte die Dosis für die Wochen 9–20 fest. Bezogen auf non-Inferioritätsanalysen war der durchschnittliche Unterschied in PANSS-Score-Veränderungen

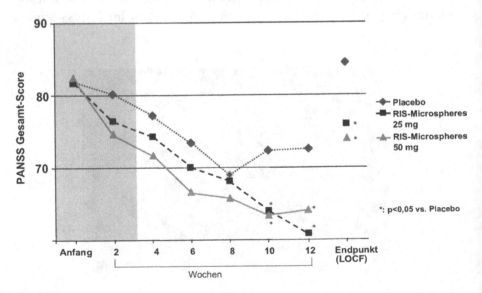

Abb. 11. Risperidon-„Microspheres" versus Placebo. PANNS-Gesamtscore (Kane et al, 2003b)

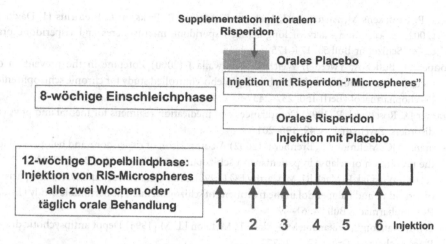

Abb. 12. Risperidon-„Microspheres" versus orales Risperidon (Chue P et al, 2002)

gering und das obere Limit des Konfidenzintervalls (KI) wesentlich geringer als das festgesetzte Limit von sechs Punkten (Durchschnitt 0,9; KI, –0,90 bis 2,87). Es wurde von keinen unerwarteten Nebenwirkungen während der Verabreichung von langwirksamen Risperidon berichtet; 4,7% der Patienten mit oraler Verabreichung und 5,6% der Patienten, die langwirksames Risperidon erhielten, brachen die Studie aufgrund von Nebenwirkungen ab. Mehr als 95% der Patienten berichteten von keinem oder geringem Injektionsschmerz.

In einer offenen Ein-Jahres-Studie an 725 Patienten (Eerdekens et al, 2002), konnte gezeigt werden, dass der Therapieansatz mit Risperdal Consta® unter Langzeitbedingungen praktikabel ist und zu günstigen Therapie- und Verträglichkeitsresultaten führt.

Literatur

Arato M, O'Connor R, Meltzer H, Zeus study group (2002) Ziprasidone in the long-term treatment of negative symptoms and the prevention of exacerbation of schizophrenia. Int Clin Psychopharmacol 17: 207–215

Bäuml J, Kissling W, Meurer C, Wais A, Lauter H (1991) Informationszentrierte Angehörigengruppe zur Complianceverbesserung bei schizophrenen Patienten. Psychiatr Prax 18: 48–54

Beasley C, Hamilton S, Dossenbach M (2000) Relapse prevention with olanzapine. Eur Neuropsychopharmacol 10: 304

Buchkremer G, Schulze-Mönking H, Holle R, Hornung WP (1995) The impact of therapeutic relatives' groups on the course of illness of schizophrenic patients. Eur Psychiat 10: 17–27

Cheung HK (1981) Schizophrenics fully remitted on neuroleptics for 3–5 years – to stop or continue drugs. Br J Psychiatry 138: 490–494

Chue P, Eerdekens M, Augustyns I, Lachaux B, Molcan P, Eriksson L, Pretorius H, David A (2002) Efficacy and safety of long-acting risperidone microspheres and risperidone oral tables. Schizophr Bull 53: 174–175

Cooper SJ, Butler A, Tweed J, Welch C, Raniwalla J (2000) Zotepine in the prevention of recurrence: a randomised, double-blind, placebo-controlled study for chronic schizophrenia. Psychopharmacol (Berl) 150: 237–243

Cramer JA, Rosenheck R (1998) Compliance with medication regimens for mental and physical disorders. Psychiatr Serv 49: 196–201

Csernansky JG, Mahmoud R, Brenner R (2002) A comparison of risperidone and haloperidol for the prevention of relapse in patients with schizophrenia. N Engl J Med 346: 16–22

Daniel DG, Wozniak P, Mack RJ, McCarthy BG (1998) Long-term efficacy and safety comparison of sertindole and haloperidol in the treatment of schizophrenia. The Sertindole Study Group. Psychopharmacol Bull 34: 61–69

Davis JM, Matalon L, Watanabe MD, Blake L, Metalon LL-M (1994) Depot antipsychotic drugs. Place in therapy. Drugs 47: 741–773

Dellva MA, Tran P, Tollefson GD, Wentley AL, Beasley C-MJ (1997) Standard olanzapine versus placebo and ineffective-dose olanzapine in the maintenance treatment of schizophrenia. Psychiatr Serv 48: 1571–1577

Dellva MA, Tran P, Tollefson GD, Wentley AL, Beasley C-MJ (1997) Standard olanzapine versus placebo and ineffective-dose olanzapine in the maintenance treatment of schizophrenia. Psychiatr Serv 48: 1571–1577

Eerdekens M, Fleischhacker WW, Xie Y, Gefvert O (2002) Long-term safety of long-acting risperidone microspheres. Schizophr Bull 53: 174

Essock SM, Hargreaves WA, Covell NH, Goethe J (1996) Clozapine's effectiveness for patients in state hospitals: results from a randomized trial. Psychopharmacol Bull 32: 683–697

Fenton WS, Blyler CR, Heinssen RK (1997) Determinants of medication compliance in schizophrenia: empirical and clinical findings. Schizophr Bull 23: 637–651

Gaebel W (1995) Is intermittent, early intervention medication an alternative for neuroleptic maintenance treatment? Int Clin Psychopharmacol 9 Suppl 5: 11–16

Hogarty GE, Goldberg S, Schooler N, Ulrich R (1974) Drug and sociotherapy in the aftercare of schizophrenic patients. II. Two-years relapse rates. Arch Gen Psychiatry 31: 603–608

Jolley AG, Hirsch SR, Morrison E, McRink A, Wilson L (1990) Trial of brief intermittent neuroleptic prophylaxis for selected schizophrenic outpatients: clinical and social outcome at two years. BMJ 301: 837–842

Kane JM, Aguglia E, Altamura AC, Ayuso-Gutierrez JL, Brunello N, Fleischhacker WW, Gaebel W, Gerlach J, Guelfi JD, Kissling W et al (1998) Guidelines for depot antipsychotic treatment in schizophrenia. European Neuropsychopharmacology Consensus Conference in Siena, Italy. Eur Neuropsychopharmacol 8: 55–66

Kane JM, Eerdekens M, Lindenmayer JP, Keith SJ, Lesem M, Karcher K (2003) Long-acting injectable risperidone: Efficacy and safety of the first long-acting atypical antipsychotic. Am J Psychiatry 160: 1125–1132

Leucht S, Barnes T, Kissling W, Engel R, Kane JM (2003) Relapse prevention in schizophrenia with new antipsychotics: a meta-analysis of randomized controlled trials. Am J Psychiatry (in press)

Lieberman JA, Koreen AR, Chakos M, Sheitman B, Woerner M, Alvir JM, Bilder R (1996) Factors influencing treatment response and outcome of first-episode schizophrenia: implications for understanding the pathophysiology of schizophrenia. J Clin Psychiatry 57 [Suppl 9]: 5–9

Loo H, Poirier-Littre MF, Theron M, Rein W, Fleurot O (1997) Amisulpride versus placebo in the medium-term treatment of the negative symptoms of schizophrenia. Br J Psychiatry 170: 18–22

Marder SR, Glynn SM, Wirshing WC, Wirshing DA, Ross D, Widmark C, Mintz J, Lieberman JA, Blair KE (2003) Maintenance treatment of schizophrenia with risperidone or haloperidol: two years outcomes. Am J Psychiatry (in press)

Marder SR, Van Putten T, Mintz J, Lebell M, McKenzie J, May PR (1987) Low- and conventional-dose maintenance therapy with fluphenazine decanoate. Two-year outcome. Arch Gen Psychiatry 44: 518–521

Meltzer HY, Alphs L, Green A, Altamura AC, Anand R, Bertoli A, Bourgeois M, Chouinard G, Islam MZ, Kane JM et al (2003) Clozapine treatment for suicidality in schizophrenia: International Suicide Prevention Trial (InterSePT). Arch Gen Psychiatry 60: 82–91

Moller HJ, Bottlender R, Groß A, Hoff P, Wittmann J, Wegner U, Strauss A (2002) The Kraepelinian dichotomy: preliminary results of a 15-year follow-up study on functional psychoses: focus on negative symptoms. Schizophr Res 56: 87–94

Möller HJ (1990) Neuroleptische Langzeittherapie schizophrener Erkrankungen. In: Heinrich K (Hrsg) Leitlinien neuroleptischer Therapie. Springer, Berlin Heidelberg New York, S 97–115

Möller HJ (2000a) State of the art of drug treatment of schizophrenia and the future position of the novel/atypical antipsychotics. World J Biol Psychiatry 1: 204–214

Möller HJ (2000b) Definition, psychopharmacological basis and clinical evaluation of novel/atypical neuroleptics: methodological issues and clinical consequences. World J Biol Psychiatry 1: 75–91

Möller HJ (2003a) Antipsychotic agents – gradually improving treatment. Br J Psychiat (in press)

Möller HJ (2003b) Depressive Comorbidität/Co-syndromibidität im Rahmen schizophrener Psychosen und ihre Therapie. In: Fleischhacker WW, Hummer M (Hrsg) Schizophrene Störungen – State of the art. VIP-Verlag, Innsbruck (in Druck)

Möller HJ, Kasper S (2003) Die Rolle der Kognition in der Therapie schizophrener Störungen. Deutscher Universitäts-Verlag, Wiesbaden

Möller HJ, von Zerssen D (1986) Der Verlauf schizophrener Psychosen unter den gegenwärtigen Behandlungsbedingungen. Springer, Berlin Heidelberg New York

Möller HJ, Kissling W, Stoll KD, Wendt G (1989) Psychopharmakotherapie. Ein Leitfaden für Klinik und Praxis. Kohlhammer, Stuttgart

Möller HJ, Gagiano CA, Addington DE, Von Knorring L, Torres-Plank J-F, Gaussares C (1998) Long-term treatment of chronic schizophrenia with risperidone: an open-label, multicenter study of 386 patients. Int Clin Psychopharmacol 13: 99–106

Oehl M, Hummer M, Fleischhacker WW (2000) Compliance with antipsychotic treatment. Acta Psychiatr Scand [Suppl] 102: 83–86

Rabinowitz J, Lichtenberg P, Kaplan Z, Mark M, Nahon D, Davidson M (2001) Rehospitalization rates of chronically ill schizophrenic patients discharged on a regimen of risperidone, olanzapine, or conventional antipsychotics. Am J Psychiatry 158: 266–269

Rosenheck R, Evans D, Herz L, Cramer J, Xu W, Thomas J, Henderson W, Charney D (1999) How long to wait for a response to clozapine: a comparison of time course of response to clozapine and conventional antipsychotic medication in refractory schizophrenia. Schizophr Bull 25: 709–719

Speller JC, Barnes TR, Curson DA, Pantelis C, Alberts JL (1997) One-year, low-dose neuroleptic study of in-patients with chronic schizophrenia characterised by persistent negative symptoms. Amisulpride v. haloperidol. Br J Psychiatry 171: 564–568

Tamminga CA, Thaker GK, Moran M, Kakigi T, Gao XM (1994) Clozapine in tardive dyskinesia: observations from human and animal model studies. J Clin Psychiatry 55 [Suppl B]: 102–106

Tran PV, Dellva MA, Tollefson GD, Wentley AL, Beasley C-MJ (1998) Oral olanzapine versus oral haloperidol in the maintenance treatment of schizophrenia and related psychoses. Br J Psychiatry 172: 499–505

Stichwortverzeichnis

Adhäsionsmoleküle 209
Affektive Psychosen 25
Akutbehandlung 237
Akute Vorübergehende Psychotische Störung 49
Akute Vorwiegend Wahnhafte Psychotische Störung 49
Akzessorische Symptome 2
Angehörige 188
Angehörigenarbeit 161
Antidepressiva 143
Antikörpertiter 78
Antipsychotika 200, 247
Applikationsform 237
Assoziationsstudien 63, 75
Astrozyten 205
Atypika 229
Atypische Neuroleptika 225, 252

Basissymptome 36
Bewältigung 185
Bewältigungsorientierte Therapie 149, 161
Bewältigungsstil 181
Bewältigungsverhalten 185
Bleuler, Eugen 1
BLIPS 42
Bouffée délirante 50
Brief Limited Intermittend Psychotic Symptoms 42
Brief Psychosis 49

Celecoxib 207
Clozapin 144, 197
Compliance 218, 235, 250
COMT 65
Copingstrategien 182

Cyclooxygenase-2 206
Cytochrom 199

Dauer der unbehandelten Psychose 9
Defizit-Syndrom 15
Deformationsbasierte Morphometrie 118
Dementia praecox 1
Demographische Variablen 26
Depot-Neuroleptika 215, 252
Depot-Präparat 260
Diagnostische Stabilität 59
DUP 9, 31
Duration of Untreated Psychosis 31
Dysbindin 65

EEG 127
Emotionszentriertes Coping 191
Endophänotyp 69
Entzündung 203
Ereigniskorrelierte Potentiale 127
Exekutive Funktion 146
Expressed Emotion 182
Extrapyramidale Symptome 257

Familientherapeutische Intervention 156
Familientherapie 161
Flupentixoldecanoat 217
Fluphenazindecanoat 217
Fluspirilen 217
Frühbehandlung 31
Früherkennung 31, 46, 235
Frühintervention 235
Frühsymptome 31, 32

Geburtskomplikationen 105, 106
Genetik 63

Gesamthirnvolumen 99, 123
Globales Funktionsniveau 15
Grundsymptome 2

Haloperidol 199, 254
Haloperidoldecanoat 217
Heat-Shock-Proteine 78
Hirnentwicklungsstörungen 97, 133
Hirnmorphologisch 19
Hirnreifungsstörung 98
Hirnstruktur 110, 117
HLA-Allele 89

Immunantwort 77
Immungenetisch 73
Immunsystem 203
Infektion 204
Interleukin-6 79

Kandidatengene 63
Kardiale Risiken 225
Katamnese 23
Katamnesestudie 9
Kognitiv-behaviorale Therapie 161
Kognitiv-verhaltenstherapeutische
  Intervention 156
Kognitive Funktionsstörung 146
Kognitive Störungen 17, 139
Kognitive Therapie 161
Kontrollüberzeugung 190
Kopplungsuntersuchungen 75
Kortikale Oberfläche 119
Kraepelin, Emil 1
Krisenintervention 167
Krisenplänen 161

Langzeitausgang 10
Langzeitbehandlung 237
Langzeitprognose 108
Langzeittherapie 247
Langzeitversorgung 243

Magnetresonanztomographie 118
Metabolische Risiken 225
Metabolisierung 199
Microarray 73

Mikroglia-Aktivierung 112
Monozygote Zwillinge 63
Morphometrie 117
MRT 118
MRT-Daten 100
MRT-Volumetrie 134

N1 129
Negativsymptomatik 79, 99
Negativsyndrom 27
Neuregulin 65
Neurokognitive Funktionen 110
Neuroleptika 143, 247
Neuroleptische Langzeitbehandlung 235
Non-Compliance 251

Oneiroide Emotionspsychose 51
Oneirophrenie 51

P300 127
Perphenazinenantat 217
Phänotyp 63
Pharmakogenetik 197
Pharmakogenomik 197
Plasmaspiegel 199
Polymorphe Psychotische Störung 49
Polymorphismen 64, 200
Prämorbide Phase 33
Präpsychotische Phase 36
Primärprävention 33
Prodromalsymptome 31, 32
Psychoedukative Intervention 160
Psychoedukative Verfahren 161
Psychopathologische Variablen 26

Rehospitalisierung 15
Rezidivprophylaxe 159, 233, 247
Rezidivrate 159
Rheumatoide Arthritis 81, 89
Risikofaktoren 31, 105, 204
Risperidon 207, 254
Rückfall 216
Rückfallprävention 216

Saisonalität 204
Schizoaffektive Psychosen 23

Schizophrene Negativsymptomatik 218
Schizophreniforme Psychosen 49
Serotoninrezeptor 76
Sozialer Stress 106
Suszeptibilitätsgen 64
Symptomsuppression 235

Th1-System 79
Th2-System 79
Therapieprädiktion 127
Therapieresponse 109
Typ-1-Diabetes 89

Ventrikelsystem 99
Verlaufsstudien 149
Virus 204
Volumenänderung 123
Vulnerabilität 38
Vulnerabilitätsgen 66
Vulnerabilitätsindikator 146

Zuclopenthixoldecanoat 217
Zwillingsstudien 74
Zykloide Psychosen 50
Zytokine 78, 205

Korrespondenzautoren

Ackenheil, M., Prof. Dr., Klinik für Psychiatrie und Psychotherapie der LMU München, Nußbaumstraße 7, 80336 München

Albus, M., Prof. Dr. Dr., Bezirkskrankenhaus Haar, Abteilung München-Nord, Vockestraße 13, 85540 Haar

Bottlender, R., Dr., Klinik für Psychiatrie und Psychotherapie der LMU München, Nußbaumstraße 7, 80336 München

Falkai, P., Prof. Dr., Klinik für Psychiatrie und Psychotherapie der Universität des Saarlandes, 66421 Homburg/Saar

Gaebel, W., Prof. Dr., Rheinische Kliniken Düsseldorf, Psychiatrische Klinik der Universität Düsseldorf, Bergische Landstraße 2, 40629 Düsseldorf

Gaser, C., Dr., Psychiatrische Klinik der Universität Jena, Philosophenweg 3, 07743 Jena

Hegerl, U., Prof. Dr., Klinik für Psychiatrie und Psychotherapie der LMU München, Nußbaumstraße 7, 80336 München

Jäger, M., Dr., Klinik für Psychiatrie und Psychotherapie der LMU München, Nußbaumstraße 7, 80336 München

Klosterkötter, J., Prof. Dr., Psychiatrische Klinik der Universität Köln, Joseph-Stelzmann-Straße 9, 50931 Köln

Maier, W., Prof. Dr., Klinik für Psychiatrie und Psychotherapie der Universität Bonn, Sigmund-Freud-Straße 24, 53105 Bonn

Marneros, A., Prof. Dr., Klinik und Poliklinik für Psychiatrie und Psychotherapie der Universität Halle-Wittenberg, Julius-Kühn-Straße 7, 06097 Halle/Saale

Meisenzahl, E., Dr., Klinik für Psychiatrie und Psychotherapie der LMU München, Nußbaumstraße 7, 80336 München

Möller, H.-J., Prof. Dr., Klinik für Psychiatrie und Psychotherapie der LMU München, Nußbaumstraße 7, 80336 München

Möller-Leimkühler, A., Dr., Klinik für Psychiatrie und Psychotherapie der LMU München, Nußbaumstraße 7, 80336 München

Müller, N., Prof. Dr., Klinik für Psychiatrie und Psychotherapie der LMU München, Nußbaumstraße 7, 80336 München

Neundörfer, G., Dr., Klinik für Psychiatrie und Psychotherapie der LMU München, Nußbaumstraße 7, 80336 München

Riedel, M., Dr., Klinik für Psychiatrie und Psychotherapie der LMU München, Nußbaumstraße 7, 80336 München

Schaub, A., Dr., Klinik für Psychiatrie und Psychotherapie der LMU München, Nußbaumstraße 7, 80336 München

Schleuning, G., Dr., Krisenzentrum Atriumhaus des Bezirks Oberbayern, Bavariastraße 11, 80336 München

Schwarz, M. J., Dr., Klinik für Psychiatrie und Psychotherapie der LMU München, Nußbaumstraße 7, 80336 München

SpringerPsychiatrie

Siegfried Kasper,
Hans-Jürgen Möller (Hrsg.)

Herbst-/Winterdepression
und Lichttherapie

2004. VIII, 355 Seiten. Zahlreiche Abbildungen.
Gebunden **EUR 89,–**, sFr 138,–
ISBN 3-211-40481-3

Herbst-/Winterdepressionen werden bereits seit der Antike beschrieben, und ebenso lang ist der Einfluss des Lichtes auf die seelische Gesundheit bekannt. Neuere systematische Untersuchungen der Herbst-/Winterdepression und der Lichttherapie haben jedoch erst seit etwa 20 Jahren Eingang in die Medizin und in psychiatrische Therapieformen gefunden. Es zeigte sich, dass die Lichttherapie bei den Herbst-/Winterdepressionen und deren subsyndromaler Form als Therapie der ersten Wahl eingesetzt werden kann, und dass die biologischen Veränderungen bei den Herbst-/Winterdepressionen ähnlich wie bei den nicht-saisonal gebundenen Depressionen vorhanden sind, eventuell in einer milderen Ausprägung.

In diesem Handbuch werden sowohl die Diagnostik der Herbst-/Winterdepression als auch die Praxis der Lichttherapie vom theoretischen und vor allem praktischen Gesichtspunkt international bekannter Forscher, vorwiegend aus dem deutschsprachigen Raum, bearbeitet.

SpringerWienNewYork

P.O. Box 89, Sachsenplatz 4–6, 1201 Wien, Österreich, Fax +43.1.330 24 26, e-mail: books@springer.at, **www.springer.at**
Haberstraße 7, 69126 Heidelberg, Deutschland, Fax +49.6221.345-4229, e-mail: orders@springer.de
P.O. Box 2485, Secaucus, NJ 07096-2485, USA, Fax +1.201.348-4505, e-mail: orders@springer-ny.com
Eastern Book Service, 3–13, Hongo 3-chome, Bunkyo-ku, Tokyo 113, Japan, Fax +81.3.38 18 08 64, e-mail: orders@svt-ebs.co.jp

SpringerPsychiatrie

Thomas Baghai,
Richard Frey, Siegfried Kasper,
Hans-Jürgen Möller (Hrsg.)

Elektrokonvulsionstherapie

Klinische und wissenschaftliche Aspekte

2003. Etwa 320 Seiten. Etwa 50 Abbildungen.
Gebunden **EUR 79,80**, sFr 124,–
ISBN 3-211-83879-1

Die Elektrokonvulsionstherapie (EKT), d.h. die Auslösung eines generalisierten Krampfanfalls unter kontrollierten Bedingungen aus therapeutischen Gründen, erlebt seit ihrer Einführung 1938 derzeit eine Renaissance. Trotz aller Fortschritte in der Entwicklung neuer psychopharmakologischer und nicht-pharmakologischer Therapieverfahren bleibt die EKT weiterhin die wirksamste Therapieform für einige psychiatrische Krankheitsbilder. Moderne Weiterentwicklungen der Anästhesiologie und Intensivmedizin lassen es nun zu, viele medizinischen Kontraindikationen der EKT zu relativieren und diese Behandlungsform einer größeren Patientenzahl anzubieten.

Erstmals wird für den deutschen Sprachraum ein Lehrbuch angeboten, das einen umfassenden Leitfaden für die klinische Praxis darstellt, als auch den aktuellen Stand der wissenschaftlichen Erkenntnisse bezüglich der Grundlagen- und Therapieforschung der EKT und anderer biologischer nichtpharmakologischer Therapieverfahren zusammenfasst

SpringerWienNewYork

P.O. Box 89, Sachsenplatz 4–6, 1201 Wien, Österreich, Fax +43.1.330 24 26, e-mail: books@springer.at, **www.springer.at**
Haberstraße 7, 69126 Heidelberg, Deutschland, Fax +49.6221.345-4229, e-mail: orders@springer.de
P.O. Box 2485, Secaucus, NJ 07096-2485, USA, Fax +1.201.348-4505, e-mail: orders@springer-ny.com
Eastern Book Service, 3–13, Hongo 3-chome, Bunkyo-ku, Tokyo 113, Japan, Fax +81.3.38 18 08 64, e-mail: orders@svt-ebs.co.jp

SpringerPsychiatrie

Hans-Jürgen Möller, Norbert Müller (Hrsg.)

Schizophrenie – Moderne Konzepte zu Diagnostik, Pathogenese und Therapie

1998. VIII, 345 Seiten. 72 Abbildungen.
Broschiert **EUR 43,–**, sFr 69,–
ISBN 3-211-83086-3

Das Buch umfasst alle Aspekte des komplexen Krankheitsbildes der Schizophrenie und richtet sich an in Praxis und Klinik tätige Nervenärzte, Psychiater, Psychotherapeuten sowie an andere Berufsgruppen, die Umgang mit schizophrenen Menschen haben. Renommierte Experten, überwiegend aus dem gesamten deutschen Sprachraum, berichten von ihren Spezialgebieten.

Historische diagnostische Konzepte, Differentialdiagnose, Krankheitsverlauf und Versorgungspolitik werden ebenso dargestellt wie Forschungsergebnisse von bildgebenden Verfahren, Neurophysiologie, Genetik, Psychoneuroimmunologie und Neurotransmitter-Untersuchungen. Breiten Raum nimmt die Therapie der Schizophrenie ein. Das Spektrum der dargestellten Verfahren erstreckt sich von neuen pharmakologischen Möglichkeiten über Verhaltenstherapie, Angehörigenarbeit, Verbesserung der Lebensqualität bis hin zur Langzeitbehandlung.

„Bei der Vielfalt neuer Publikationen sticht dieser Symposiumsband durch seine Aktualität und gleichzeitig durch seine Ausgewogenheit, bestehende Erfahrungen mit neuen Erkenntnissen zu verbinden, hervor. Insbesondere wird jeder klinisch tätige Psychiater aus der Fülle von Daten Anregungen erhalten ..."

Schweizerische Ärztezeitung

SpringerWienNewYork

P.O. Box 89, Sachsenplatz 4–6, 1201 Wien, Österreich, Fax +43.1.330 24 26, e-mail: books@springer.at, Internet: **www.springer.at**
Haberstraße 7, 69126 Heidelberg, Deutschland, Fax +49.6221.345-4229, e-mail: orders@springer.de
P.O. Box 2485, Secaucus, NJ 07096-2485, USA, Fax +1.201.348-4505, e-mail: orders@springer-ny.com
Eastern Book Service, 3–13, Hongo 3-chome, Bunkyo-ku, Tokyo 113, Japan, Fax +81.3.38 18 08 64, e-mail: orders@svt-ebs.co.jp

Springer-Verlag und Umwelt

ALS INTERNATIONALER WISSENSCHAFTLICHER VERLAG sind wir uns unserer besonderen Verpflichtung der Umwelt gegenüber bewusst und beziehen umweltorientierte Grundsätze in Unternehmensentscheidungen mit ein.

VON UNSEREN GESCHÄFTSPARTNERN (DRUCKEREIEN, Papierfabriken, Verpackungsherstellern usw.) verlangen wir, dass sie sowohl beim Herstellungsprozess selbst als auch beim Einsatz der zur Verwendung kommenden Materialien ökologische Gesichtspunkte berücksichtigen.

DAS FÜR DIESES BUCH VERWENDETE PAPIER IST AUS chlorfrei hergestelltem Zellstoff gefertigt und im pH-Wert neutral.